—中国现代建筑集成Ⅲ—

商业建筑（下）

余志峰 编

图书在版编目（CIP）数据

商业建筑：全2册 /余志峰主编. — 天津:天津
大学出版社，2012.1
（中国现代建筑集成：3）
ISBN 978-7-5618-4261-4

Ⅰ. ①商•••Ⅱ. ①余••• Ⅲ. ①商业—服务建筑—建筑
设计—中国—图集 Ⅳ.①TU247-64

中国版本图书馆CIP数据核字（2011）第282625号

总 编 辑：上海颂春文化传播有限公司
组稿编辑：油俊伟
策　　划：曾江河
美术编辑：孙筱晔

出版发行　天津大学出版社
出 版 人　杨欢
地　　址　天津市卫津路92号天津大学内（邮编：300072）
电　　话　发行部：022—27403647　邮购部：022—27402742
网　　址　publish.tju.edu.cn
印　　刷　上海瑞时印刷有限公司
经　　销　全国各地新华书店
开　　本　230mm×300mm
印　　张　38
字　　数　473千
版　　次　2012年6月第1版
印　　次　2012年6月第1次
定　　价　560.00元（全2册）

目录

CONTENTS

商业建筑（下）

徐州苏宁广场

项目地点：徐州

设计单位：凯达环球建筑设计咨询（北京）有限公司
Aedas Beijing Ltd.

设 计 师：温子先（Andy Wen），Andre Theroux
王烨冰，马剑宁， 王冬维，熊海燕，常静
穆忆恩，华亮，杜珂，孟亮，马悦，阎凯
魏巍巍

建筑面积：477 508 m²

竣工年份：2012年

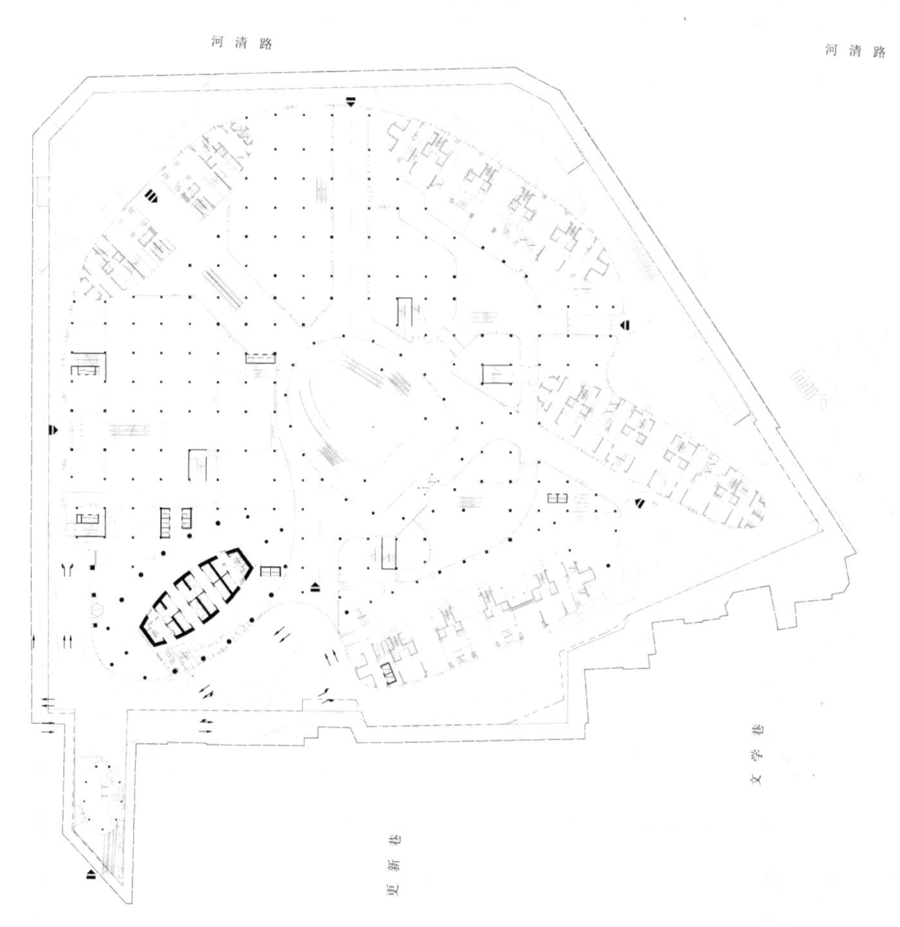

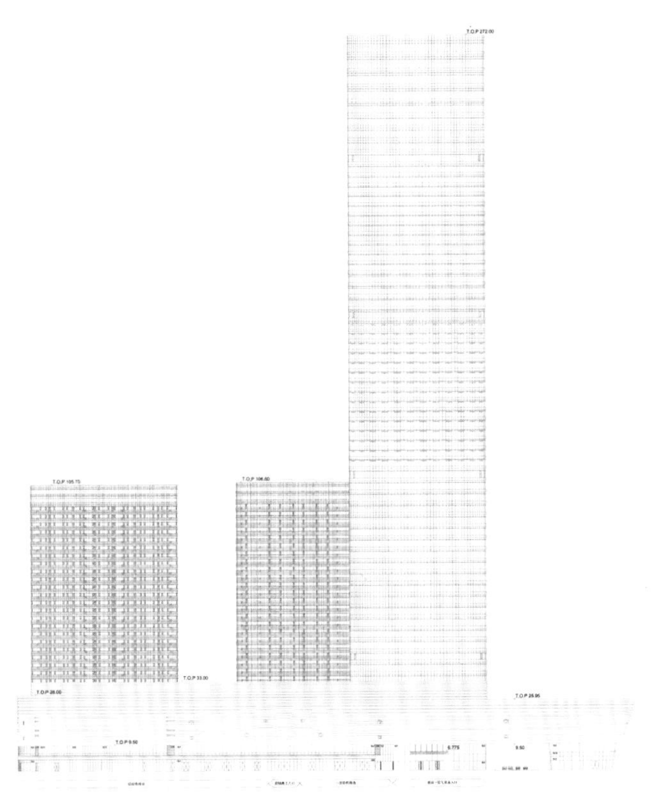

立面图一

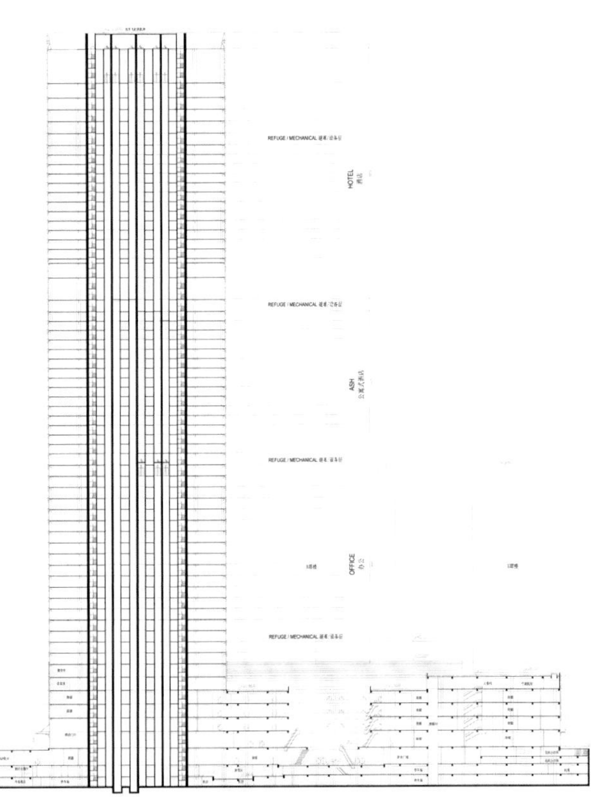

立面图二

SUNING
HYATT
REGENCY

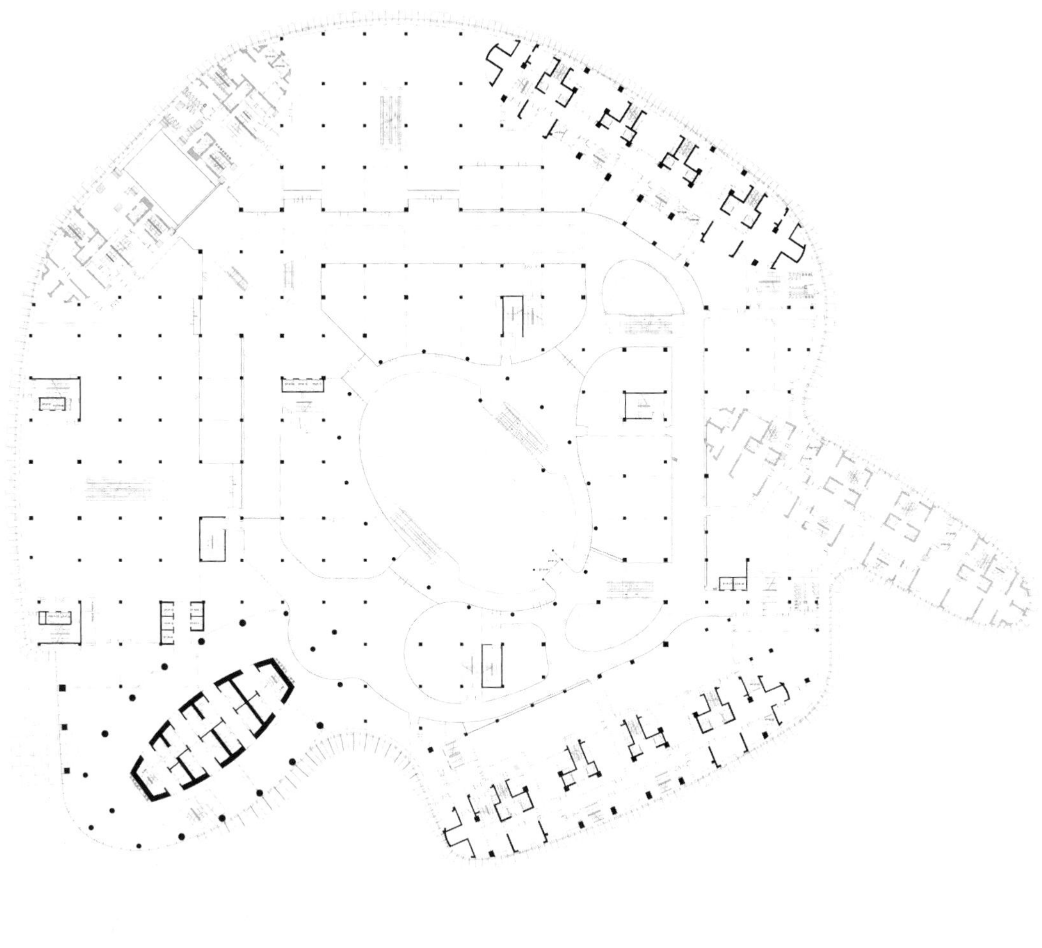
2层平面图

徐州苏宁广场位于徐州市的中心地段，黄金商业区，东侧为徐州彭城广场。项目的核心设计目标，即在徐州市中心打造一座地标性建筑群。本项目将融合高端购物中心、甲级写字楼、五星级酒店和高档酒店式公寓为一体，成为立足于徐州，依托于徐州得天独厚的优越地理环境与条件，辐射周边省市的多功能商业中心。鉴于本项目特殊及重要的地理位置，设计中始终遵循“以人为本、和谐共生、凸显地标”的设计原则。

本项目以“祥云”为概念，巧妙地将其运用在建筑设计中。建筑造型的外立面像“祥云”的姿态一样，环状上升、形体柔美。无论是平面，还是立面，都与其总体规划相呼应，突出了整个建筑群的标志性。整体外立面造型以平滑的弧形面为主，追求简洁、明快的建筑风格，塔楼与裙房从平面设计上来说呈现出流畅、平滑的感觉，意在创建出强烈的动感。立面上以水平线条为主，强调环状上升的趋势，强化平行流畅的线条，使其观者的视线无限地延伸。创造出“始于地，升至天，天地共荣，和谐兴盛”之意境。

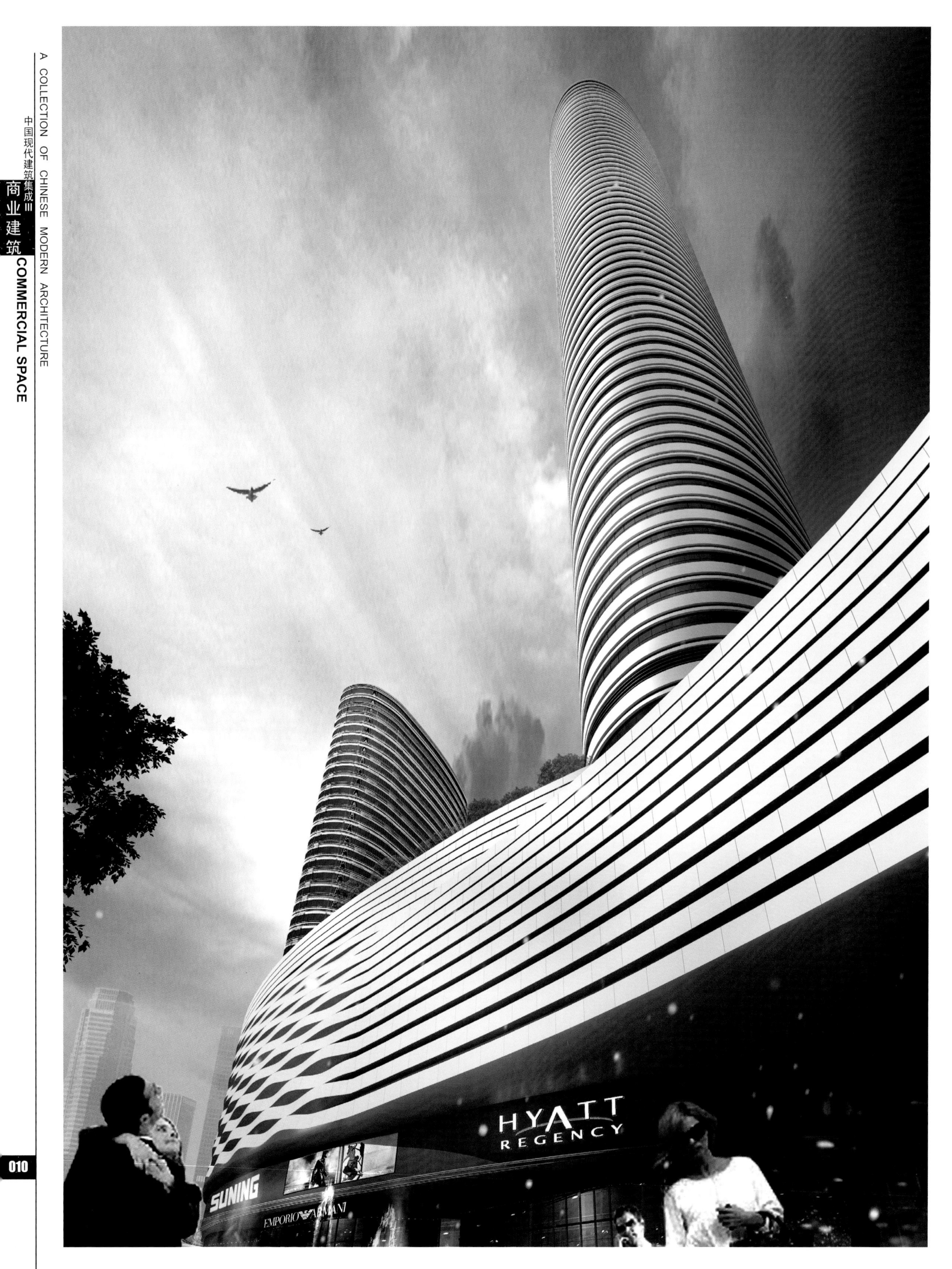
HYATT
REGENCY
SUNING
EMPORIO ARMANI

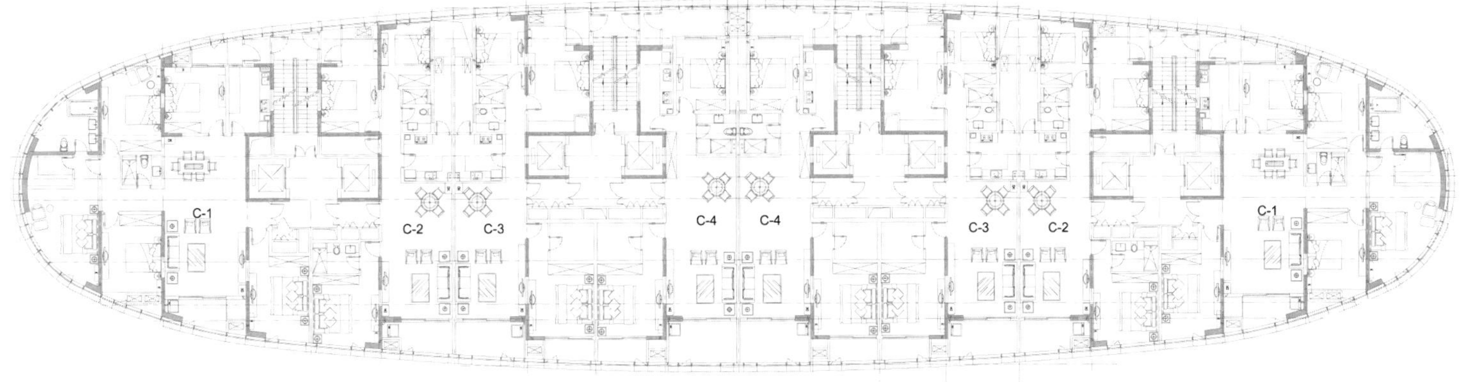

平面图

SUNING
HYATT
REGENCY

南京河西奥体新城广场

项目地点：南京
设计单位：凯达环球建筑设计咨询（北京）有限公司
Aedas Beijing Ltd.
设 计 师：温子先（Andy Wen），温群，王冬维
阎凯，刘辉
占地面积：32 996 m²
建筑面积：385 600 m²

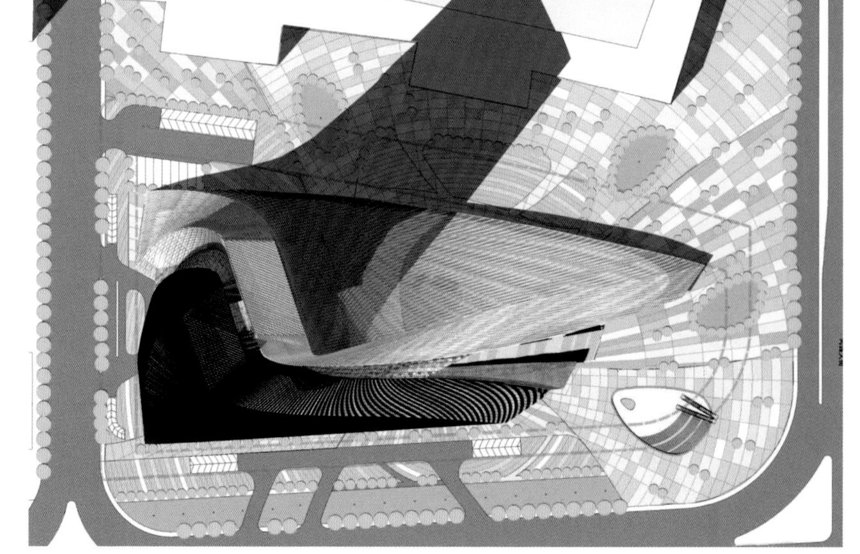

本项目位于南京市河西奥体新城，国际会展中心东北角，是一个结合地铁交通系统、商业零售、娱乐餐饮设施、社交场所的多功能商业综合体，同时也是河西奥体CBD中央商务区的标志性公共场所之一。项目北侧是南京著名的奥体中心，东侧是江东中路交通要道，运营中的地铁1号线和正在建设中的地铁2号线在此交会。地块位于河西奥体CBD中央商务区的核心区域，周边已有多处商业及行政办公物业。

南京河西奥体新城广场共88层、高380米，为使其能够成为一座标志性建筑，设计师将建成后的象征意义和未来功能完美结合。从总体外观来看，整座建筑并不是突兀地指向天空，而是自然地从地下“生长”出来，究其原因是宽阔的建筑底盘与锥形楼体间的自然过渡。受东方传统理念“阴”和“阳”的启发，及罗丹著名雕塑“吻”的影响，设计师创造出双塔建筑，造型动感，设计独特。灵感源于旗袍的柔美曲线，以及双人舞的默契配合。折射出阴阳，即太极所蕴含的中国哲学理念，体现了外在形式与人文精神的完美结合。

两座塔楼相互对照并保持自身的独立性，外表皮分别采用石化玻璃和钢化玻璃，象征“女性”和“男性”特征。整座建筑有着复杂的曲线、半径和层次，力图通过多角度变化来改变自身形态，建筑表面在自然环境和人工光线的作用下更突出扭转的效果，在某种程度上也让人联想起翩翩起舞的姿态。建筑底部层叠的立面依次向外伸展，且在竖向高度上形成遮阳功能。

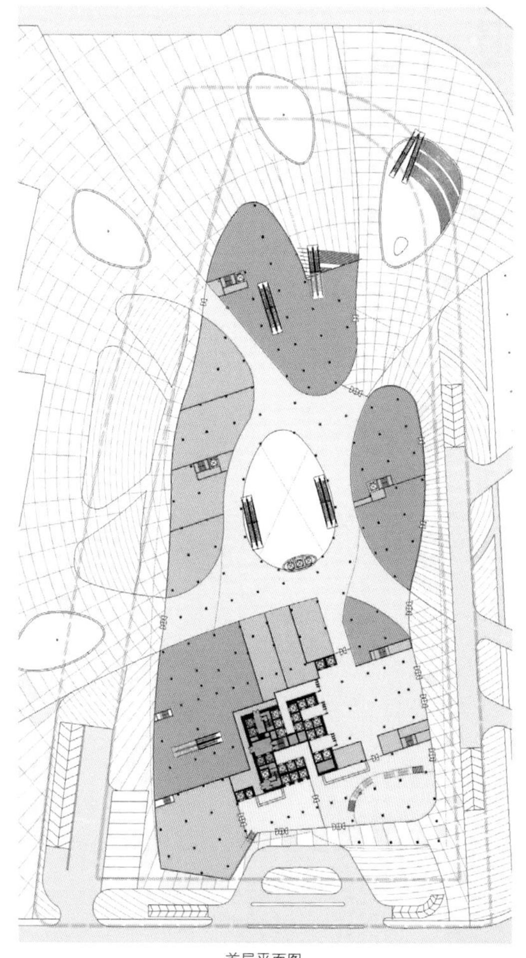

首层平面图

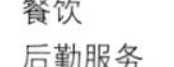

商场
零售
零售区域交通空间
餐饮
后勤服务

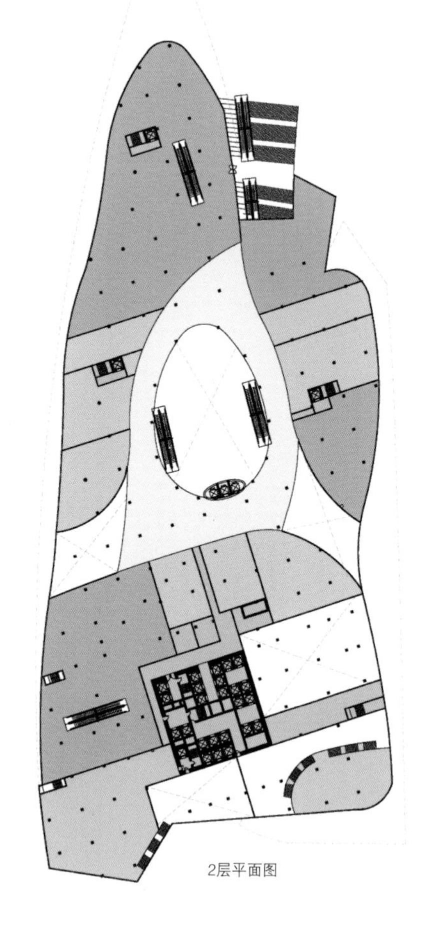

2层平面图

商场
零售
零售区域交通空间
屋顶花园
后勤服务

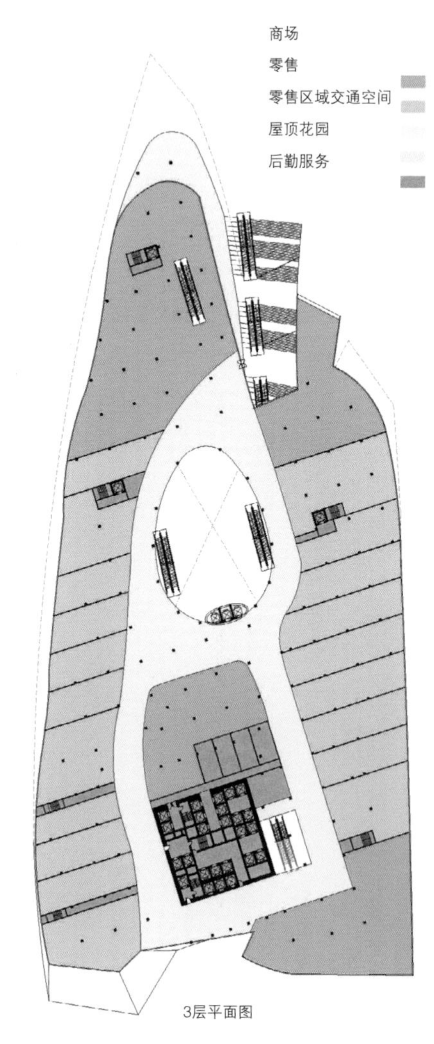

3层平面图

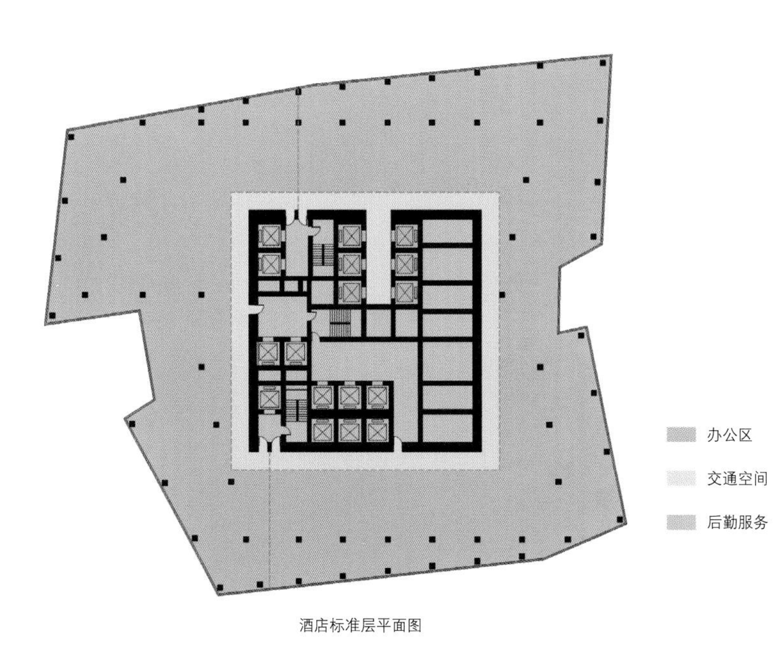

酒店标准层平面图

办公标准层平面图

宁波南部商务区

项目地点：宁波
业　　主：宁波南部新城置业有限公司
设计单位：马达思班建筑设计事务所
合作单位：宁波鄞州建筑设计院
　　　　　宁波中鼎建筑设计研究院
占地面积：76 000 m²
建筑面积：175 000 m²
摄 影 师：金霑
项目时间：2006年4月-2010年12月
项目阶段：建成

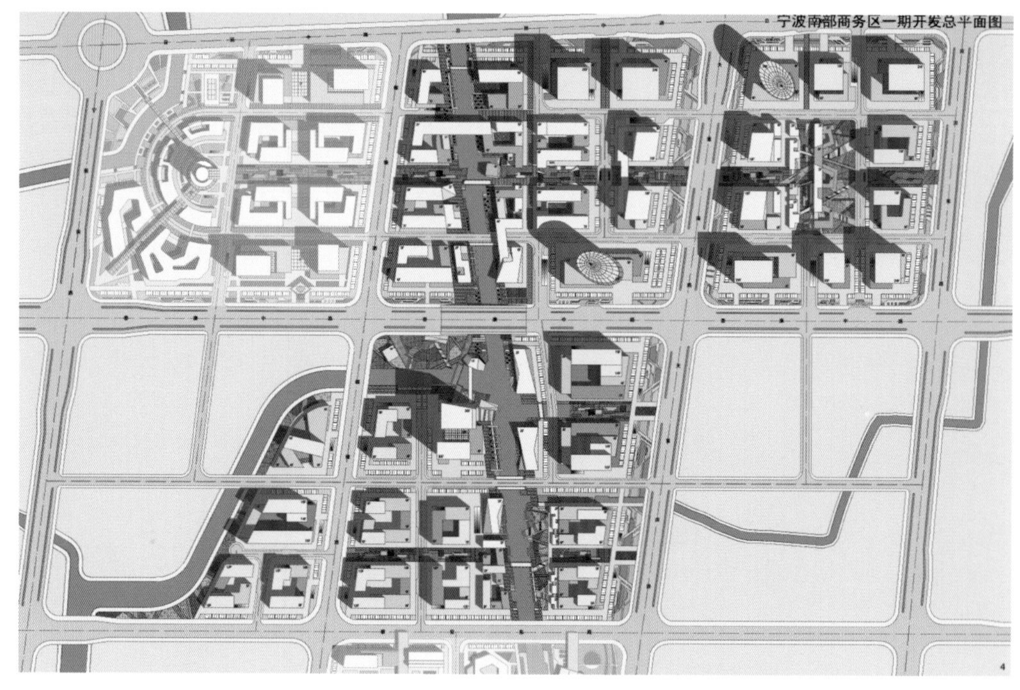

在“鄞州新城区分区规划”及整体城市设计当中，本次规划设计——水街是未来鄞州新城区核心区域的中心，用地功能定位为商务办公区，同时包括文化休闲、商业金融、餐饮休闲、信息中心等功能，是鄞州未来的商务活动和交流中心。具体的建筑功能应该以总部办公为主，同时兼容文化交流、商业服务、公寓、酒店等配套功能。规划方案重视相关建筑功能的混合匹配，结合不同地块自身的既定要素以及不同商务活动的配套需求，形成多元化建筑类型和空间布局形态，从而避免了商务办公与商业、金融、文化、居住等配套功能相脱节的弊病，形成7×24精彩活力区（每周7日，24小时全天候）。在地块的东半部，通过一条公共服务走廊将商业活动、共享信息中心以及公共交流平台等元素进行总体整合，而建筑单体可以通过空中连廊与之相连。地块东半部的建筑高度呈南北两侧较高、中间较低的分布格局，并在南北两侧布置全区的制高点建筑，借助富有标志性的建筑形象，定位为大型企业的总部。在地块的西半部，则以河流为主脉，组织滨河活动空间。沿河两侧组织文化休闲设施和商业餐饮设施，打造沿河商业文化步行街，并结合建筑单体的室内外空间，经营多样化水体景观。

规划方案重视人性化公共活动空间的营造，设计一条贯穿北部至四号地块的步行景观休闲带。

规划河流自南向北贯穿全区，并以此为主线形成极富活力的滨河商业步道、滨水景观画廊和水上游览通道。

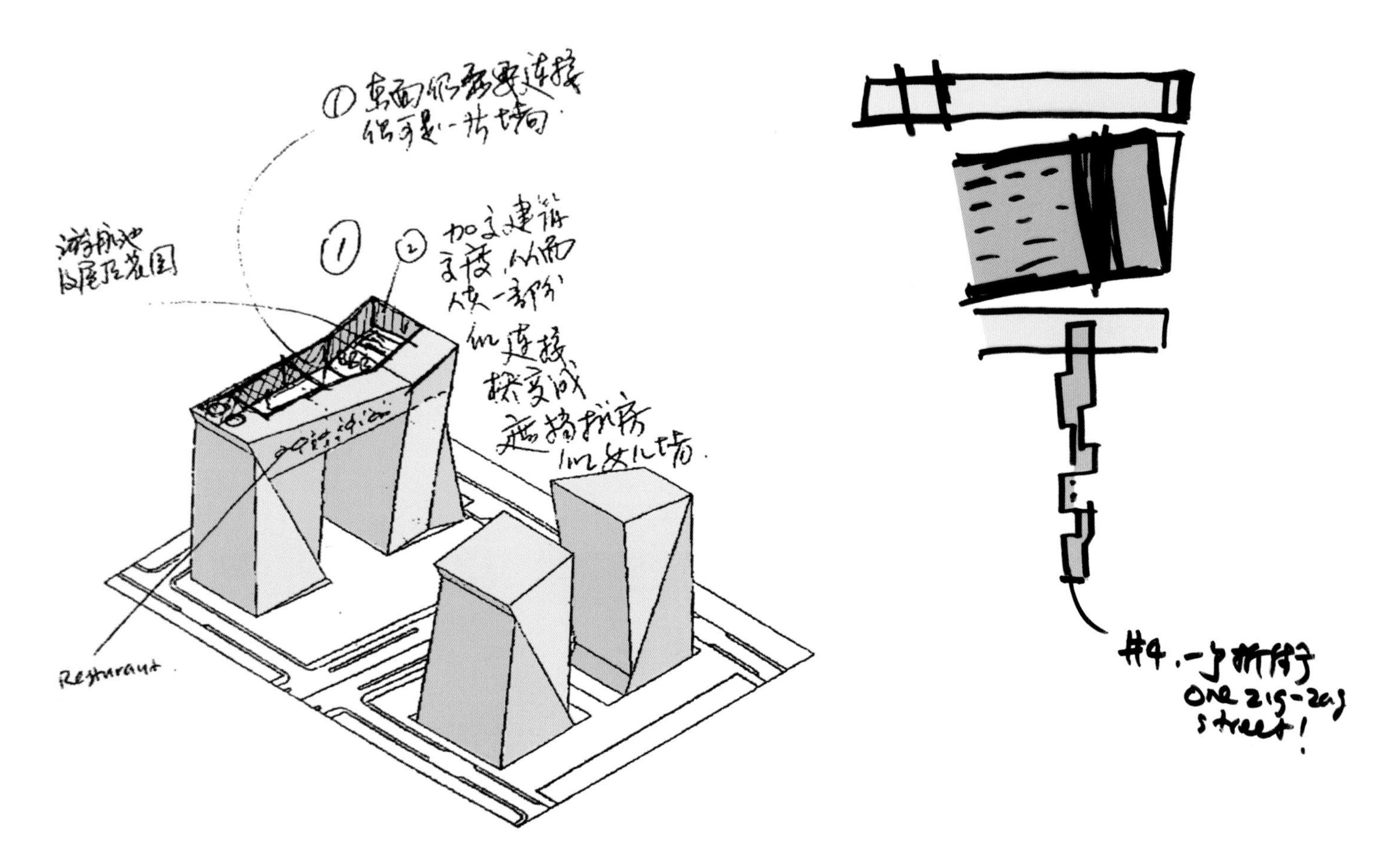
#4. 一条折街
One zig-zag street!

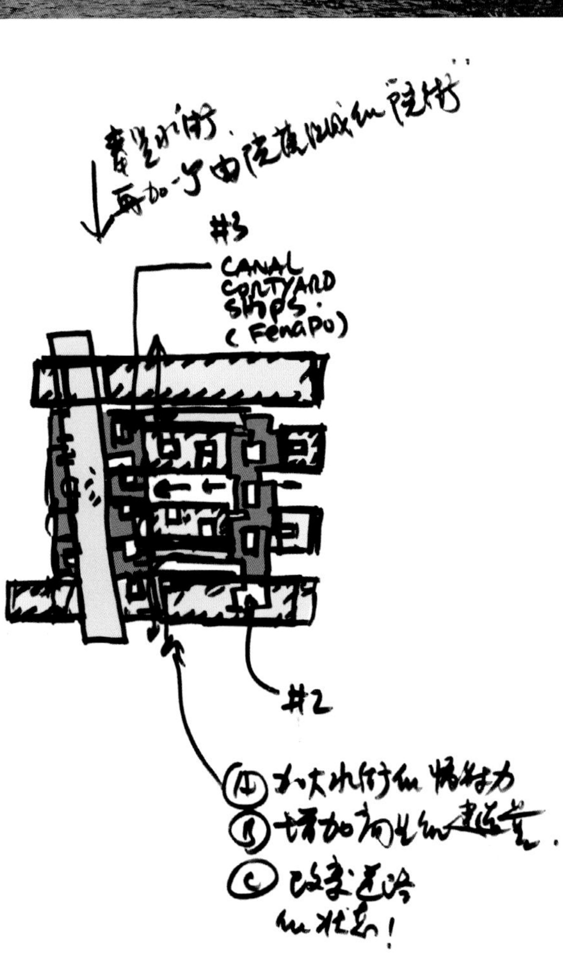
#3
CANAL
COURTYARD
SHOPS
(FengPo)
#2

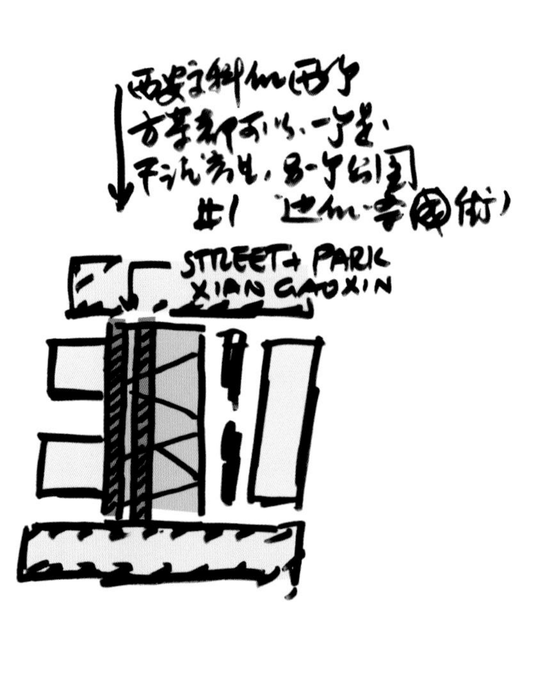
#1
STREET+ PARK
XIAN GAOXIN

SHANSHAN PLAZA

SHANSHAN PLAZA
AUX

水街
Silver Walk
89018666
0574 89015888
抢先入驻
LUNA
COMING SOON
即将开幕

GuangBo

Kowloon
即将开幕

西安南湖一号

项目地点：西安
设计单位：A&S翰时国际建筑设计
占地面积：43 526.6 m²
地上总建筑面积：174 000 m²
其中
　　酒店建筑面积： 51 000 m²
　　写字楼建筑面积：123 000 m²
地下总建筑面积：100 000 m²
容 积 率：4.0
建筑密度：36%
绿 化 率：30%

该项目位于古城西安绝无仅有之地段——曲江池畔，致力于打造集白金五星级酒店、超5A级写字楼、购物、餐饮、娱乐、运动于一体的“纯高端生活方式”。

拥有310间面阔达6.3米之豪华套房，曲江美景尽收眼底，其中位于顶层的面积600平方米、面阔50米之长的总统套房，仅设两席，坐拥曲江极致景观。

拥有4 000平方米之奢华水疗健身设施及玻璃顶泳池，环绕着静谧的池水、按摩池、私人凉亭，以及无与伦比的服务。

拥有超过3 500平方米之水岸餐饮设施，宽敞用餐，无敌水景。

近1 500平方米会议中心，可容纳1 200人开办大型会议及1 000人同时用餐。

拥有超过1 800个停车位的地下停车库，内设独立总裁停车库，彰显尊贵。

写字楼全部为独立产权式办公空间，每套面积最小800平方米，最大4 000平方米，并与独立总裁停车库直接连通。

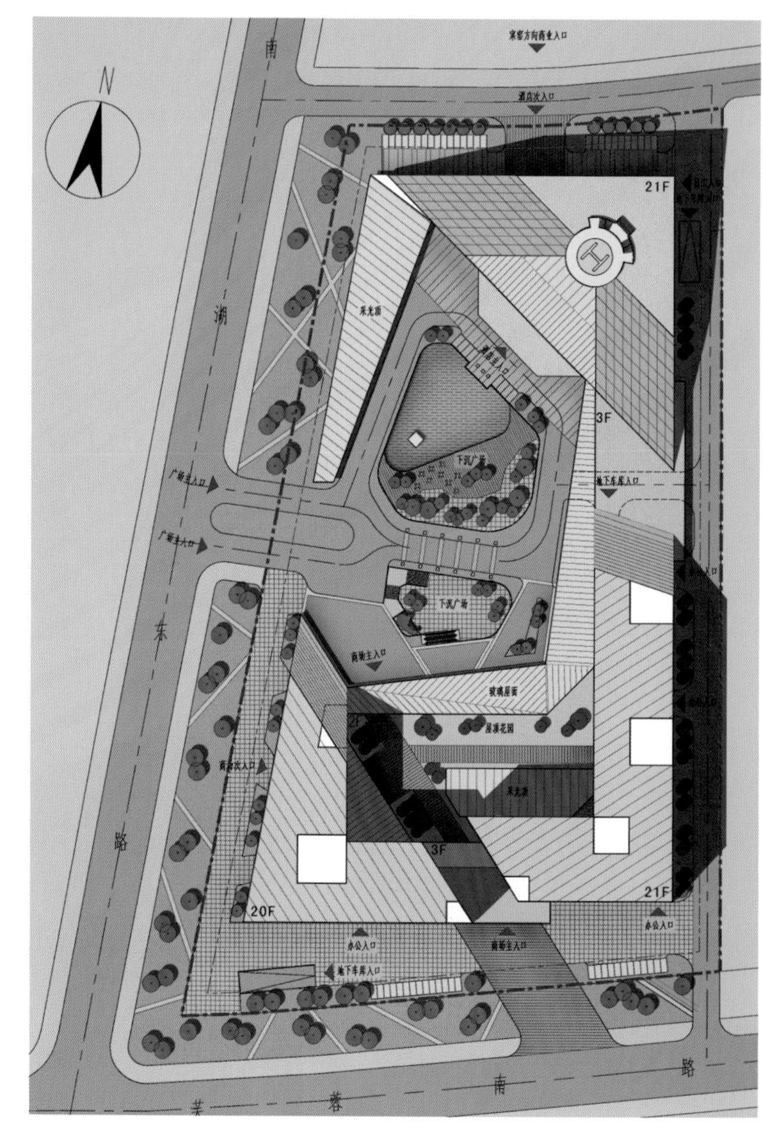

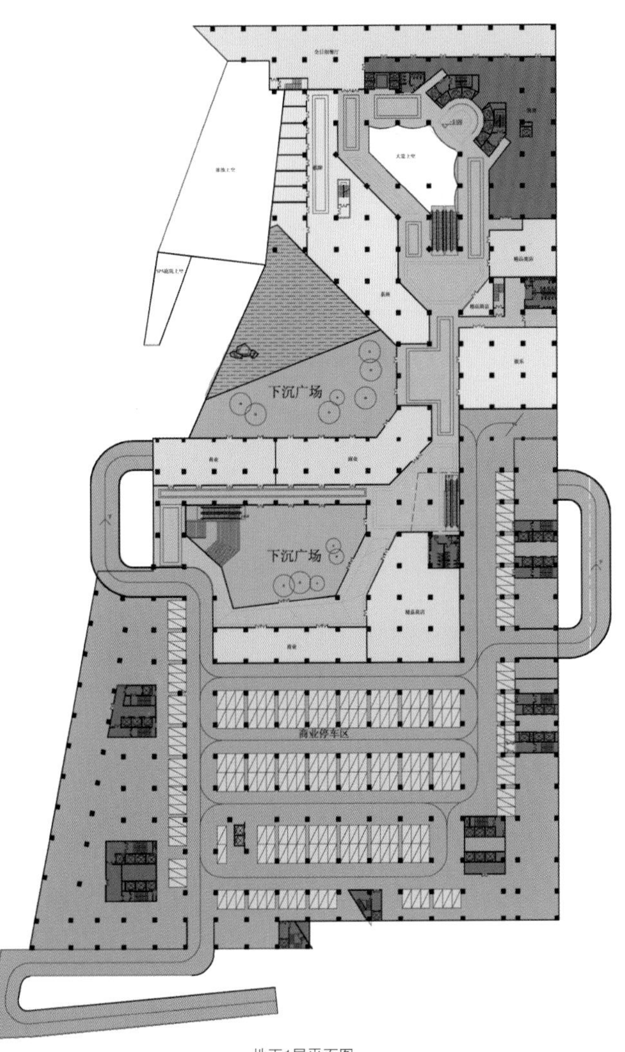

地下1层平面图

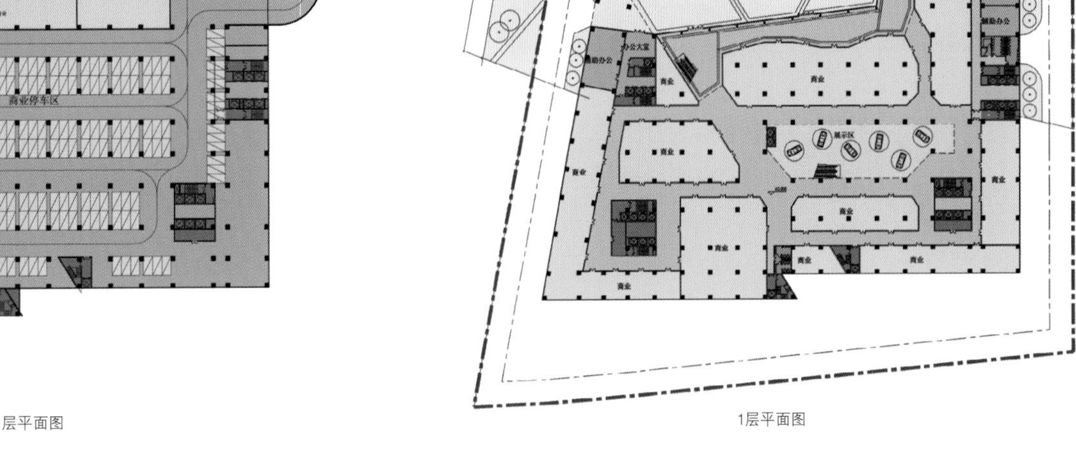

1层平面图

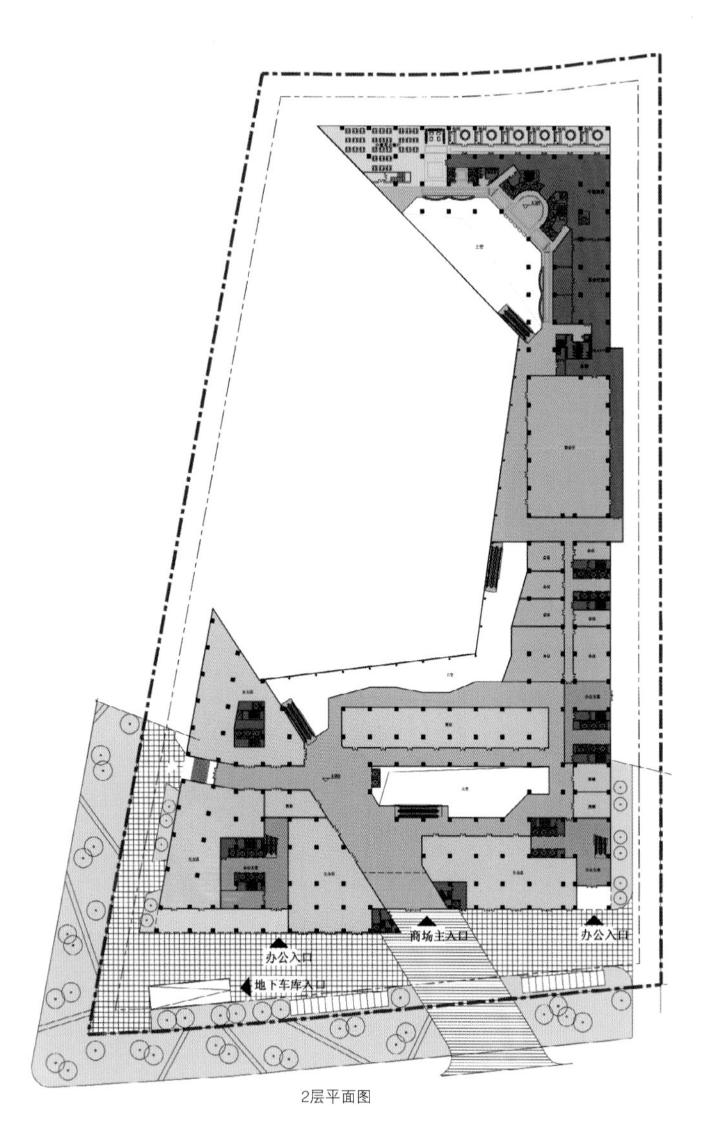
办公入口
商场主入口
办公入口
地下车库入口

2层平面图

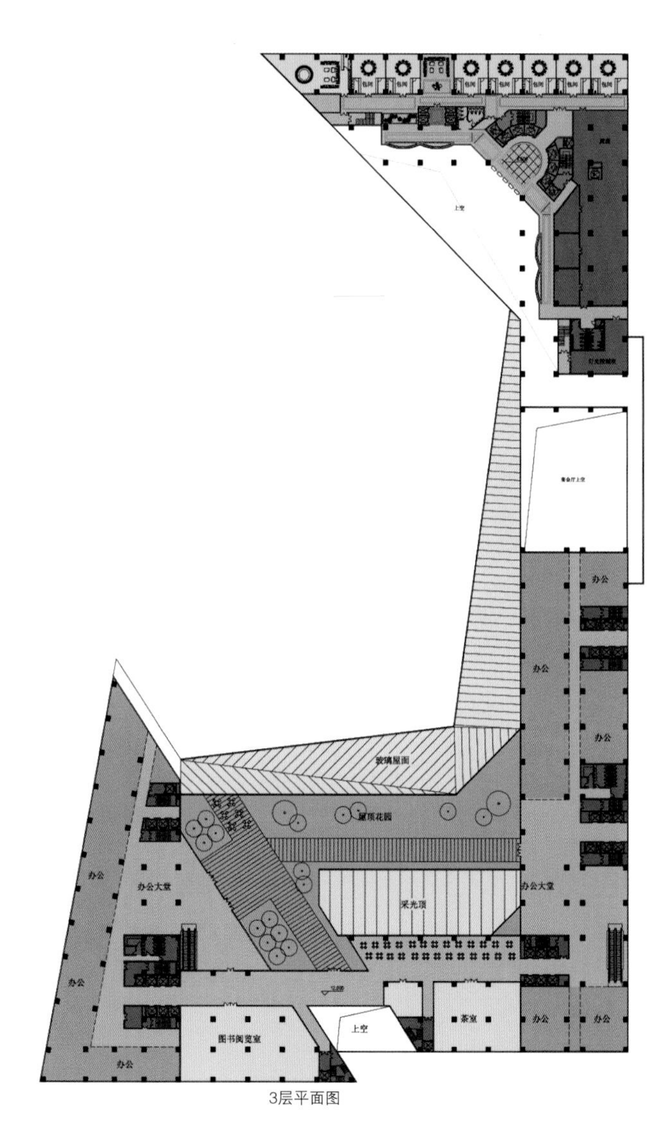
玻璃屋面
屋顶花园
采光顶
办公
办公大堂
办公
办公
办公大堂
办公
办公
茶室
办公
图书阅览室
上空

3层平面图

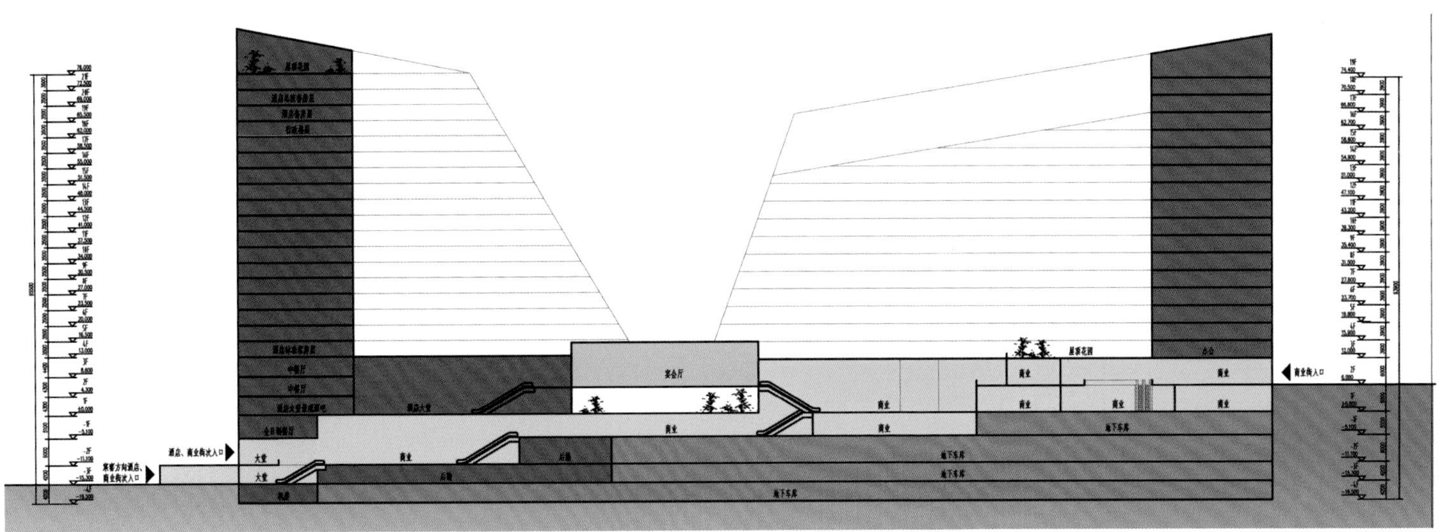

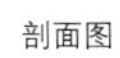

剖面图

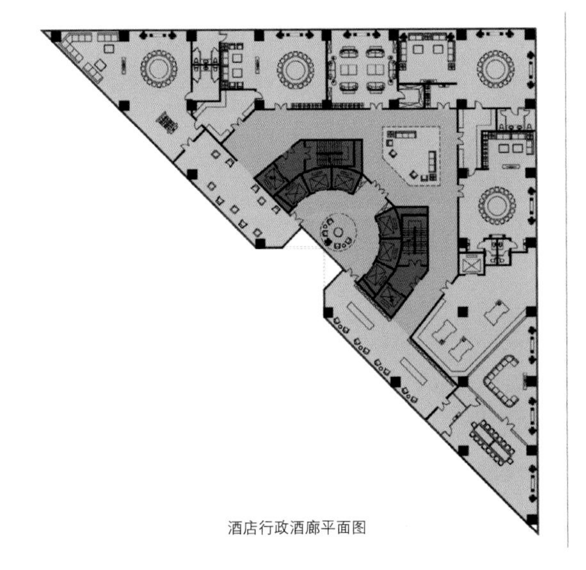

酒店行政酒廊平面图

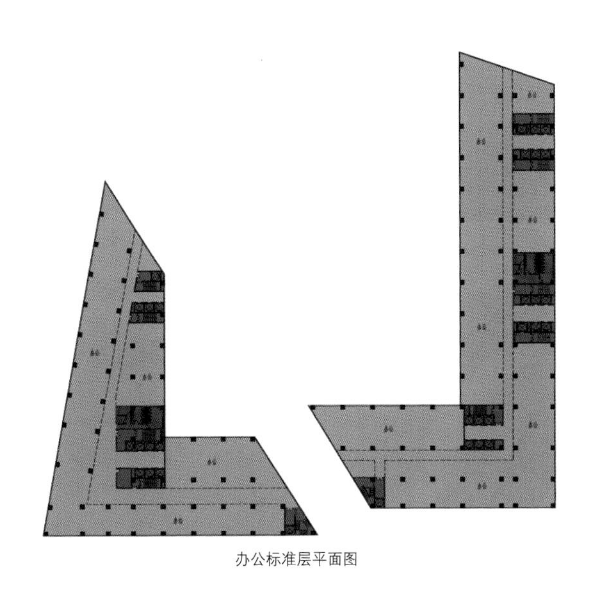

办公标准层平面图

The ONE

项目地点：香港

业　　主：万顺置业有限公司

设计单位：梁黄顾建筑师（香港）事务所

用地面积：3 126 m²

建筑面积：37 507 m²

说服善变的购物者进入到高层建筑内购物娱乐并非易事，但是尖沙咀东英大厦的设计师在形式追随功能信条的帮助下找到了答案，为了吸引更多的购物者，餐厅、商店与电影院被分别设计在两个体量中。

位于加连威老道及弥敦道的城市综合体的正面部分设计了3层商业裙房，从这里顾客可以进入26层高的主塔楼，也可以进入11层高的影城部分。主塔楼部分中的14层用于商业零售，更高的部分则为餐饮部分。鉴于露天餐厅的流行，顶部的4层采用退台的方式设计，以形成远眺九龙的卓越室外景观。主塔楼的6层部分通过一个长长的自动扶梯与影城的底层部分连接，进而提供了两个体量之间的第二交通连接。

TheONE
i.t
COMING SOON
THE

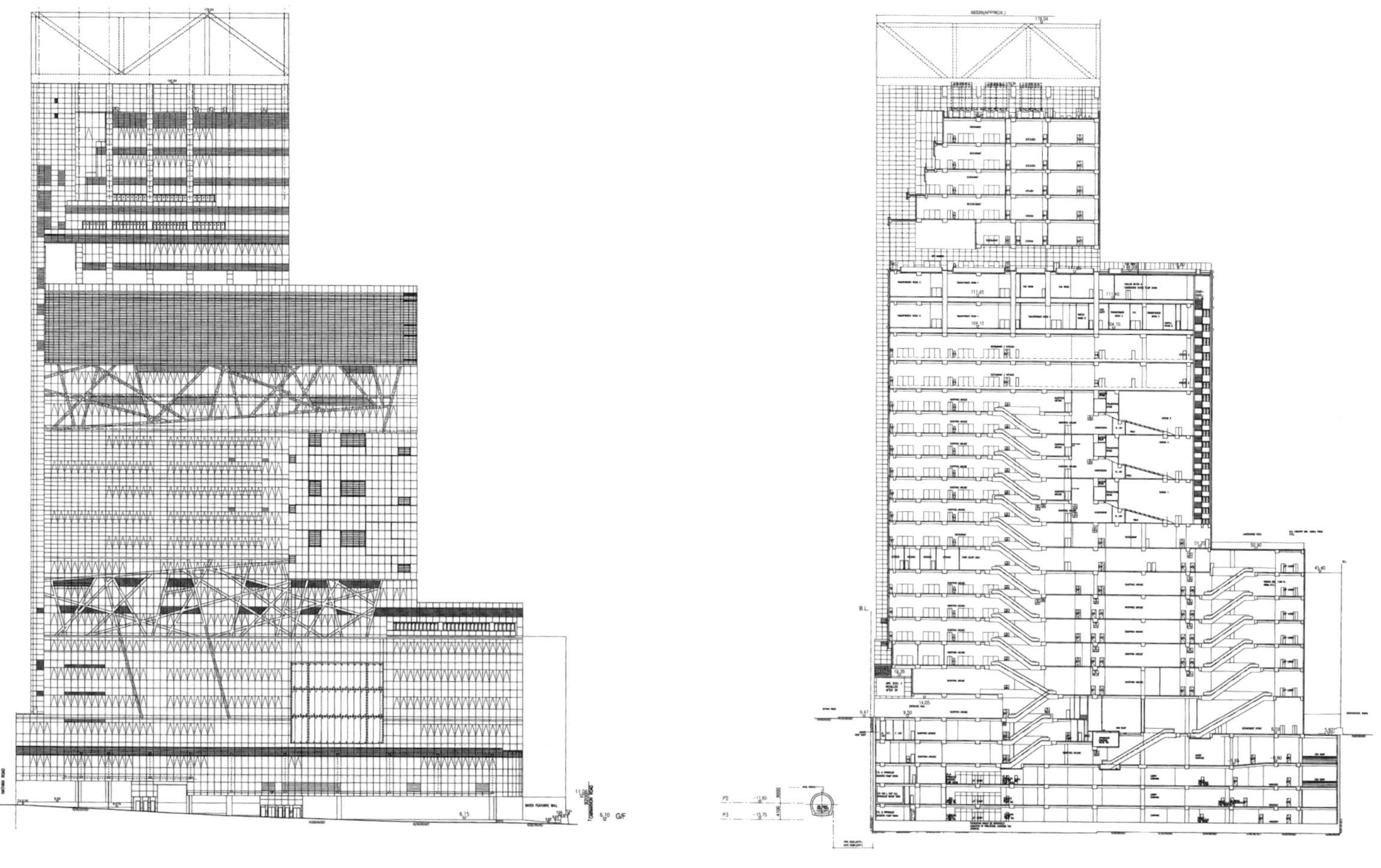

he mira
HONG KONG
The ONE
California
FITNESS

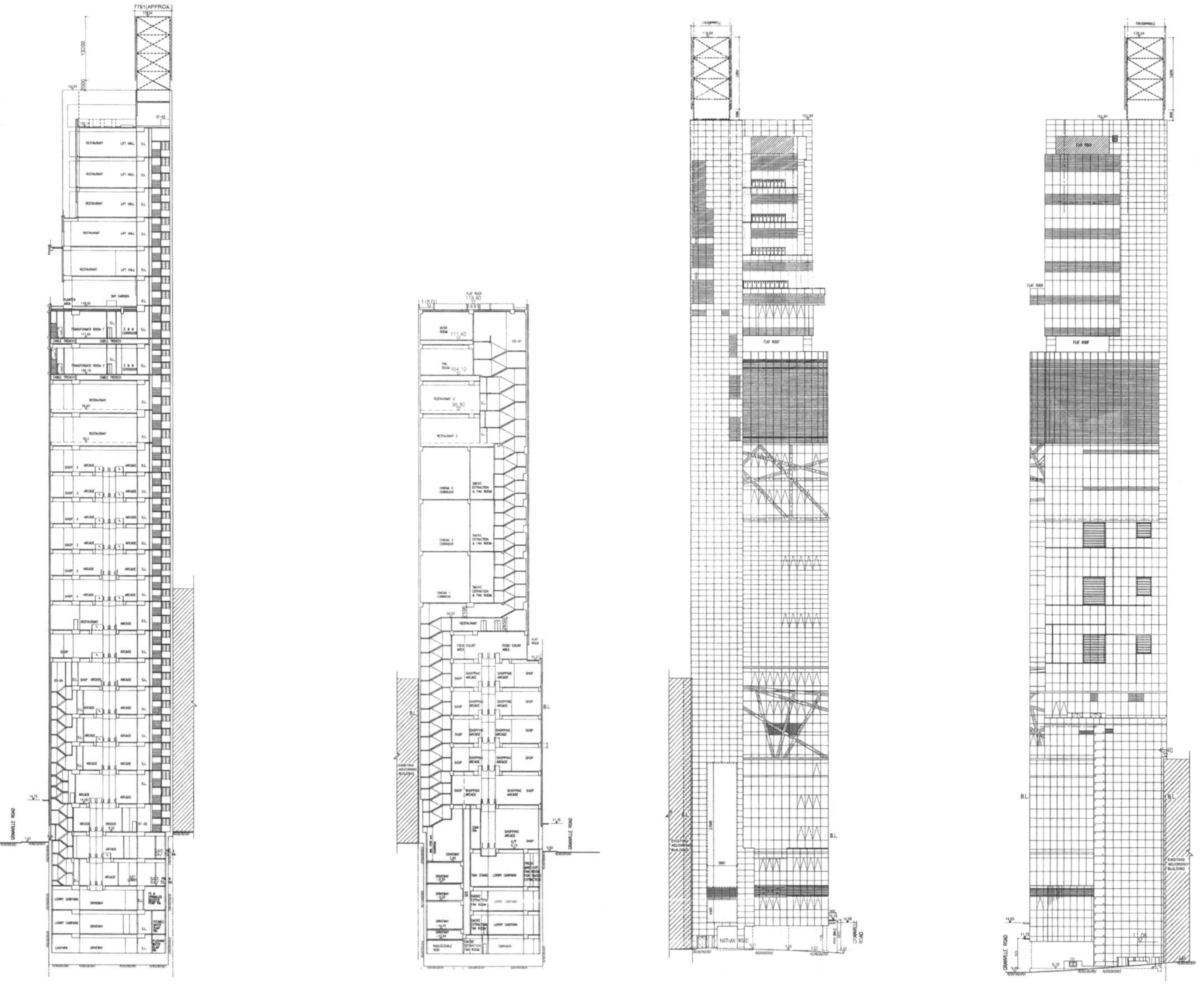

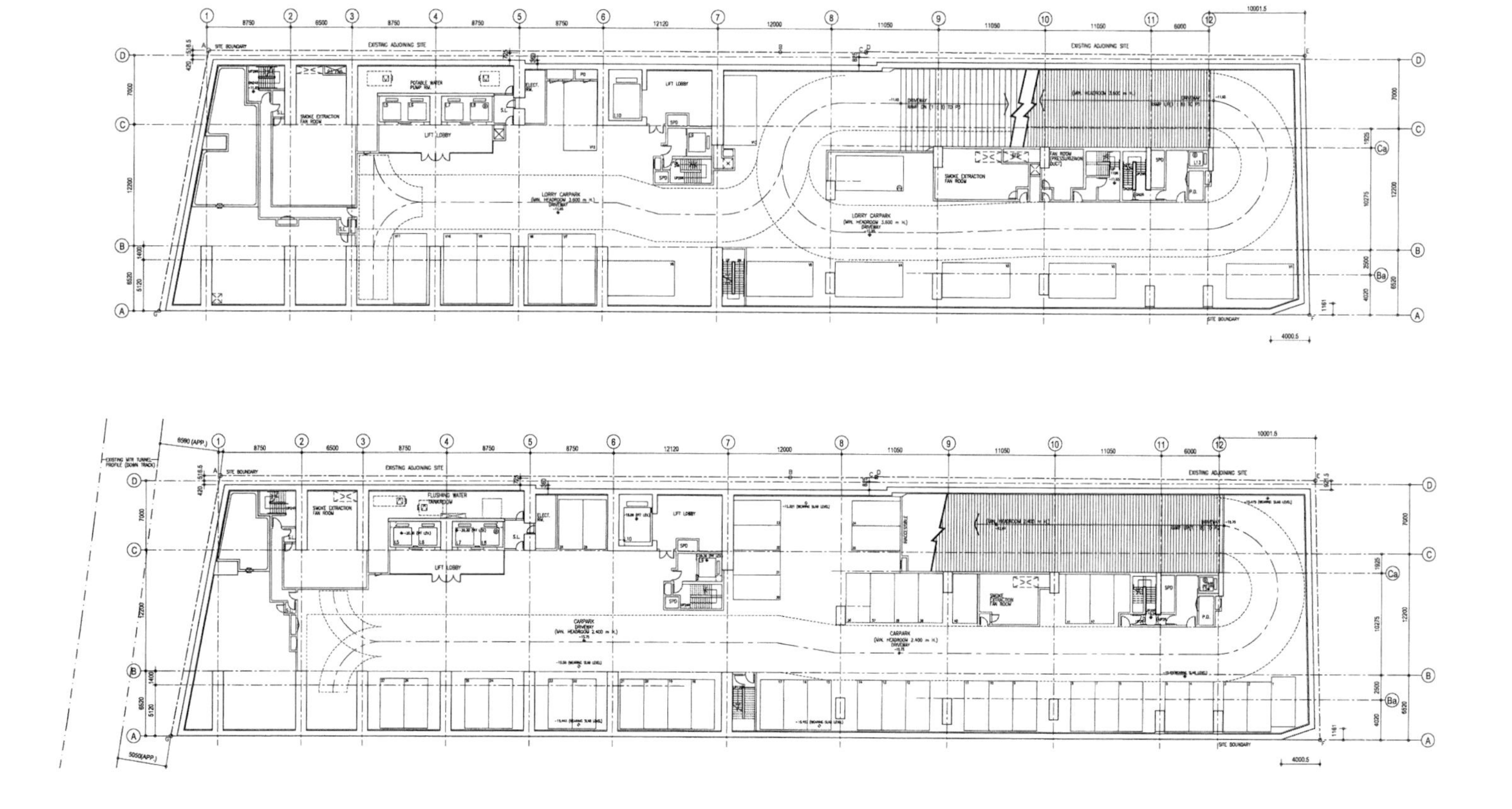
EXISTING ADJOINING SITE
SITE BOUNDARY
LIFT LOBBY
LOBBY CARPARK
CARPARK
SMOKE EXTRACTION FAN ROOM

TheONE

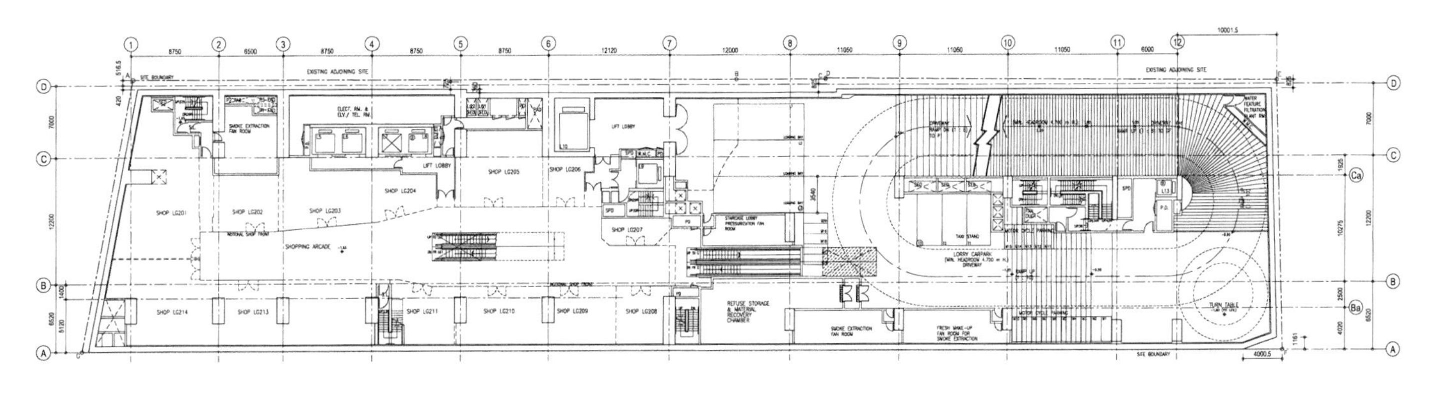

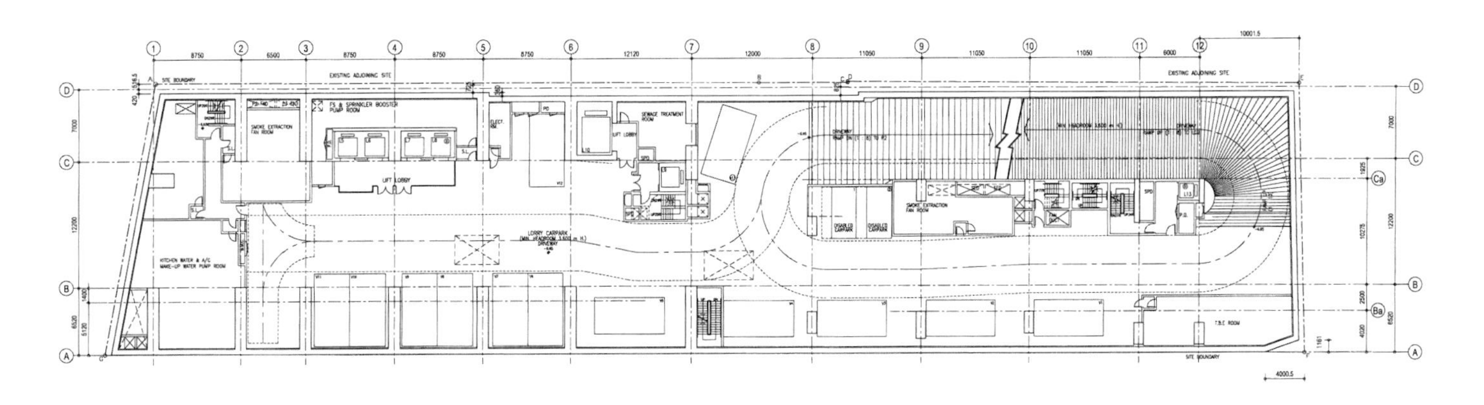

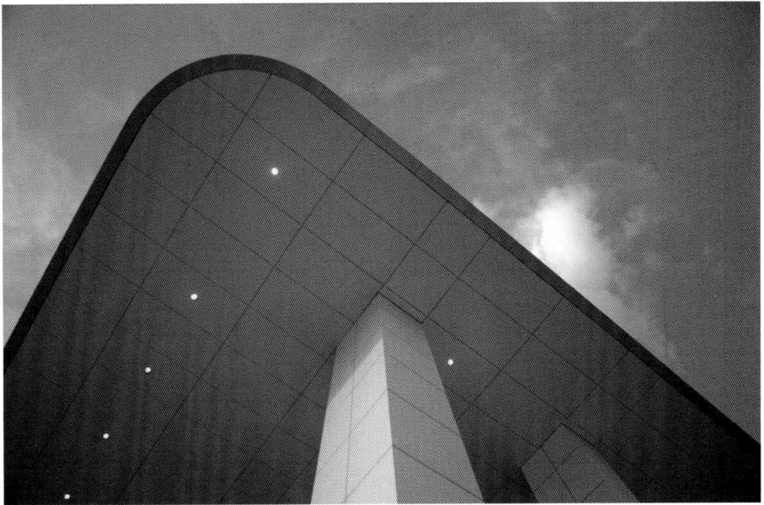

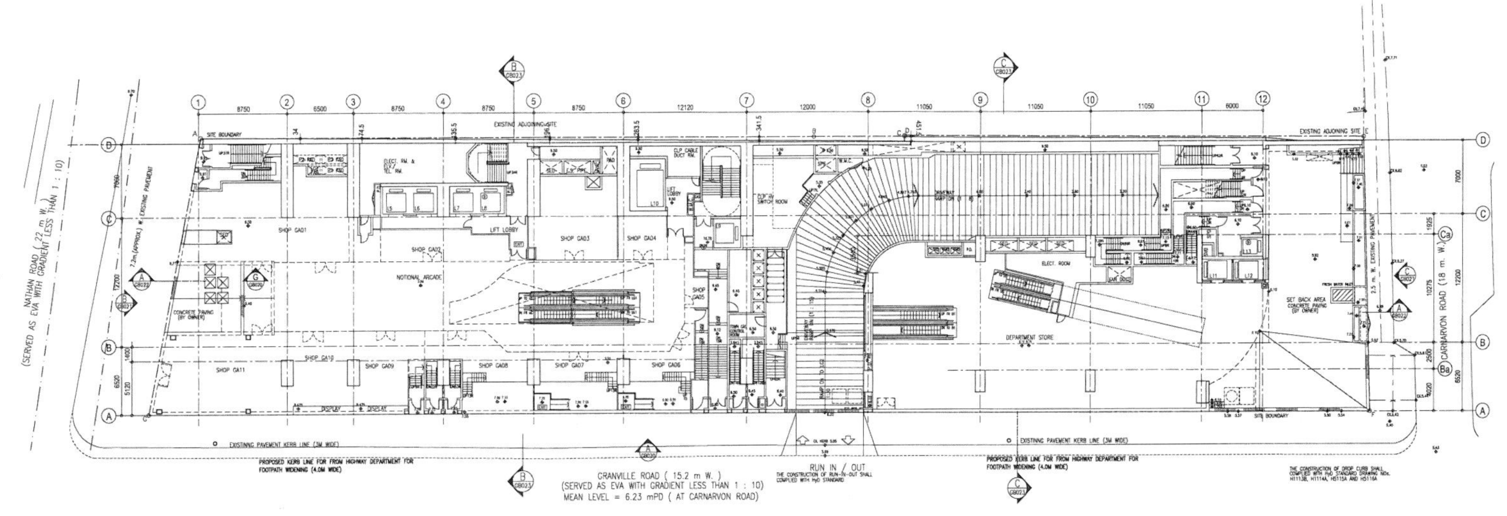
GRANVILLE ROAD (15.2 m W.)
(SERVED AS EVA WITH GRADIENT LESS THAN 1 : 10)
MEAN LEVEL = 6.23 mPD (AT CARNARVON ROAD)
RUN IN / OUT
THE CONSTRUCTION OF RUN-IN-OUT SHALL COMPLIED WITH HyD STANDARD
EXISTING PAVEMENT KERB LINE (3M WIDE)
PROPOSED KERB LINE FOR FROM HIGHWAY DEPARTMENT FOR FOOTPATH WIDENING (4.0M WIDE)
DEPARTMENT STORE
NOTIONAL ARCADE
LIFT LOBBY
ELECT. ROOM
EXISTING ADJOINING SITE

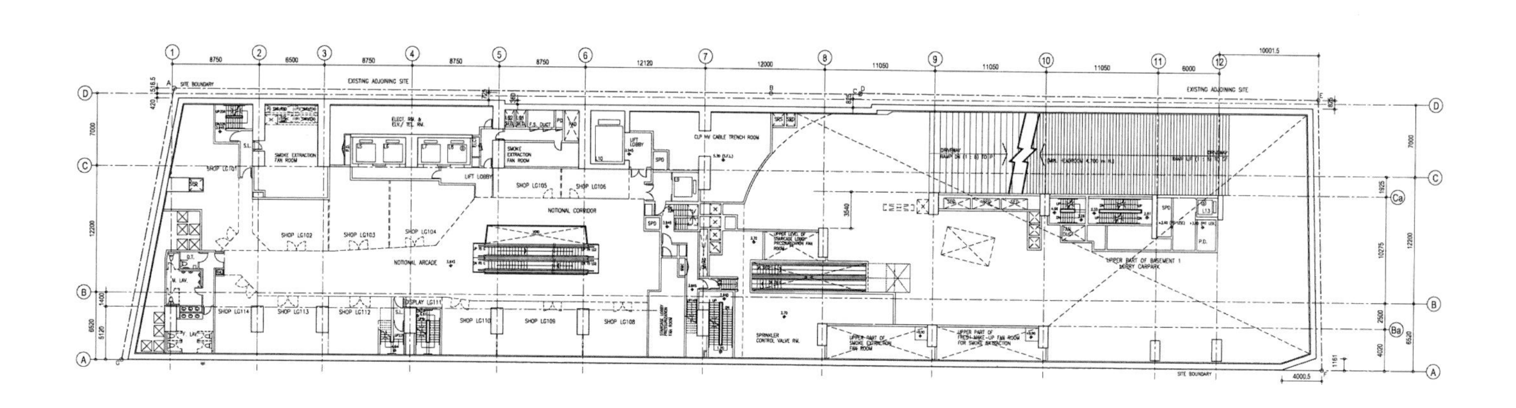

SITE BOUNDARY
EXISTING ADJOINING SITE
SMOKE EXTRACTION FAN ROOM
ELECT. RM. & ELV./ TEL. RM.
CLP HV CABLE TRENCH ROOM
LIFT LOBBY
SHOP LG101
SHOP LG102
SHOP LG103
SHOP LG104
SHOP LG105
SHOP LG106
NOTIONAL CORRIDOR
NOTIONAL ARCADE
M. LAV.
F. LAV.
SHOP LG114
SHOP LG113
SHOP LG112
DISPLAY LG111
SHOP LG110
SHOP LG109
SHOP LG108
SPRINKLER CONTROL VALVE RM.

i.t
COMING SOON
i.t
COMING SOON

i.t
COMING SOON
i.t
COMING SOON

大立精品馆外墙

项目地点：高雄
业　　主：台湾高雄统一集团
设计单位：UN Studio
外部设计：立墙、灯光以及相关的外部空间
内部设计：交通区及公共空间
建筑面积：25 500 m² + 停车层11 100 m²
建筑容积：135 000 m³ + 停车层38 000 m³
建筑工地面积：28 050 m²
摄 影 师：Christian Richters
状态/阶段：已完工

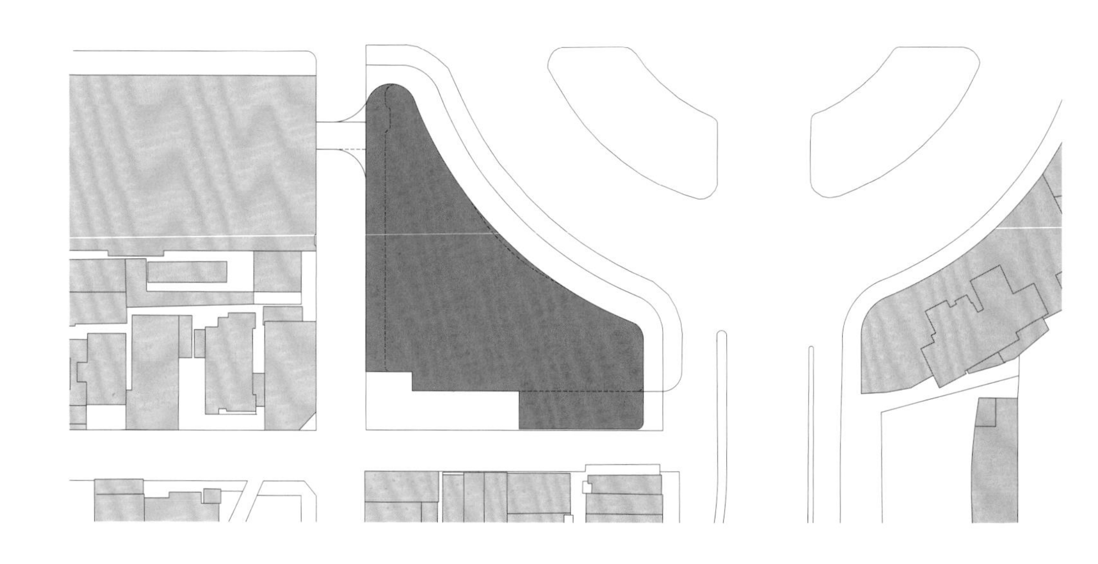

从技术层面来说，弧线的立面起到遮蔽阳光、遮风挡雨的作用，其全部涂上了釉料，与贴着水平薄片和竖直玻璃鳍片的幕墙相结合。每个立墙元素的位置和大小都是从一个弯曲的框架系统中衍生出来的，这个系统与建筑内部的结构有关。该建筑外凸的正面在不同距离观看时展示不同的流畅形状，并且引导乘坐滚梯的顾客的视线。在夜间，竖直玻璃鳍片边缘的照明设施将柔和的色彩散布在立面上。光照强度和颜色效果是数字控制并编排的，为建筑的外表平添一分流动性。

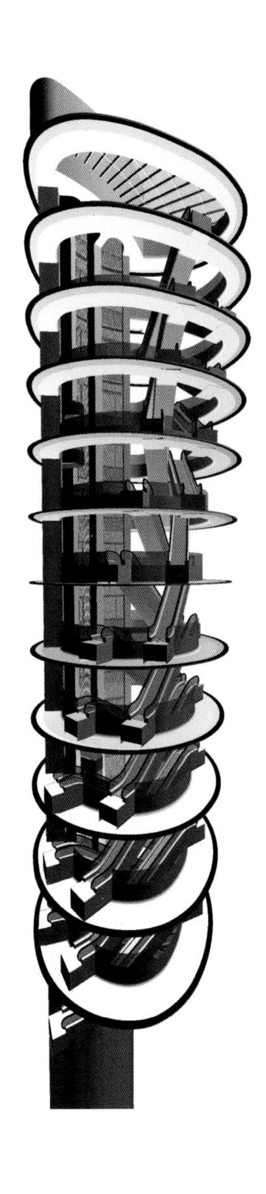

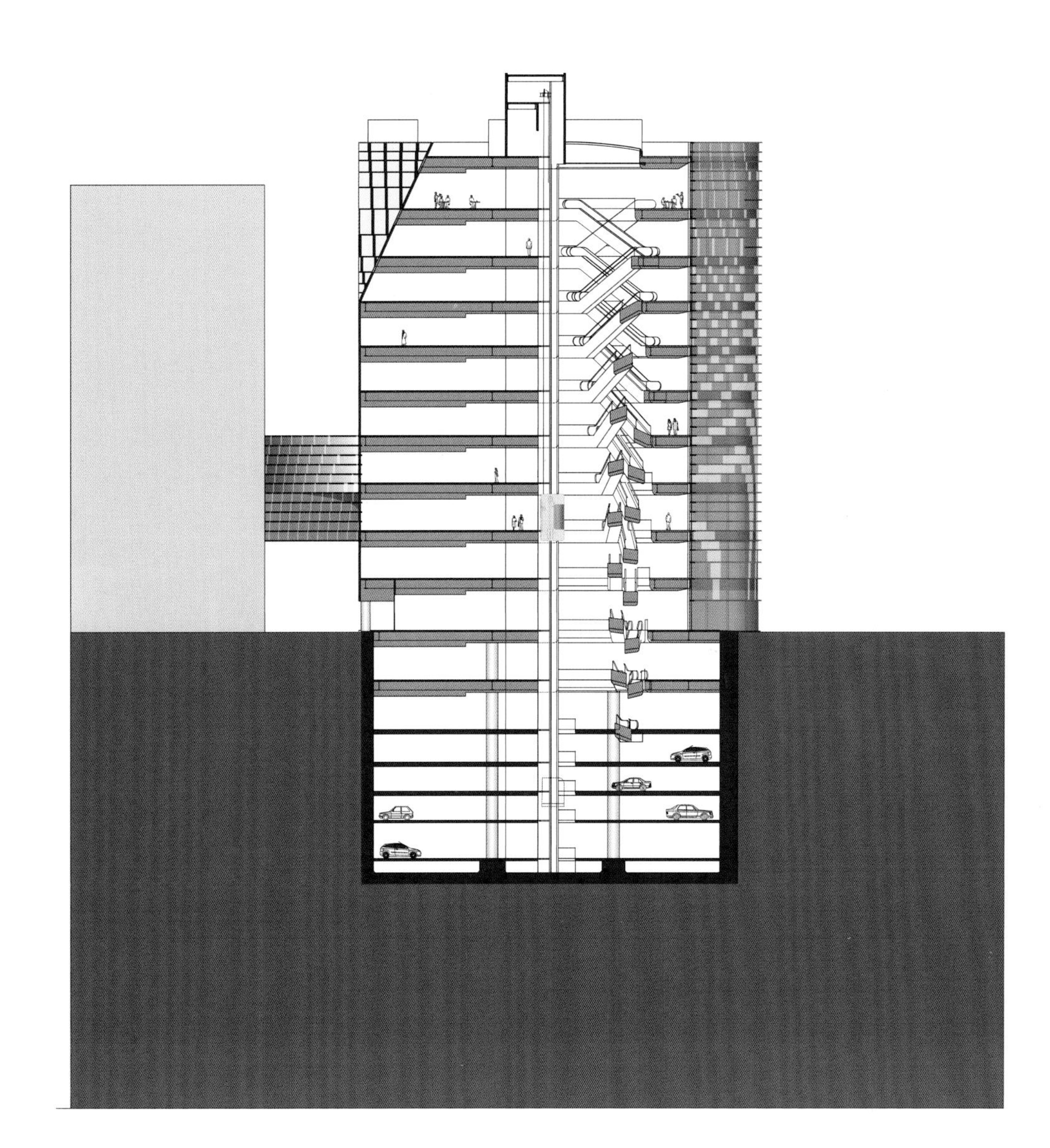

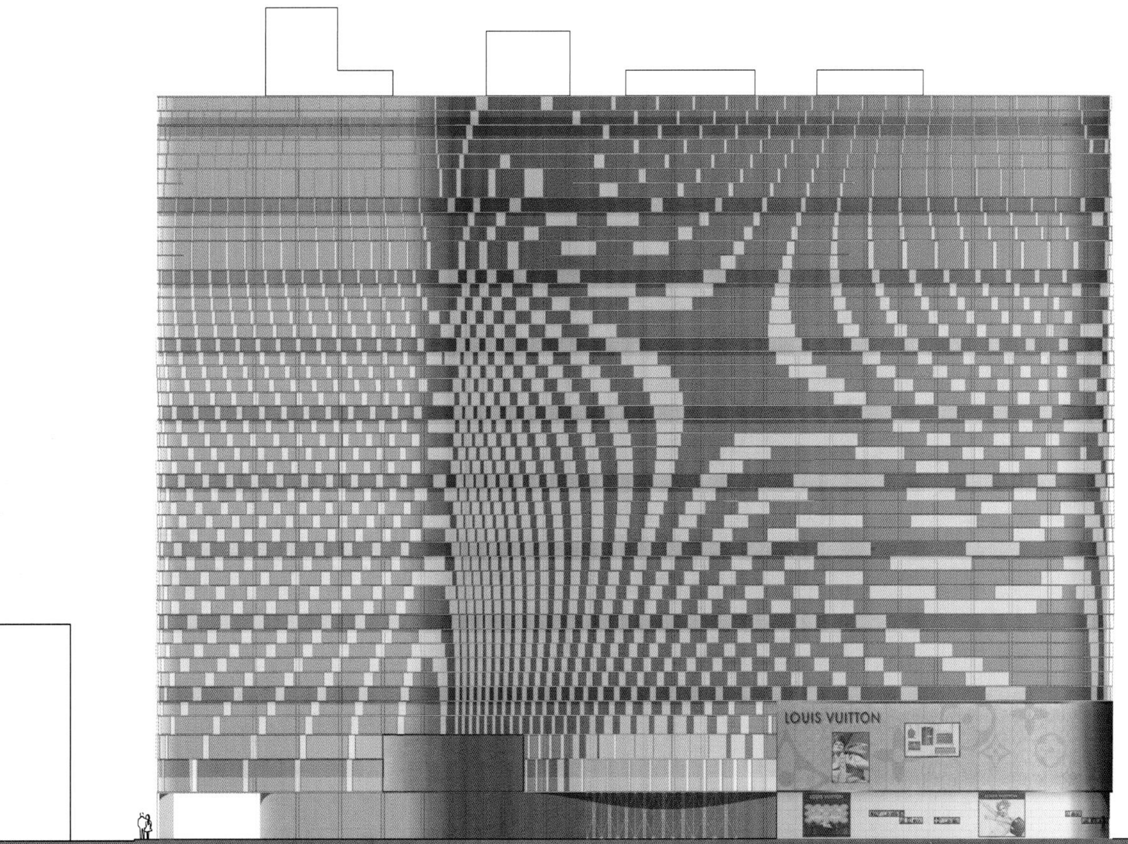
LOUIS VUITTON

LOUIS VUITTON
LV
LOUIS VUITTON

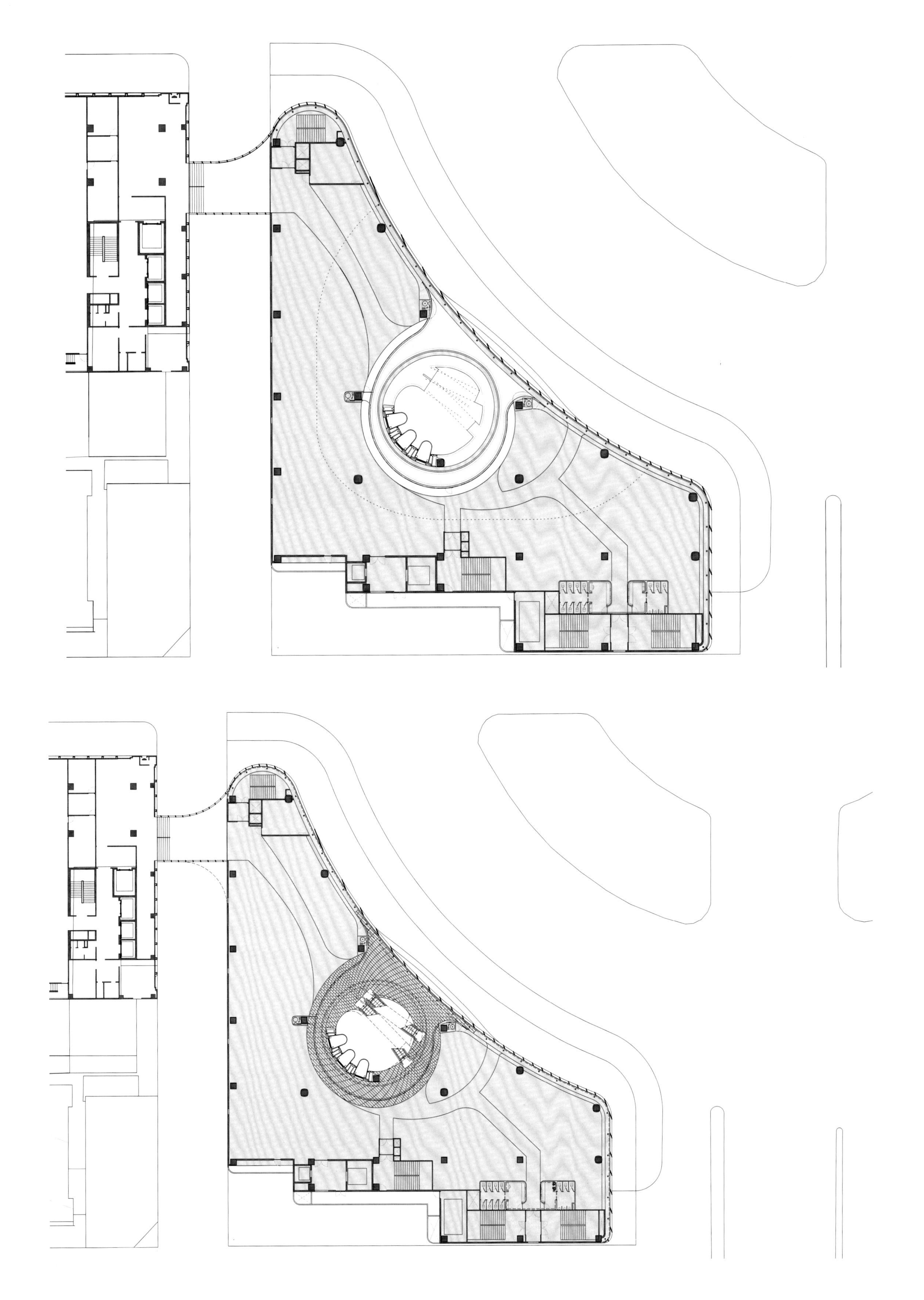

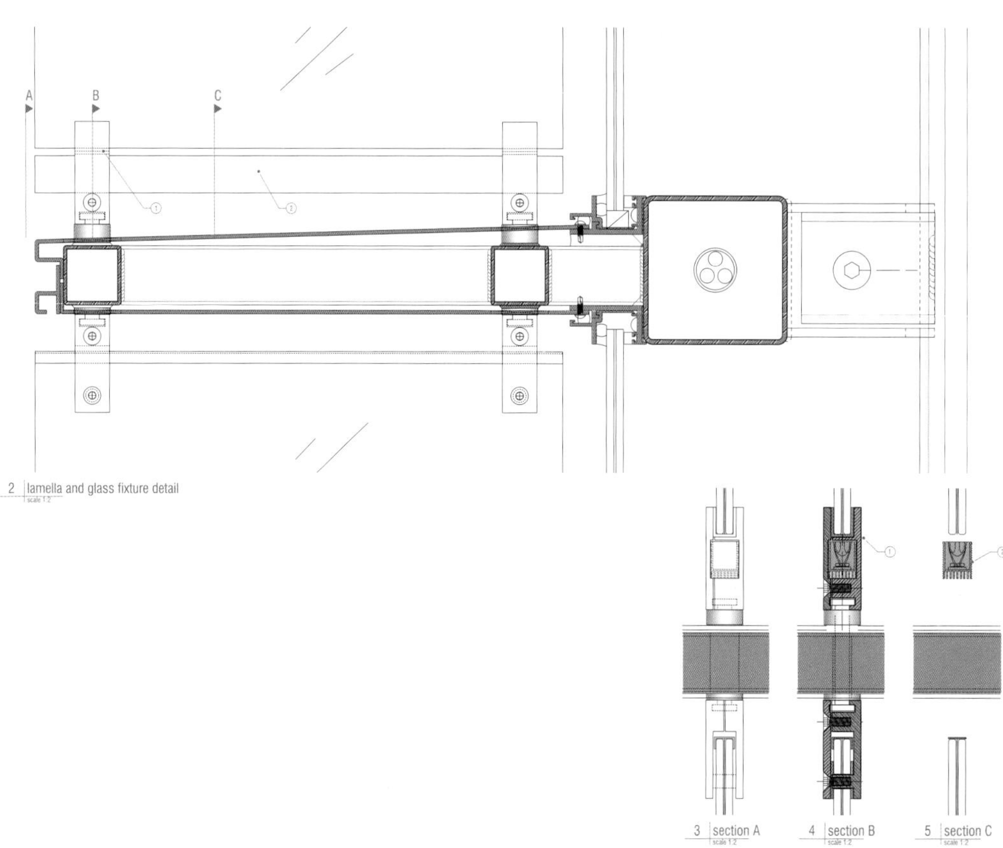
A
B
C
2 lamella and glass fixture detail
scale 1:2
3 section A
4 section B
5 section C

LOUIS VUITTON

PRADA

BOSS
DKNY

首创天津双港

项目地点：天津

设计单位：三磊建筑设计有限公司

用地面积：65 625 m²

地上建筑面积： 112 300m²

其中

商业建筑面积：59 650 m²

地下建筑面积：41 700 m²

项目位于天津市四个近郊环城区之一的津南区双港镇。现有基地周边城市空间都是相对单一的居住小区，缺乏能成为区域中心象征并提升城市形象的地标建筑。 现有城市商业模式单一，界面单调，尚未建设能激发城市活力的大型商业项目。 现有城市环境景观呆板，未形成能真正聚拢人气、完备城市功能的中心。

结合高端综合商务、精品购物中心、优质服务型配套公寓，打造一个具备现代城市全部功能的“城中之城”。

以人为本，精心设计多元化的城市空间，构建独特的城市景观界面，提升项目价值。

项目周边多为新建小区，配套设施有待完善。通过合理的规划设计多层次绿化，形成丰富多变的景观空间与层叠渗透的景观联系，提供完备的生态资源，打造舒适宜人的居住社区。

发挥交通便利性优势，注重引领品质生活潮流，区别周边低端商业，具有独特的竞争优势。打造区域的商业中心，结合活跃的商业街氛围，打造高端商业中心。力推新概念、新组合和新形象，让项目成为区域新亮点。

商业街在适当位置结合广场、院落等不同性质的开放空间，形成丰富有趣的空间形态，增加商业临街界面，提升商业购物环境品质，进而提升商业价值。在满足商业动线和功能需求的基础上，着力打造风格独特的建筑形态，同时注重内部设计细节和设施先进性，保证设计的超前性。丰富的形体变化带来多元化的空间形态，完备的设计理念带来不可比拟的卓越商业品质。

高端商业中心，与临街小商业自然相连，浑然一体，相辅相成。不仅在商业业态上相互补充，也创造出多元化的空间形态和购物环境。

通过运用前沿的设计理论与方法，为城市带来一个风格独特、形象突出、品质卓越，能真正象征 城市蓬勃生命力的地标建筑。

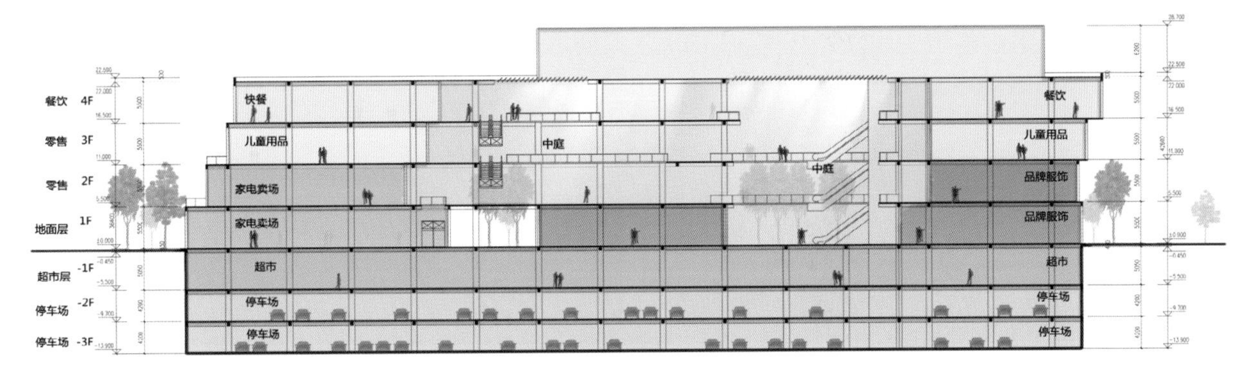
餐饮 4F
零售 3F
零售 2F
地面层 1F
超市层 -1F
停车场 -2F
停车场 -3F
快餐
儿童用品
中庭
家电卖场
家电卖场
中庭
超市
停车场
停车场
餐饮
儿童用品
品牌服饰
品牌服饰
超市
停车场
停车场

剖面图

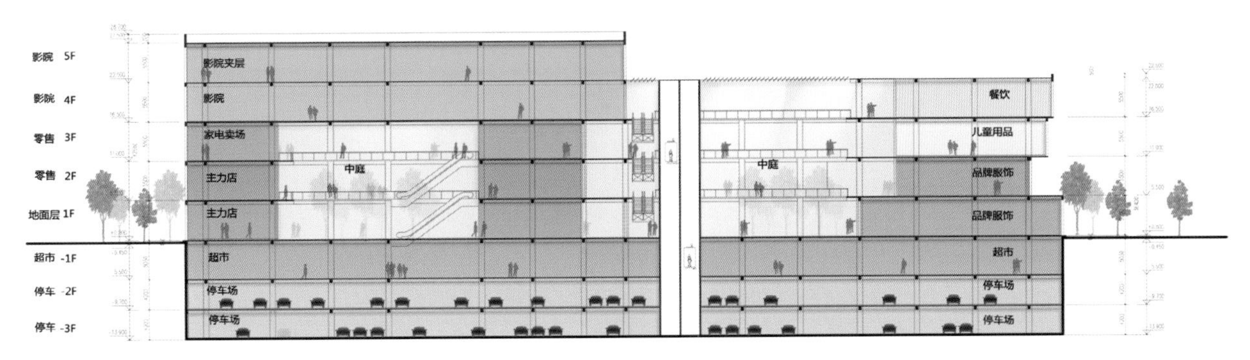
影院 5F
影院 4F
零售 3F
零售 2F
地面层 1F
超市 -1F
停车 -2F
停车 -3F
影院夹层
影院
家电卖场
主力店
主力店
中庭
超市
停车场
停车场
中庭
餐饮
儿童用品
品牌服饰
品牌服饰
超市
停车场
停车场

剖面图

兰州金城国际商贸园区

项目地点：兰州
设计单位：桑叶机构MULBERRY

本基地两栋超高层地标建筑、两个城市广场及城市森林构筑了一个气势恢弘的CBD。在规划中轴线上坐落着两栋遥遥相望的超高层建筑（超五星级酒店及甲级智能化写字楼），以满足区域内商务人士及CBD周边企业对高档商业办公场所、商务会议中心及配套酒店的需求。两栋超高层恢宏的外立面设计既符合地标建筑的王者风范，又不失地域时尚风格。

中央商务区由三个城市开放区域（市民广场、城市枢纽广场、城市森林），两个超高层建筑及文化会馆组成。功能分别为超五星级酒店、甲级智能写字楼、金融中心及文化会馆。城市枢纽广场与各功能区整合，使得大量人流通过本集散地后形成多层次的互动，打造兰州新区新的地标性CBD。

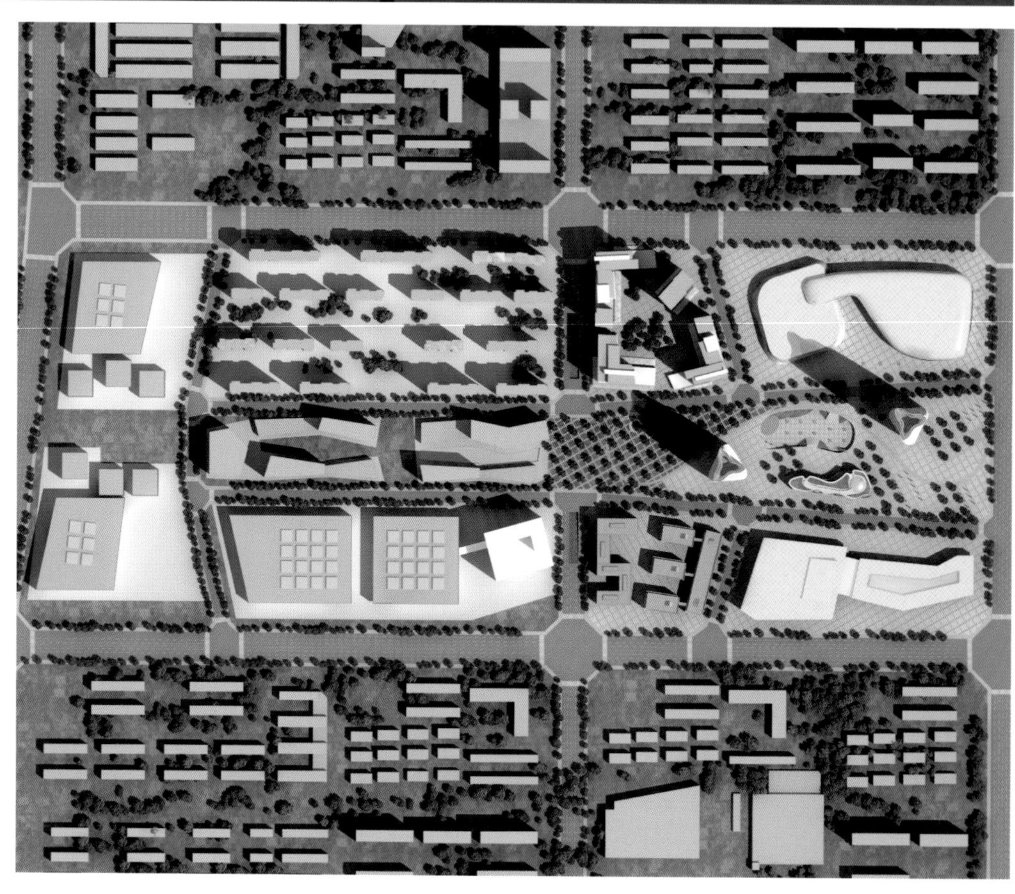

PRADA
OPEN
OPEN
OPEN

OPEN
OPEN
OPEN
OPEN

宁波慈溪项目

项目地点：宁波
设计单位：上海港普泰建筑设计机构（GPT）
用地面积：292 497 m²
建筑面积：949 110 m²
容 积 率：2.29
绿 地 率：30%

项目地块位于慈溪市境内中西部平原地区，紧接南部丘陵地带，东临光华路，西面漾山路江，北靠三北大街，南迎大塘江。地块位于天元镇与宗汉镇之间，距离两地皆约3公里。地块周边多为住宅以及耕地，缺乏完善的配套设施，因此具有较大的开发潜能。

基地现有两条道路，分别为北侧的三北大街以及西面的西外环路，另有两条规划道路分别位于基地东、南侧。此外，基地南部的329国道以及东南方向的慈溪客运西站也为交通便利及人流数量的保障提供了条件。

基地西、南相邻两条河流，分别为漾山路江和大塘江，另有一条规划河从基地中部穿过。漾山路江与大塘江都将成为基地主要的景观来源。

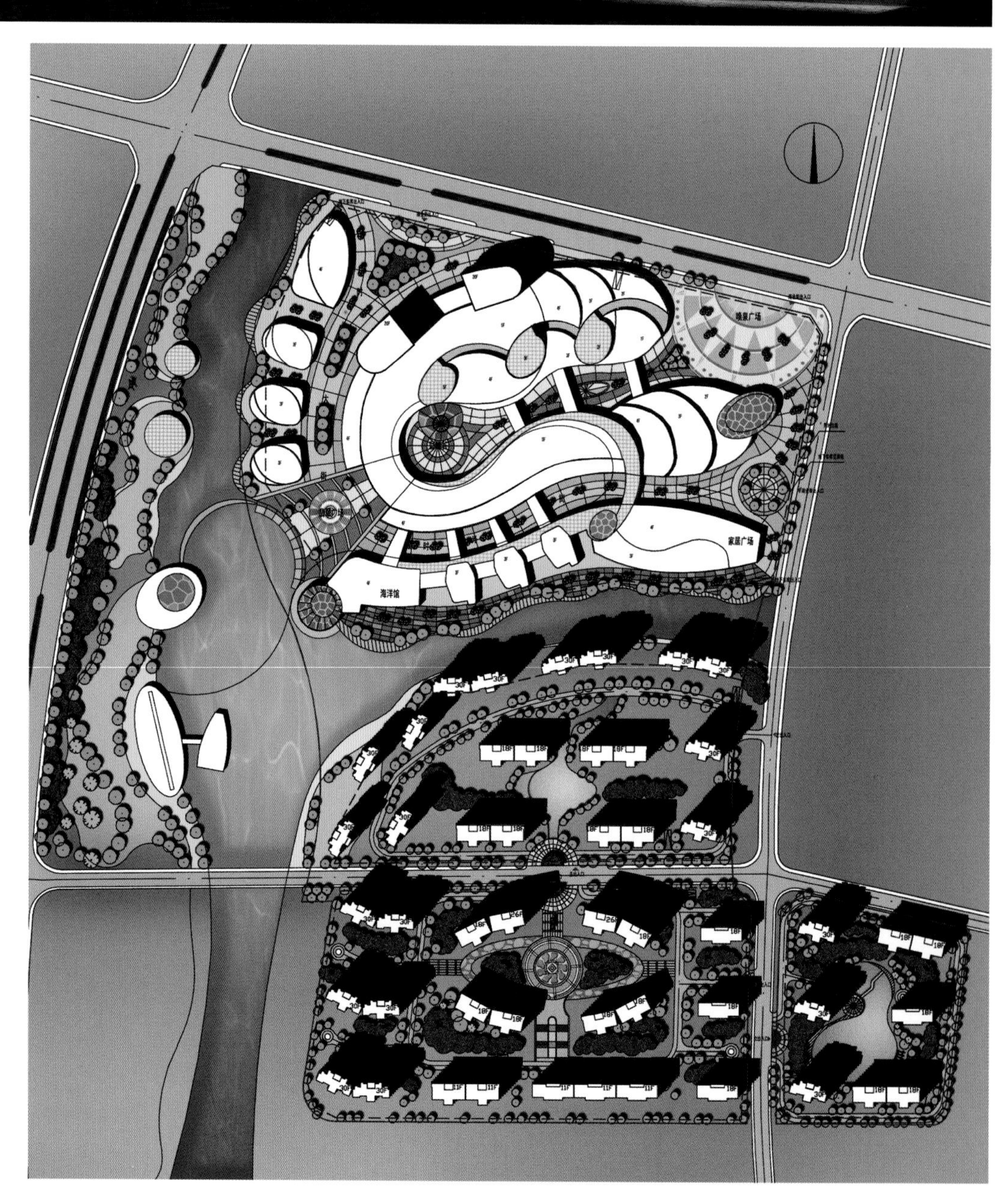

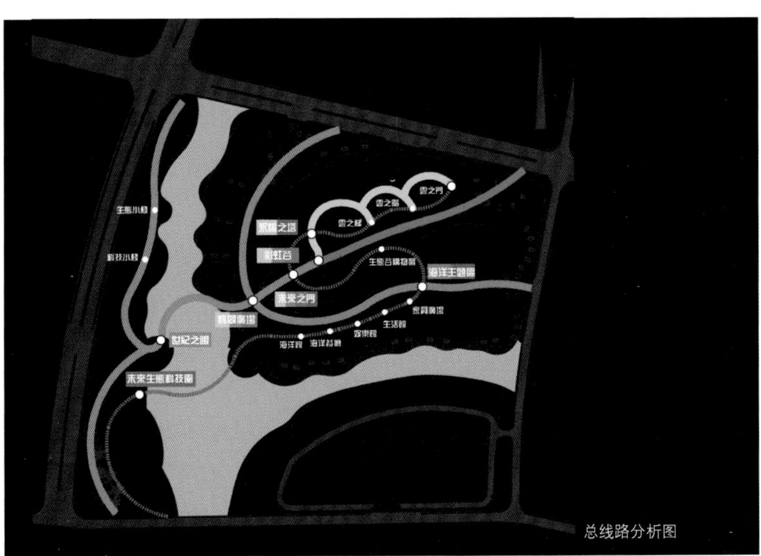

总线路分析图

自持出售商业分布图

出售部分
建筑面积：138 766 m^2
自持部分
建筑面积：46 521 m^2

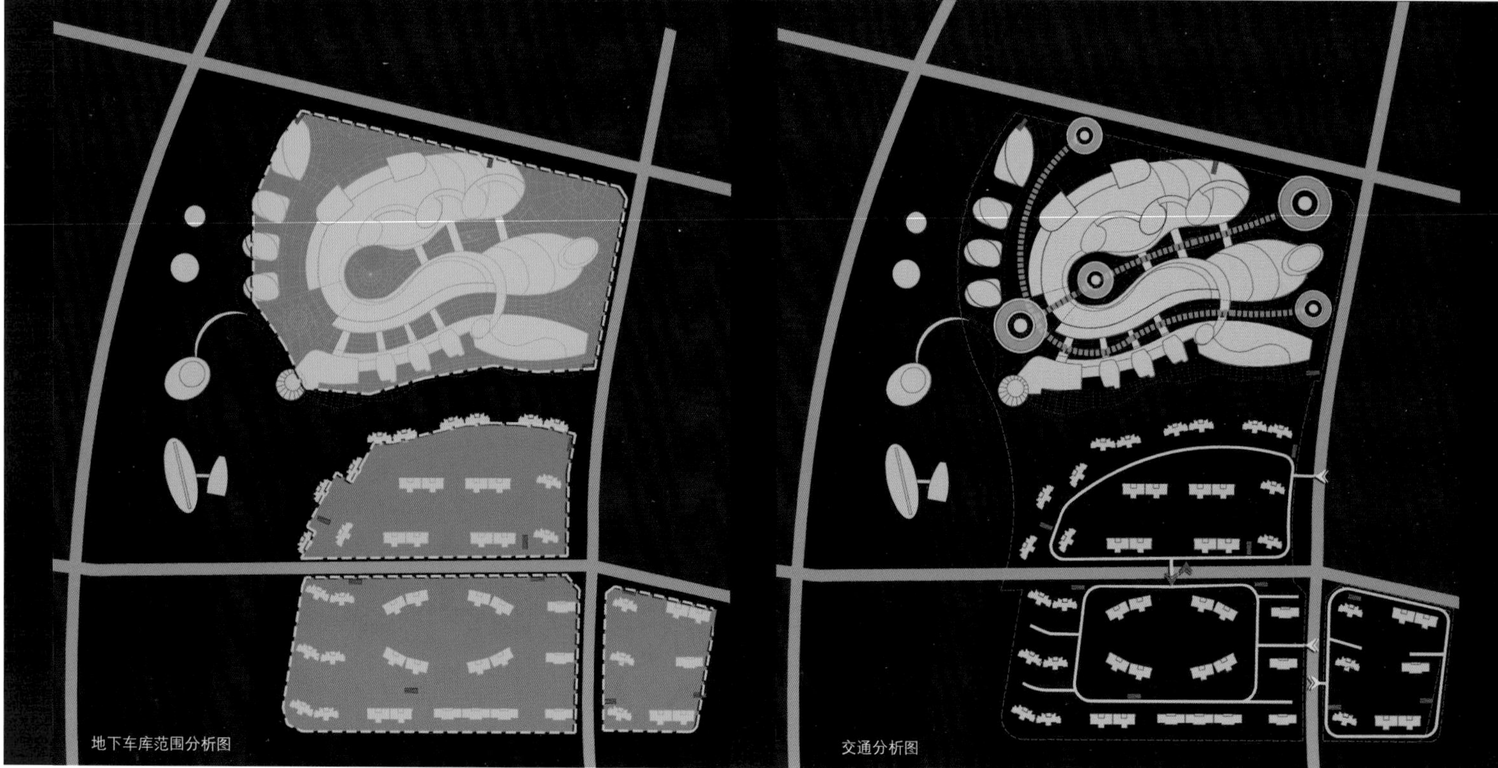

地下车库范围分析图

交通分析图

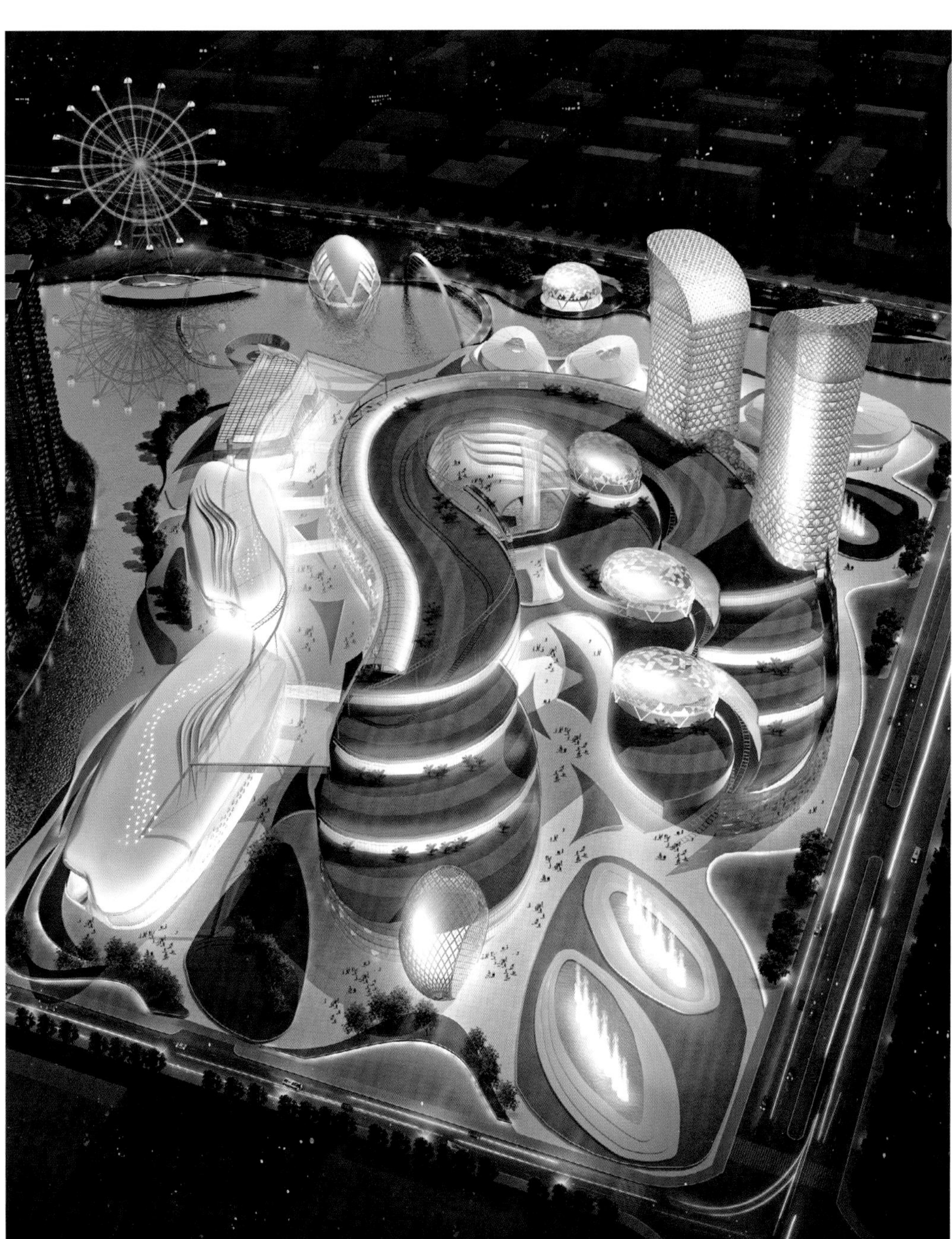

上海MINI公馆

项目地点：上海
业　　主：上海泰尔发房地产开发有限公司
设计单位：上海中房建筑设计有限公司
用地面积：24 105 m²
地上建筑面积：76 600 m²
地下建筑面积：19 600 m²

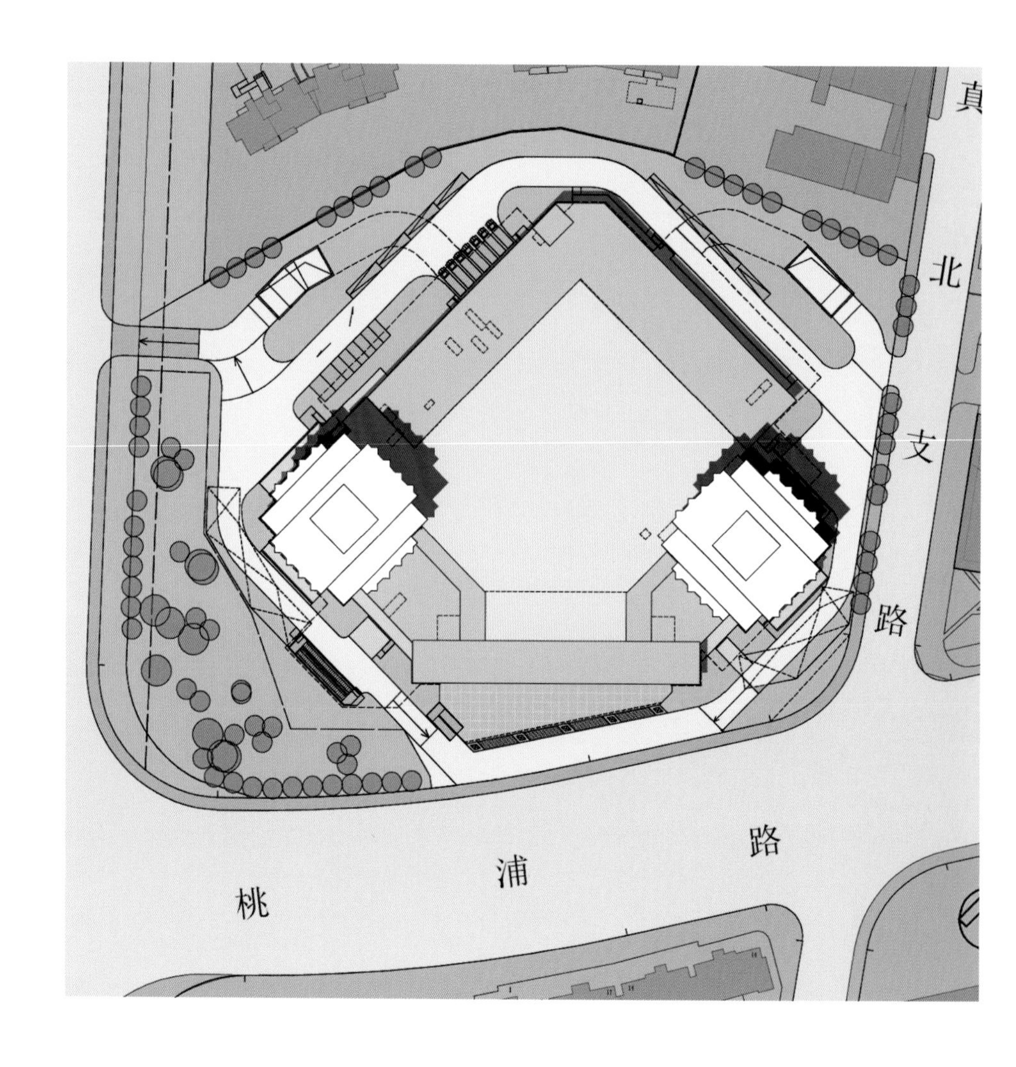

上海MINI公馆地处上海市普陀区，位于真北路、桃浦路、真北支路交会处。用地2.4万平方米，地上建筑面积约7.66万平方米，其中4层商业裙房约3.14万平方米；两幢27层办公楼共约4.5万平方米，每幢标准层面积约1 000平方米；地下建筑面积约1.96万平方米。

从本项目的规模以及业主的开发目标考虑，希望能以一个综合体的整体形象打造真北路城市副中心的地标性建筑。因此，如何体现建筑个性，又能协调周边纷繁嘈杂的城市环境，成为总体布局思考的重要方面。设计中将酒店公寓处理为双塔，并将其连线垂直于高架布置，大体块的超市位于两塔之间，面向城市支路。通过这样的处理，既能很好地协调城市空间和周边建筑的关系，又能使高架道路上来往车辆最大限度地看到双塔的整体面貌，从而感受到其标志性的效果。

Carrefour
家乐福
金岛建

家乐福

Carrefour
家乐福

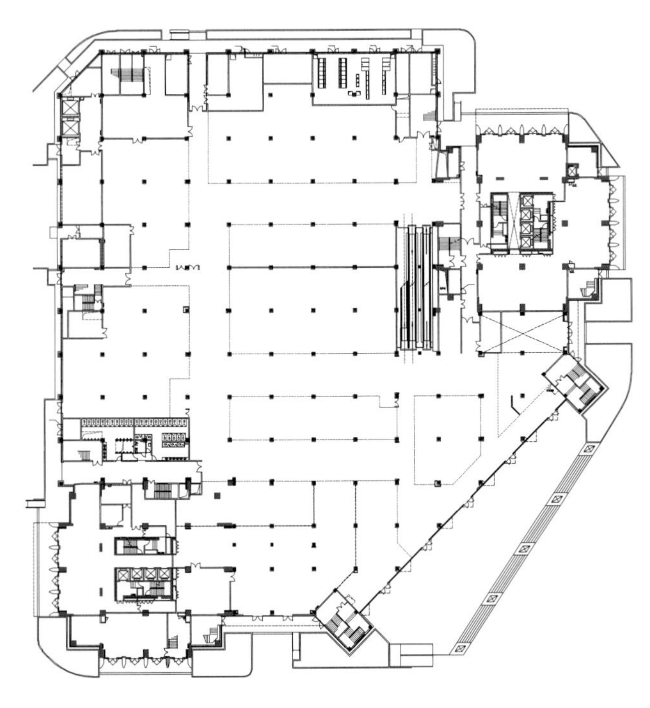

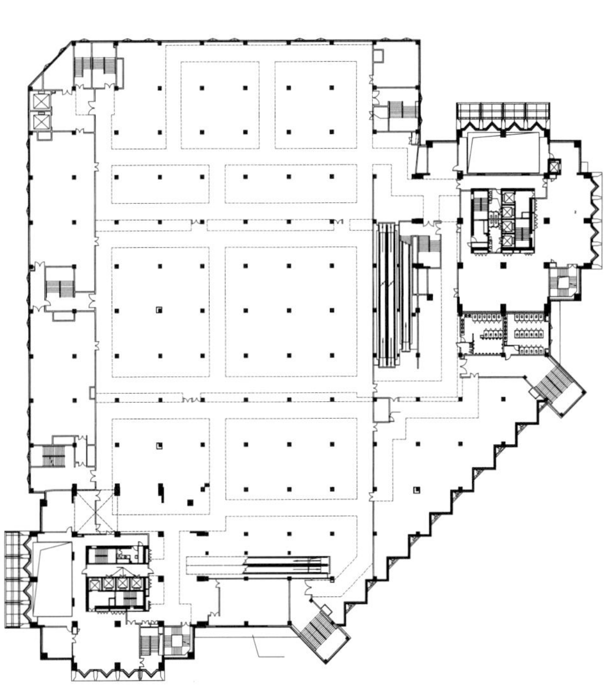

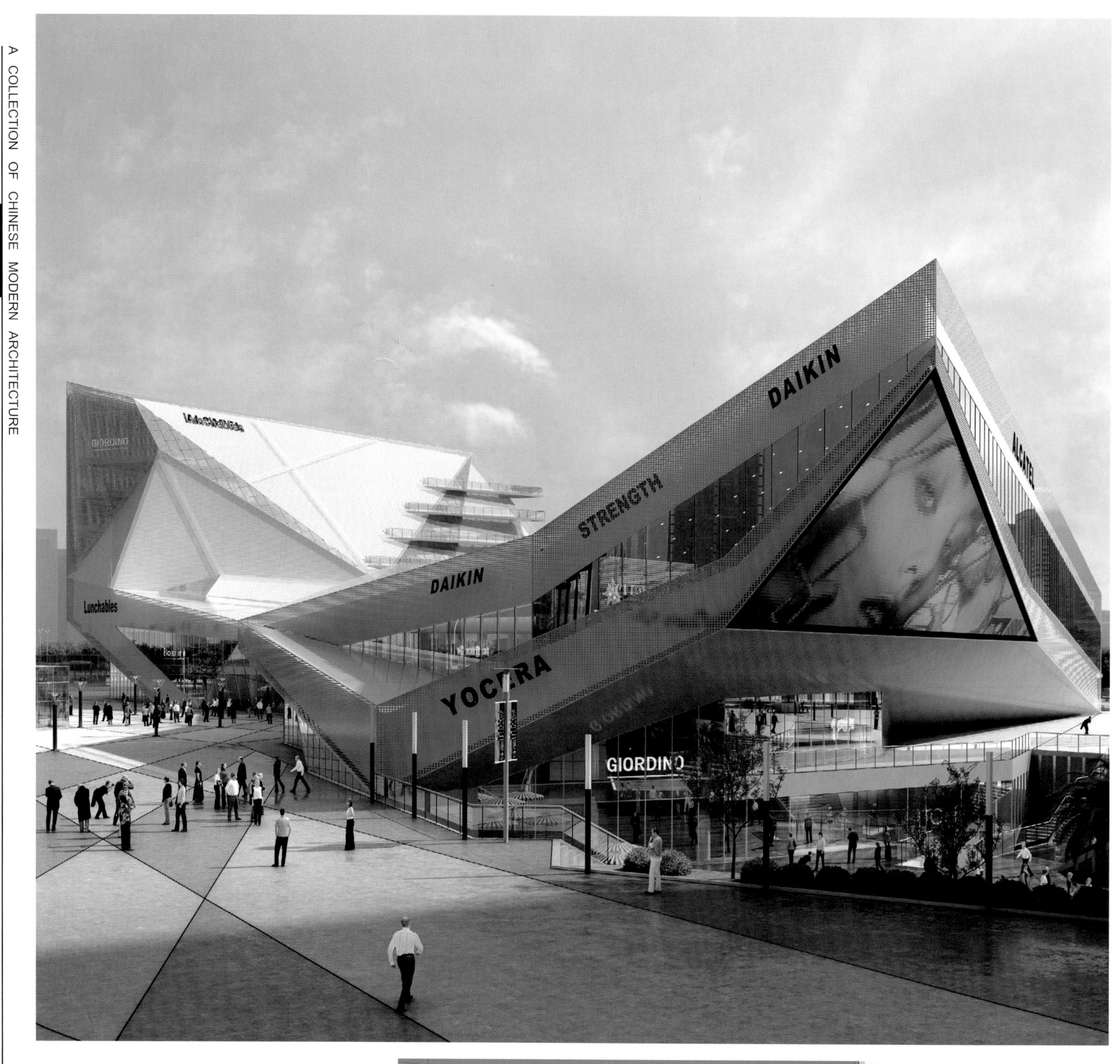

上海天山西路易初莲花地块

项目地点：上海
设计单位：上海晶奈工程设计有限公司
设 计 师：王建，王俊雪，黄逸君
用地面积：29 590 m²
建筑面积：35 508 m²
建筑密度：40%
容 积 率：1.2
绿 地 率：20%

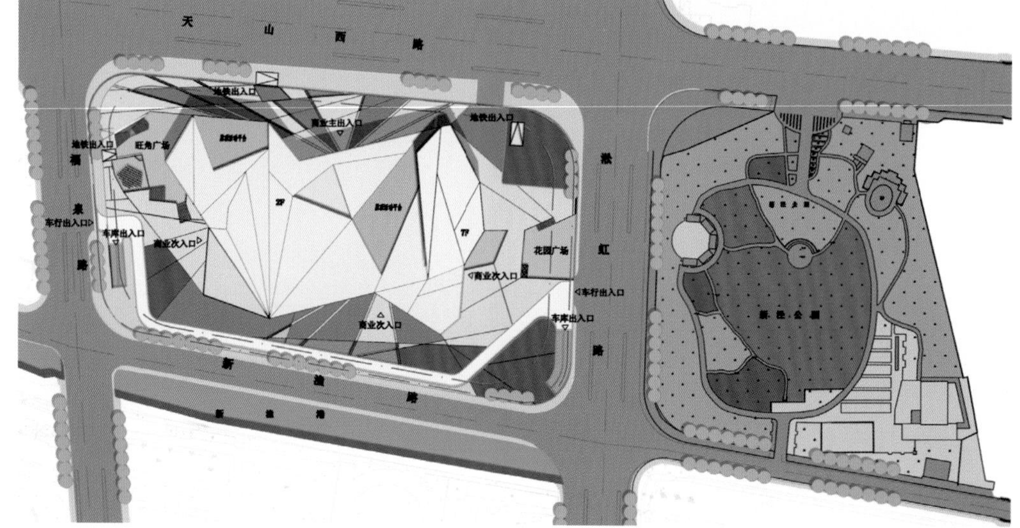

本案地块位于上海市长宁区，北临天山西路，南临新渔路，东临淞虹路（新泾公园），西临福泉路。作为上海虹桥临空经济园区核心项目，高效利用地铁强能级能量，实现长宁区品牌影响力，为上海发展现代服务业黄金走廊的西部核心奠定基础。此次设计致力于提升开发价值，最大化避免未来市场陷入同质化竞争漩涡，产品符合未来市场切实需求，形成热销源。

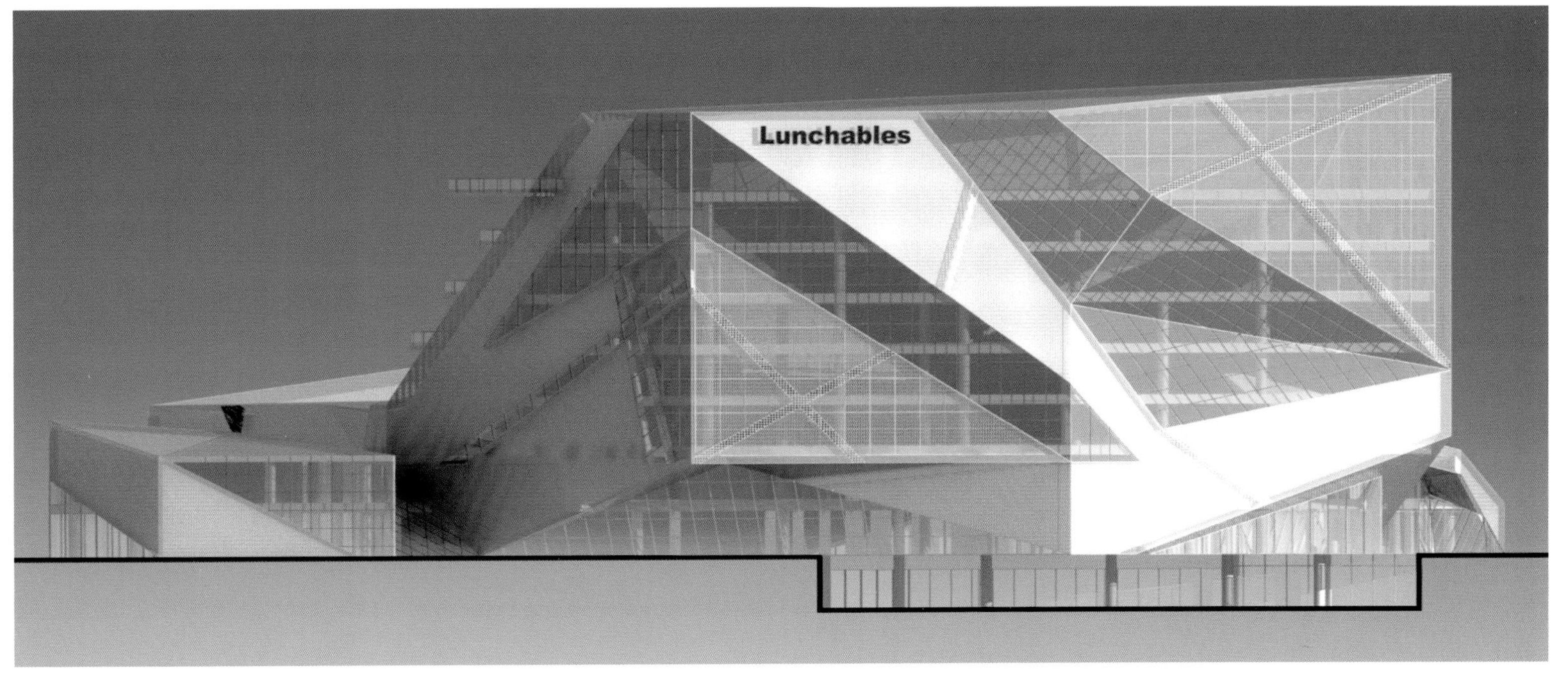
Lunchables

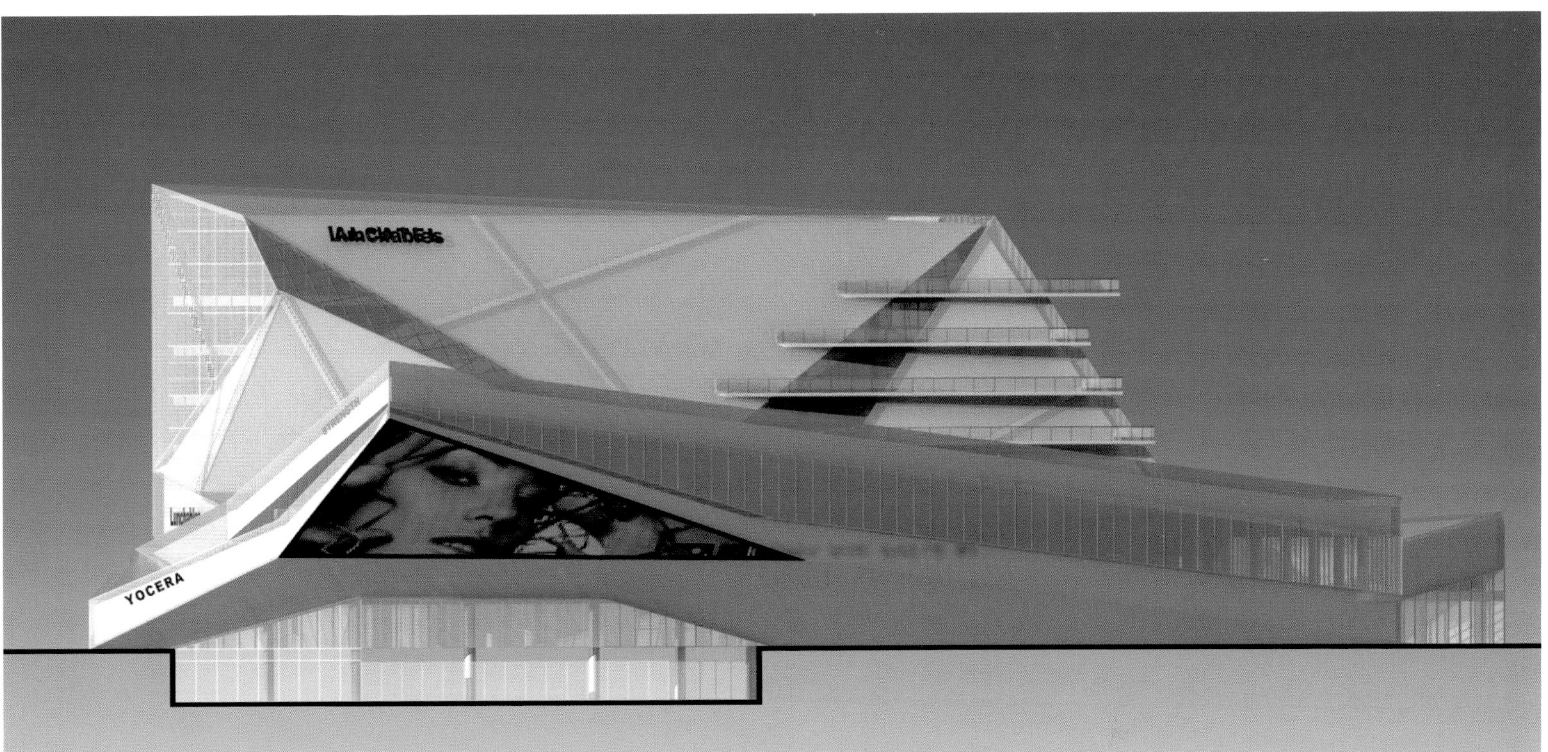
YOCERA

Lunchables
YOCERA

Lunchables

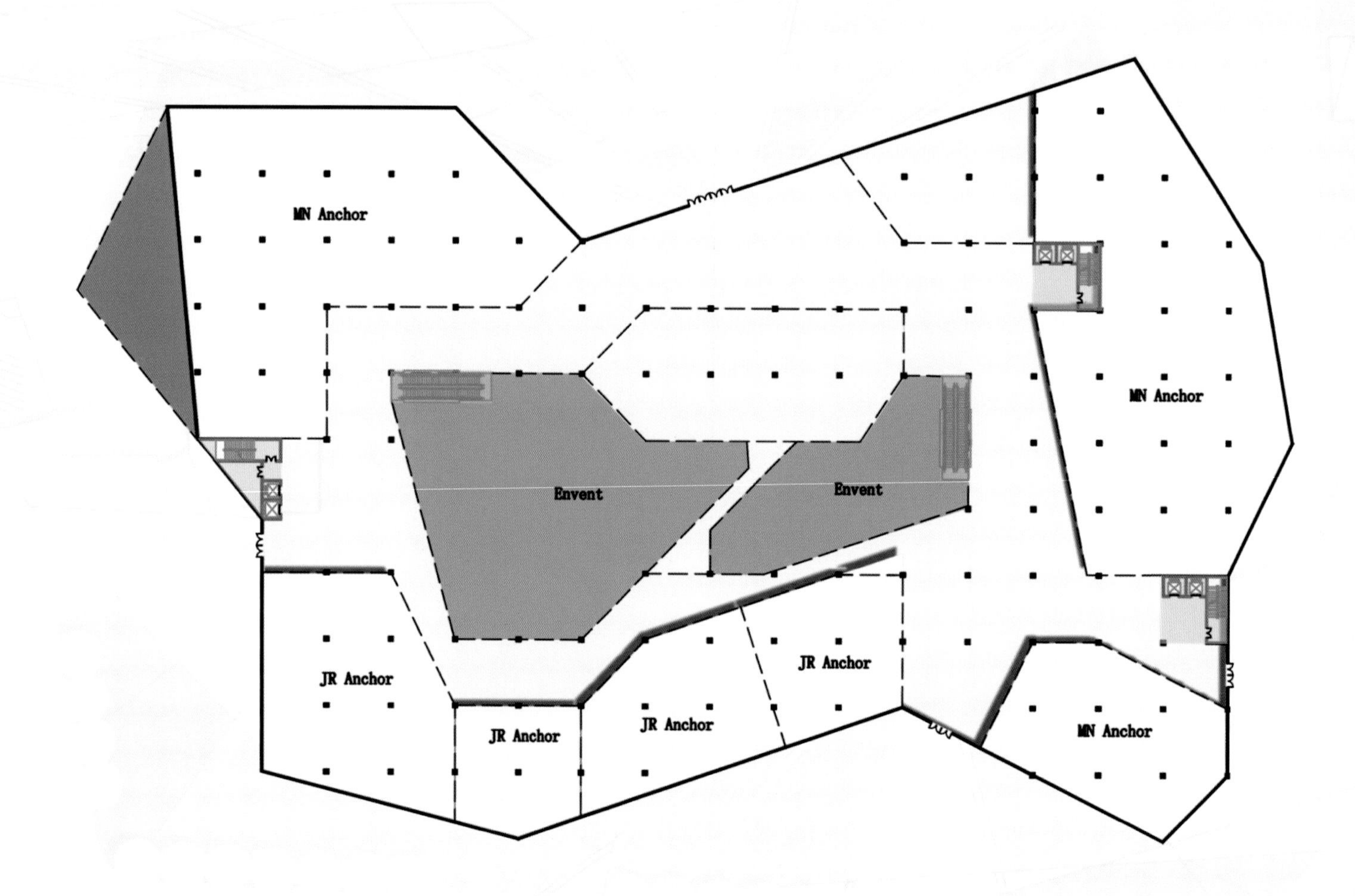
MN Anchor
MN Anchor
MN Anchor
Envent
Envent
JR Anchor
JR Anchor
JR Anchor
JR Anchor

1层平面图

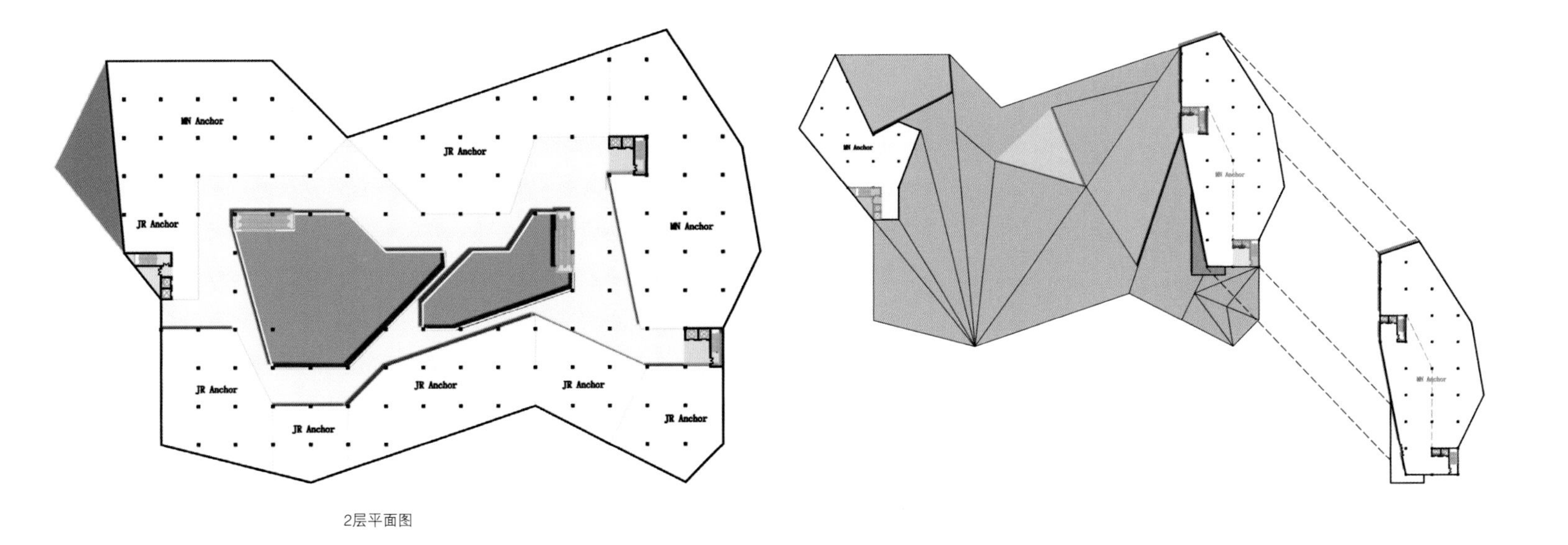
MN Anchor
JR Anchor
JR Anchor
MN Anchor
JR Anchor
JR Anchor
JR Anchor
JR Anchor
JR Anchor
MN Anchor

2层平面图

DAIKIN
STRENGTH
DAIKIN
YOCERA

上海泰琳商业综合体

项目地点：上海
设计单位：上海晶奈工程设计有限公司
设 计 师：王建，齐善华，黄逸君
用地面积：29 590 m²
建筑面积：88 770 m²
设计时间：2010年

Web:www.ginol.com 

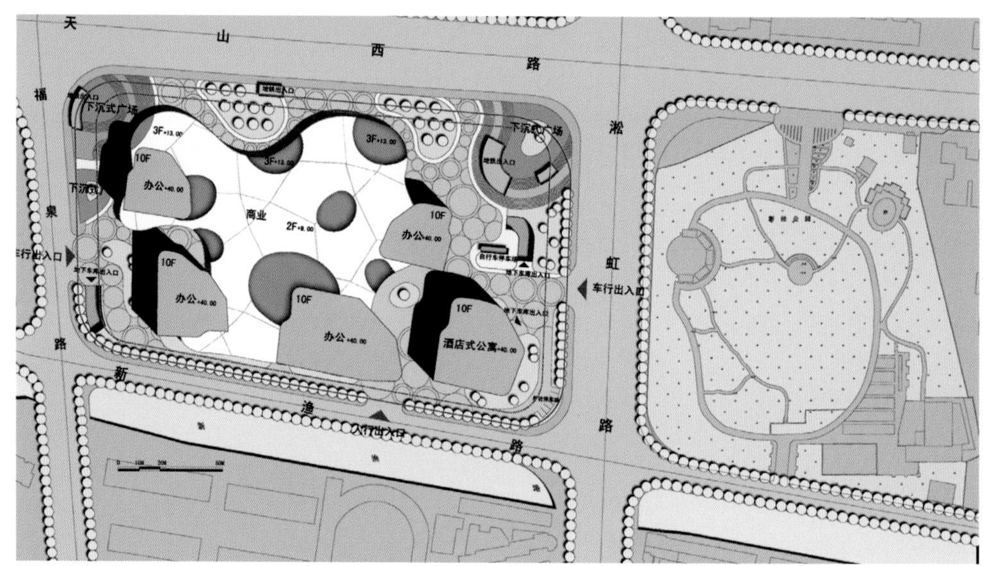

本项目位于临空经济园区的东南角。方案设计的共同目标是：更大程度地发挥综合商业服务功能，整体塑造天山西路沿线动感、活力而不乏高雅的商务商业街区形象。以下设计原则贯穿此次设计始终：高起点，高标准的前瞻性原则；生态环境效应，以人为本，人文景观效应最大化原则；重点突出，主题鲜明原则；尊重市场，强调可开发原则；多层次、多样化开发原则。

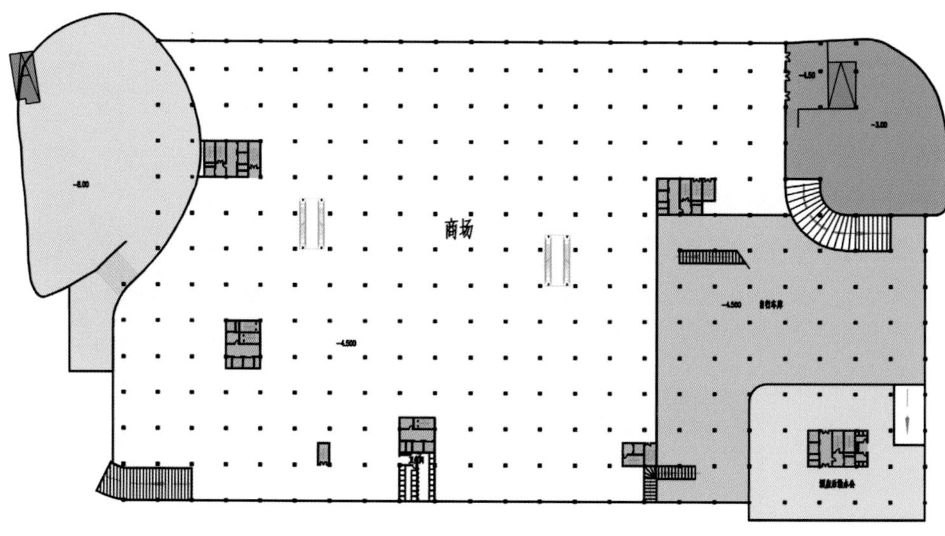

地下1层平面图

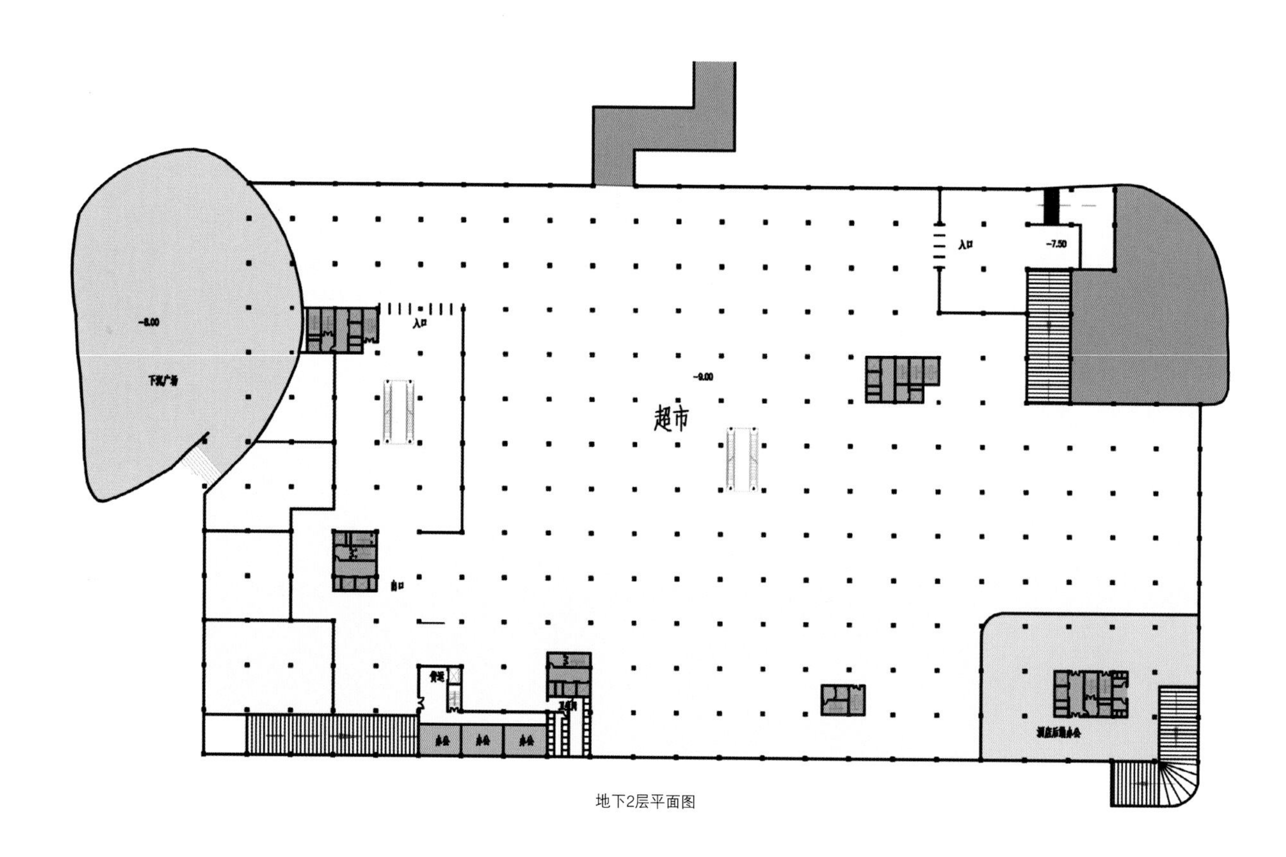

地下2层平面图

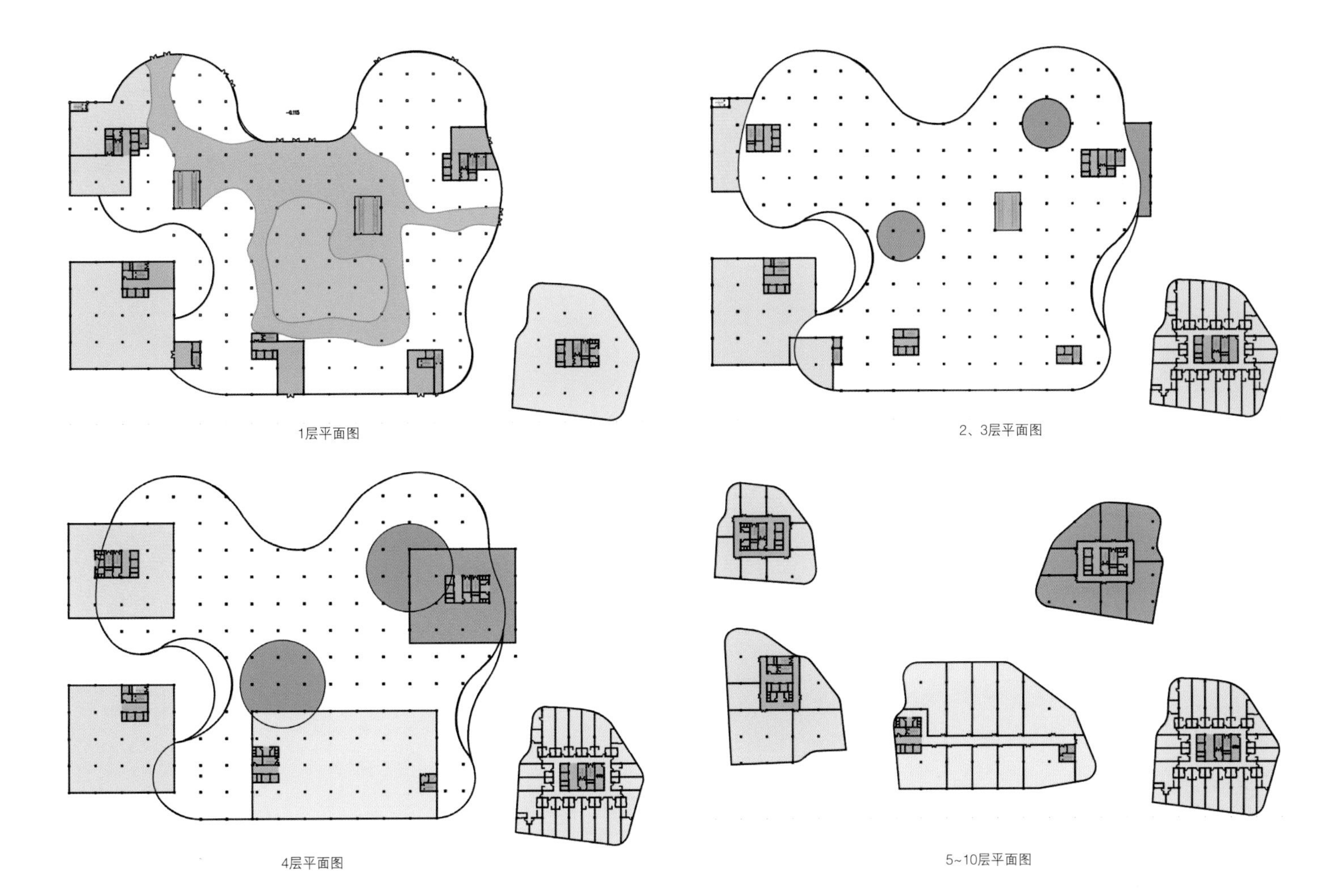
1层平面图

2、3层平面图

4层平面图

5~10层平面图

上海绿地中央广场

项目地点：上海
设计单位：英国UA建筑设计有限公司
用地面积：58 618 m²
建筑面积：225 595 m²

绿地公园广场位于上海市宝山区顾村镇，东至陆翔路，南临规划路，西邻保利叶语，北侧为沙浦河。本地块东侧地块为华山医院，南面为顾村公园。地块东南角为地铁7号线站点，地铁7号线沿陆翔路南北走向。

该地块总用地面积为58 618平方米，合87.9亩。南北长约330米，东西长约190米，总建筑面积225 595平方米。用地性质为商业及办公综合区，主要由五幢高层办公楼及3~4层商业、地下商业及大型地下车库构成。

沿陆翔路规划为大型精品购物中心（Shopping mall），商业物业总建筑面积约8.2万平方米，地上约6.4万平方米，地下约1.8万平方米。商业地下1层与7号线地铁站及可提供近1 100个车位的大型地下车库相连，主要为中型超市及中小型商铺；中部设计一个椭圆形的露天下沉广场，可举办各类展览、节日庆典和其他商业活动；1层、2层以主力店及各类精品店为主；3层以小型商业为主；4层以大型餐饮商业结合屋顶绿化，形成丰富的屋顶活动空间。顾村公园商务广场将建成上海宝山顾村公园板块集大型主题购物、餐饮、娱乐、休闲、文化等于一体的一站式综合性“游憩型娱乐休闲购物中心”。

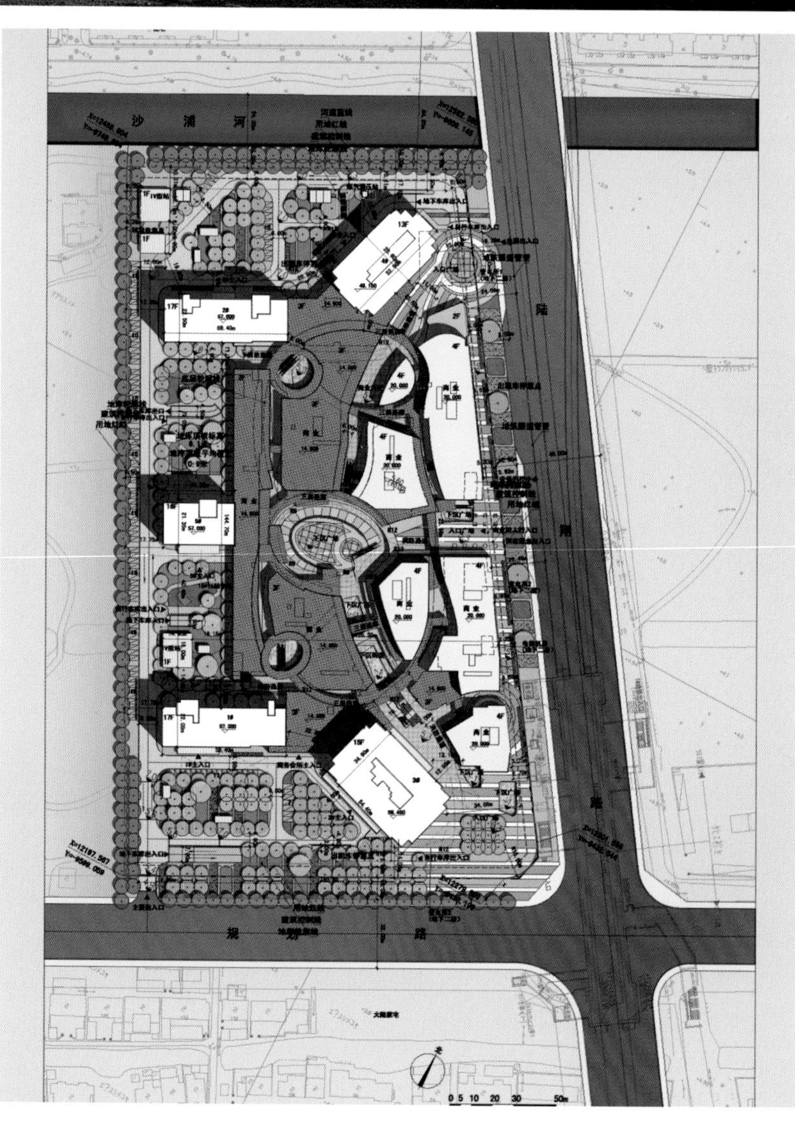

Heineken
KENNETH COLE
new york
PRADA
MILANO
LAGERFELD
Calvin Klein Jeans
Calvin Klein Jeans
Heineken
ZU VERMIETEN

KENNETH COLE
new york
VERSACE
JEANS COUTURE
LOUIS VUITTON
kumkang
Goshen
BELLVILLES

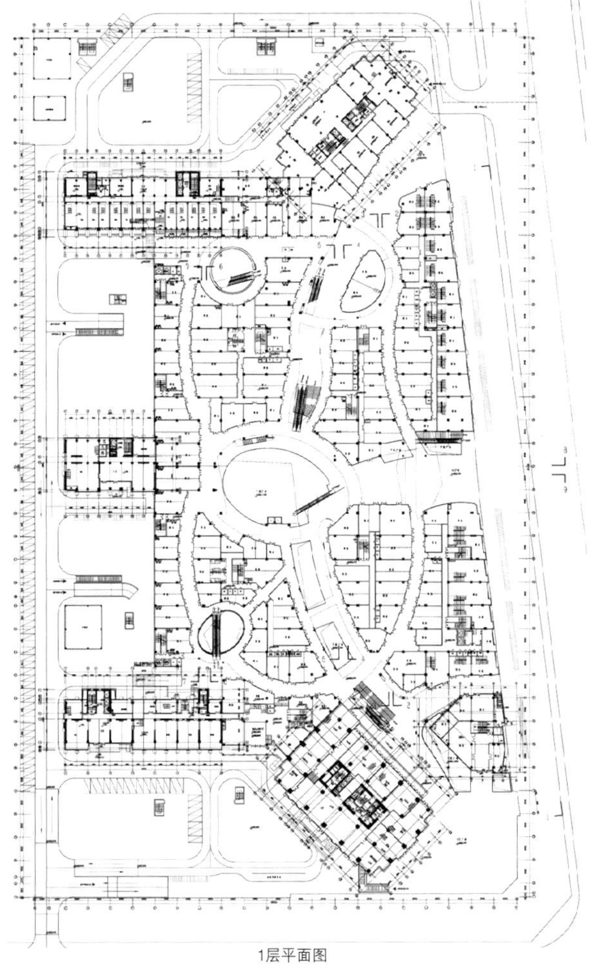
1层平面图

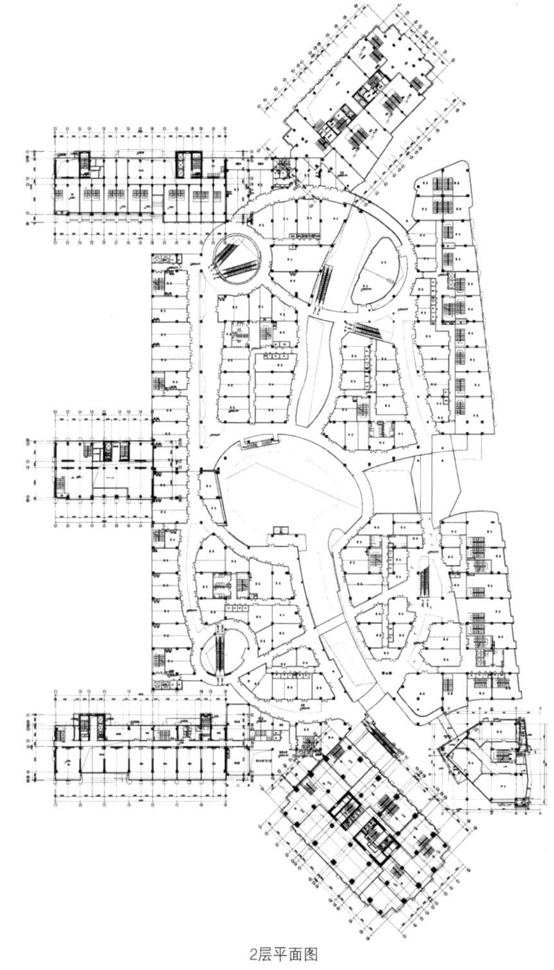
2层平面图

VISIT in NEWYORK
GOLDEN GATE
ABC STORES
EMPORIO ARMANI

GOLDEN GATE
Brown Cafe Brown Cafe
INCREDIBL

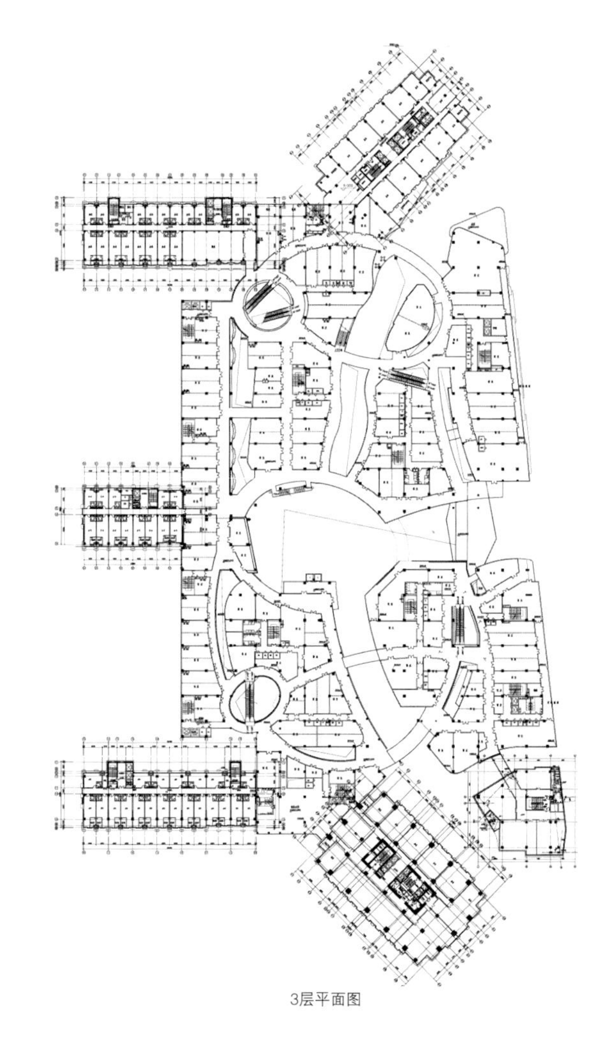

3层平面图

RAVINTOLA
rd Chartered
fennia
VERSACE

徐州高铁I地块项目

项目地点：徐州
设计单位：英国UA建筑设计有限公司
用地面积：36 600 m²
建筑面积：158 148 m²

本地块北临高铁北路，东临站场路，南临狼山路，西临站前路。本地块东边为徐州高铁站，南面为徐州高铁站前广场，功能定位为商业及办公综合区。

地块总用地面积为36 600平方米。总建筑面积158 148平方米，其中计入容积率总建筑面积128 100平方米，不计入容积率总建筑面积30 048平方米。用地性质为办公、商业用地，主要由一栋创意办公、一栋办公、4层商业购物内街及地下车库构成。

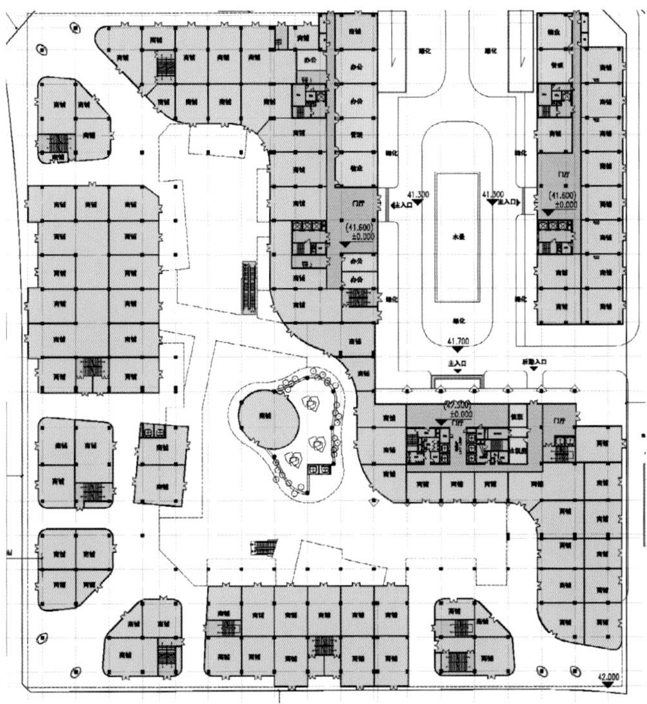

1层平面图

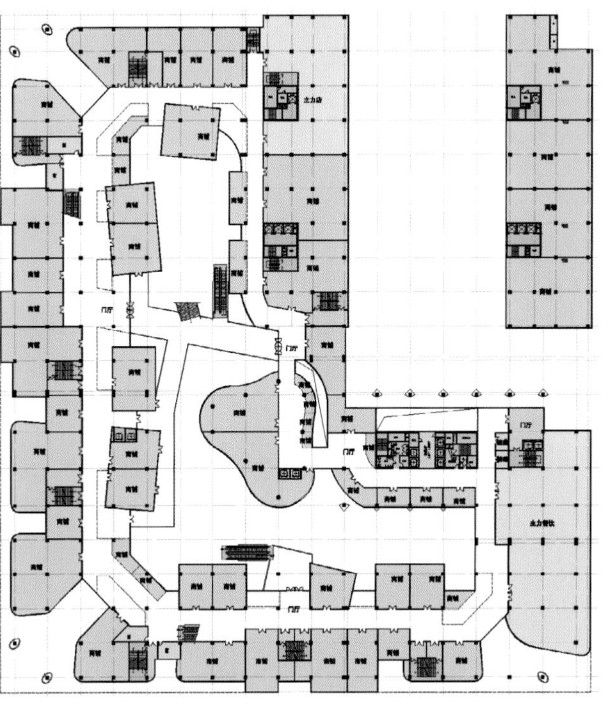

2层平面图

GUCCI
D&G
LOUIS VUITTON

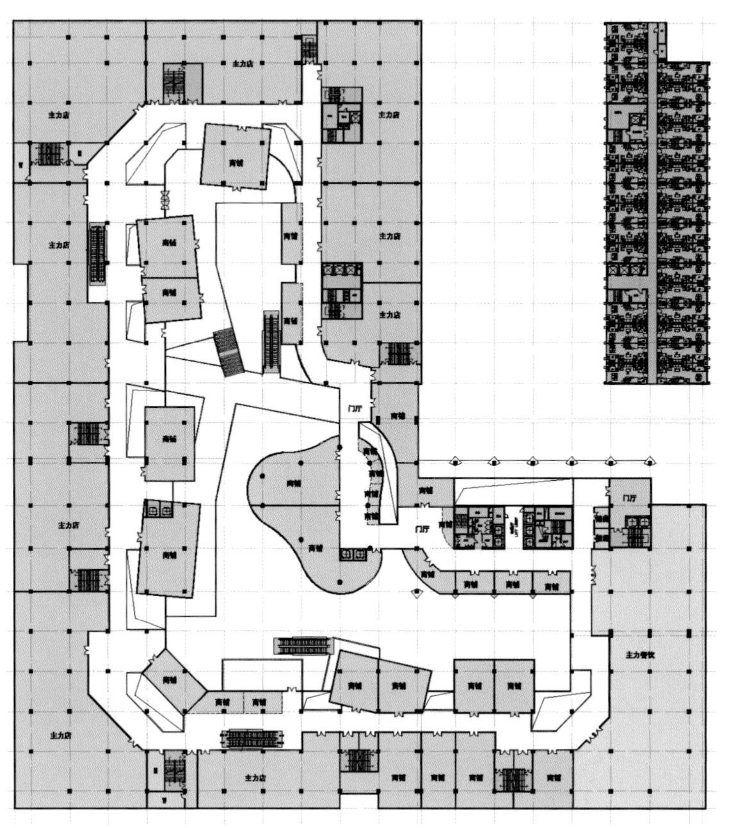

3层平面图

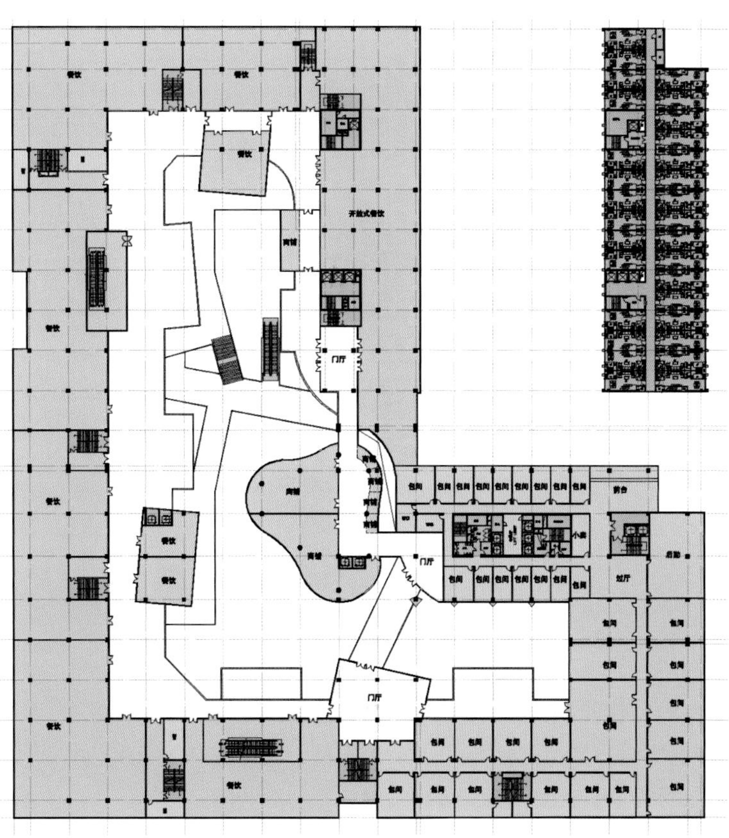

4层平面图

徐州高铁J地块项目

项目地点：徐州
设计单位：英国UA建筑设计有限公司
用地面积：18 100 m²
建筑面积：57 315 m²

本地块北临珠山路，东临站场路，南临高铁南路，西临站前路。本地块东边为徐州高铁站，南面为规划酒店式公寓区，西面为规划商办地块，北面为徐州高铁站前广场。本地块功能定位为商业及酒店综合区，土地开发强度相对较高，强调酒店的地标性。

地块总用地面积为18 100平方米。总建筑面积57 315平方米，其中计入容积率总建筑面积43 440平方米，不计入容积率总建筑面积13 875平方米。用地性质为旅馆业、商业用地，主要由一栋假日酒店及其裙房、3层商业体以及地下车库构成。

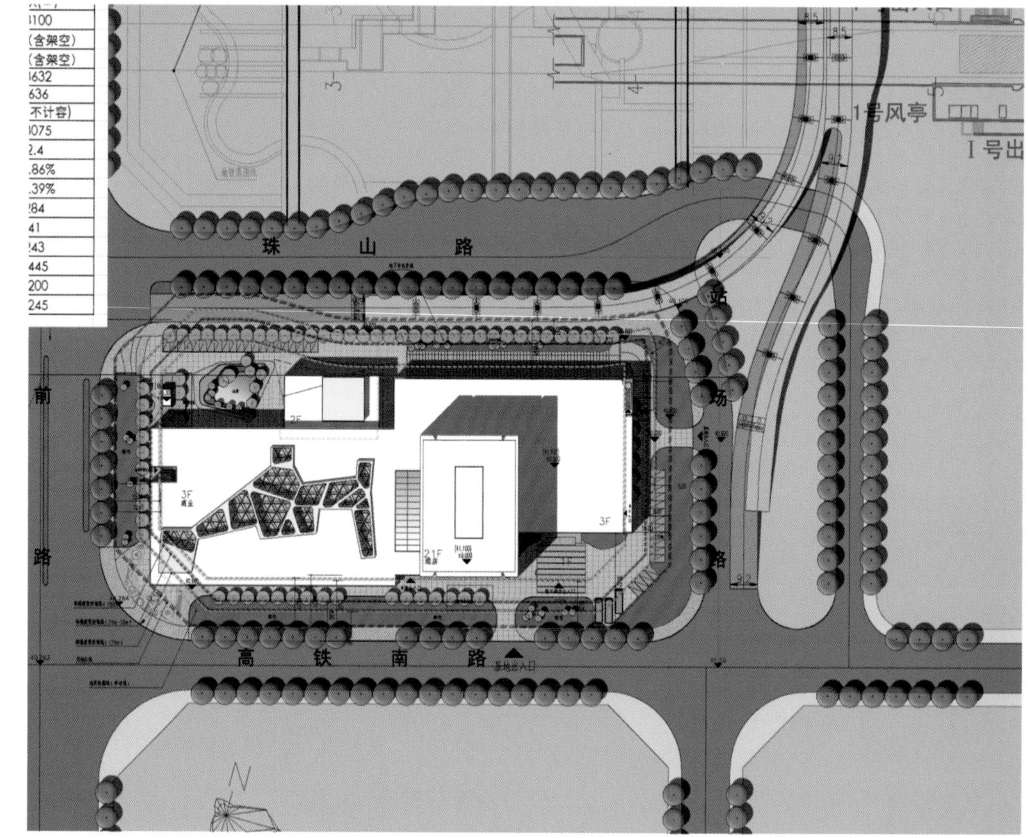

TOKYU HANDS

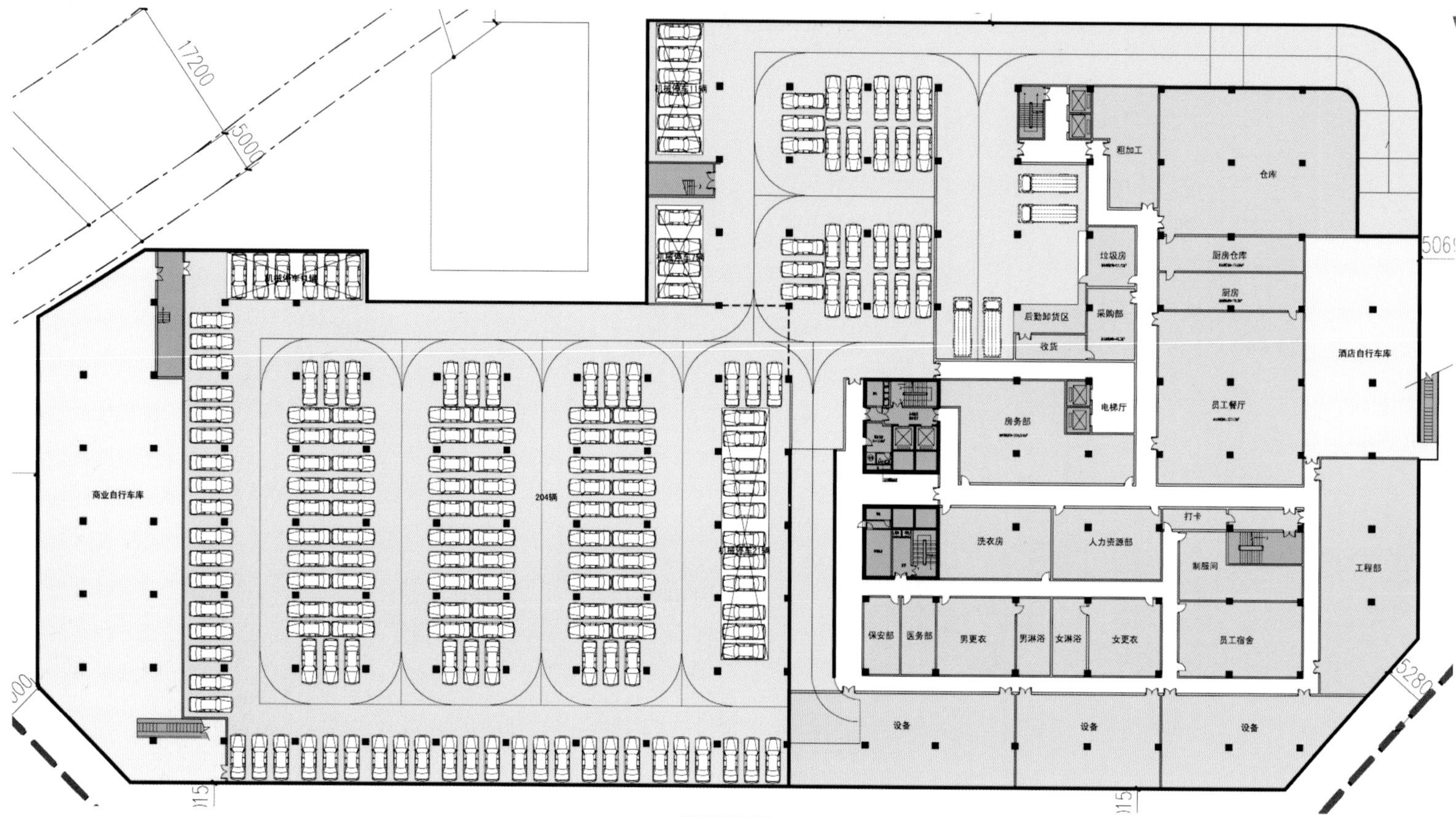
17200
5000
5069
5280
商业自行车库
204辆
粗加工
仓库
垃圾房
厨房仓库
厨房
后勤卸货区
采购部
收货
酒店自行车库
电梯厅
房务部
员工餐厅
洗衣房
人力资源部
打卡
制服间
工程部
保安部
医务部
男更衣
男淋浴
女淋浴
女更衣
员工宿舍
设备
设备
设备

地下1层平面图

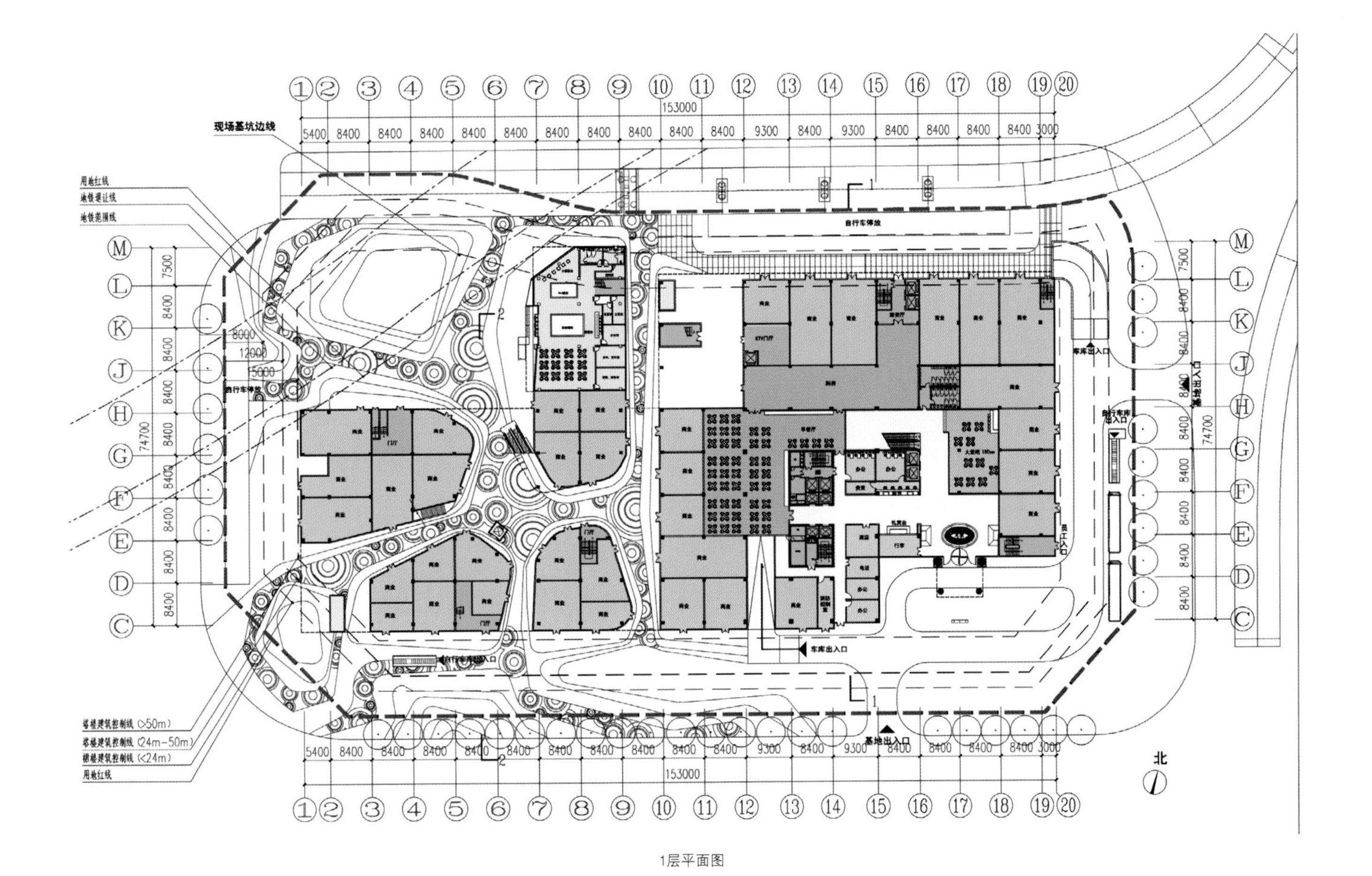

1层平面图

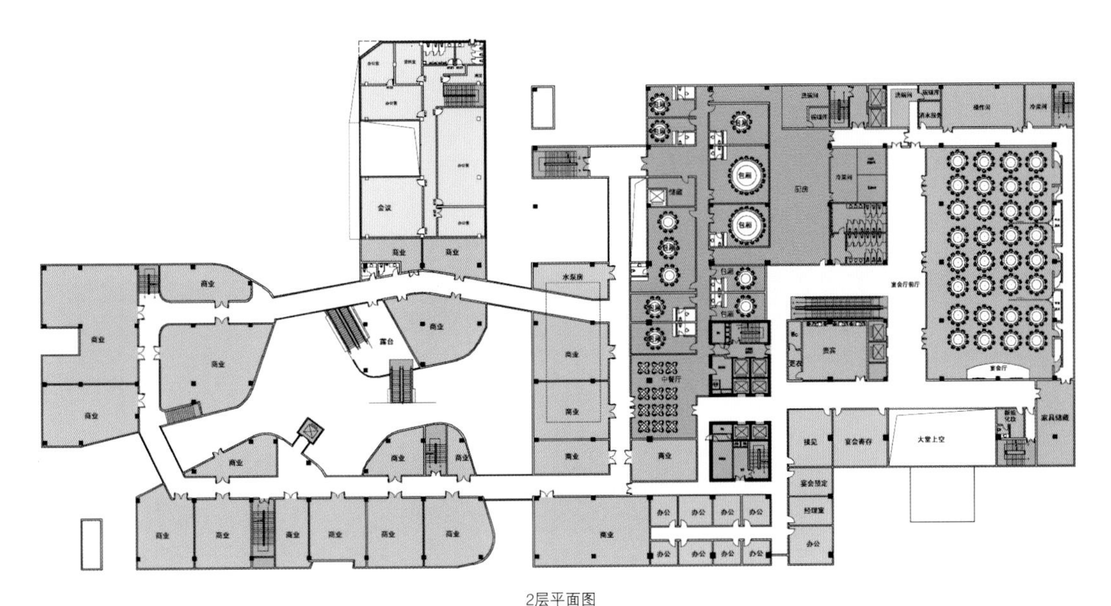

2层平面图

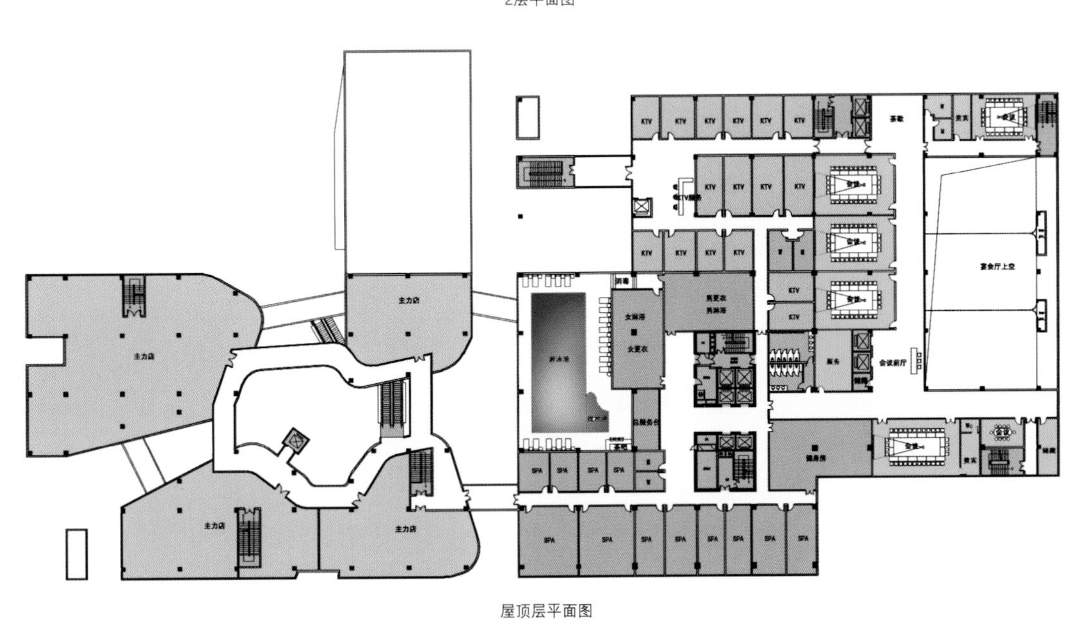

屋顶层平面图

成都九蓉地产香年广场

项目地点：成都
设计单位：深圳市立方建筑设计顾问有限公司
深圳库博建筑设计顾问有限公司
用地面积：54 900 m²
总建筑面积：201 066.6 m²
容 积 率：14.50

总体规划布局应实现下列两个目的的统一。首先，从开发商角度，最大化地提升住宅及商业的价值，也就是规划上保证最大化的客户拥有较好的景观朝向；其次，从城市设计角度充分尊重周边的环境，给片区的建设锦上添花。

规划旨在创造一个密集但不拥挤的建筑与城市空间，实现的手段是将三栋塔楼呈风车状布置，彼此之间留下了相对舒适的距离，并在场地中设计了一条视线通道穿越整个建筑群以强调城市空间的开敞性。场地开放式内广场与外部城市空间有三个方向的平层衔接，使建筑更为自然地融入整个高新区。

住宅布置在地块的西南角，避免了与周边建筑的对视，拥有良好的景观视野，同时也保证了充足的日照采光。

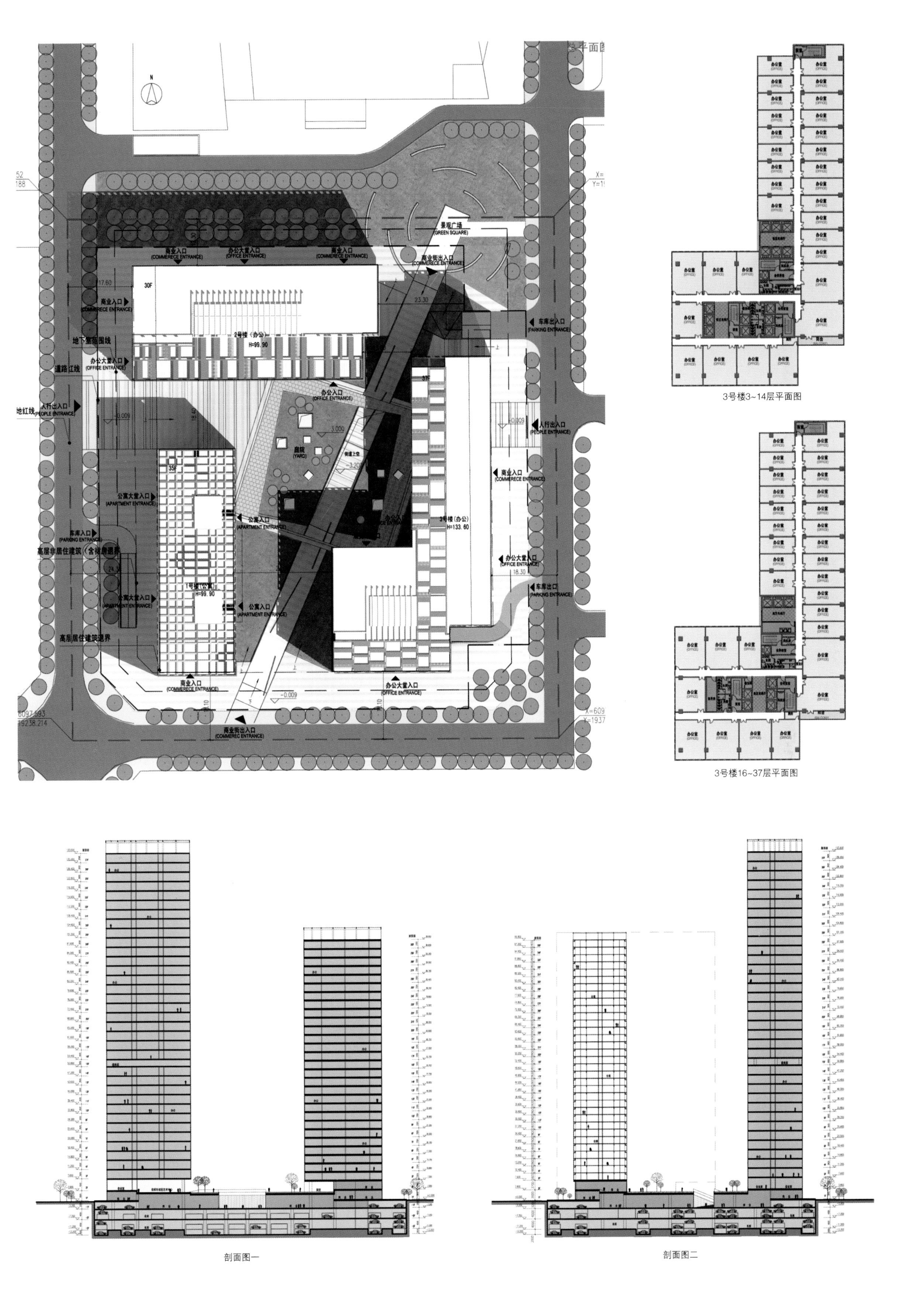

3号楼3~14层平面图

3号楼16~37层平面图

剖面图一

剖面图二

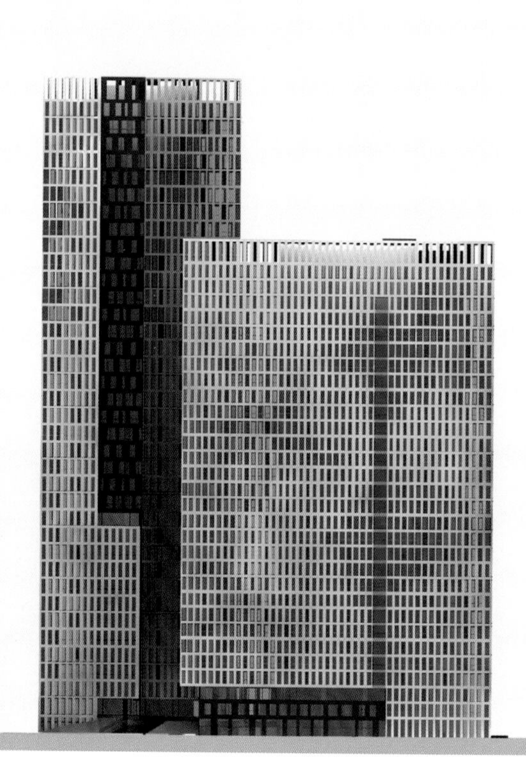

立面图

LOUIS VUITTON
GUCCI

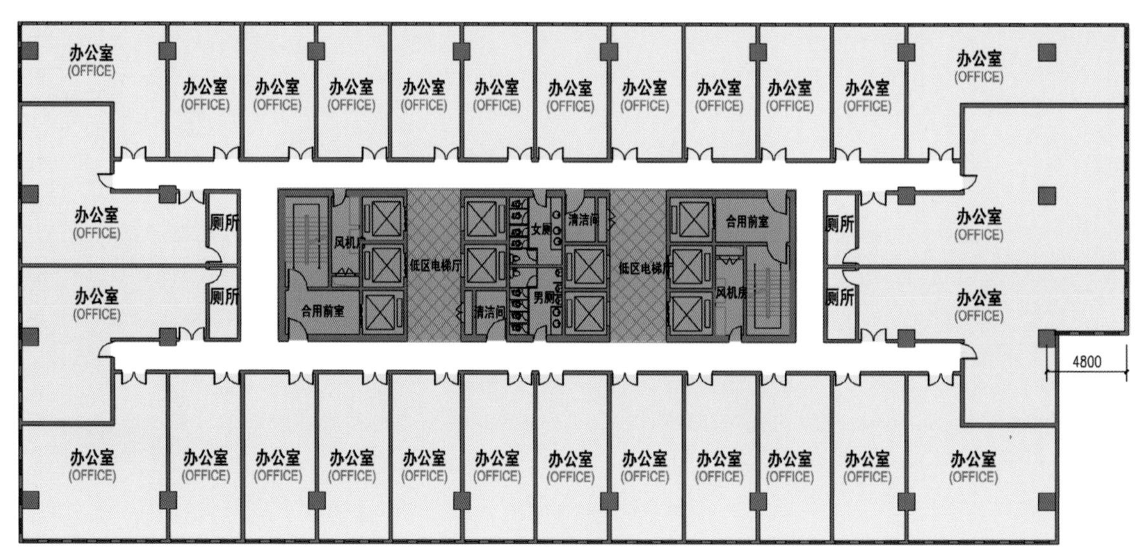
办公室
(OFFICE)
厕所
风机房
合用前室
低区电梯厅
清洁间
女厕
男厕
4800

2号楼3~14层平面图

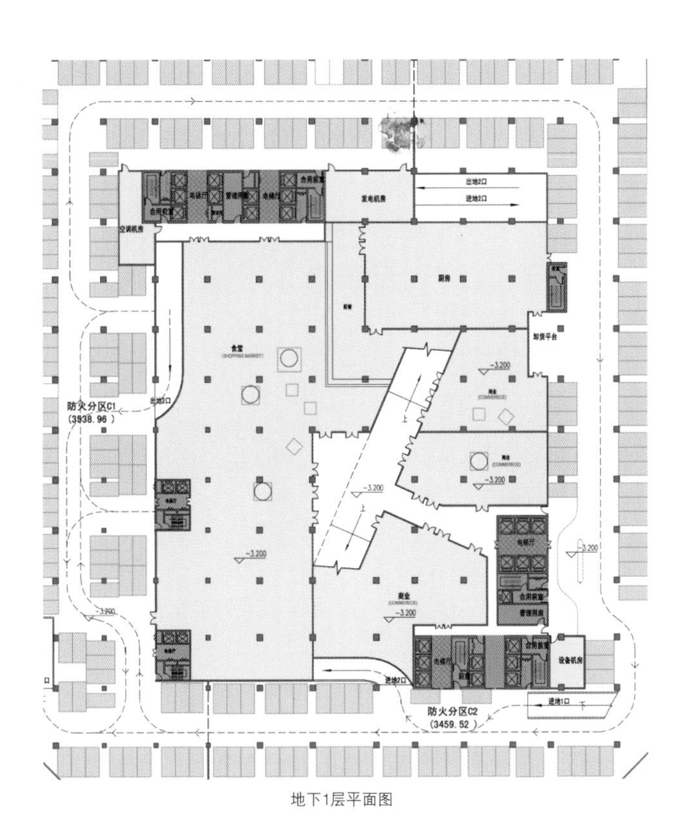

地下1层平面图

地下2层平面图

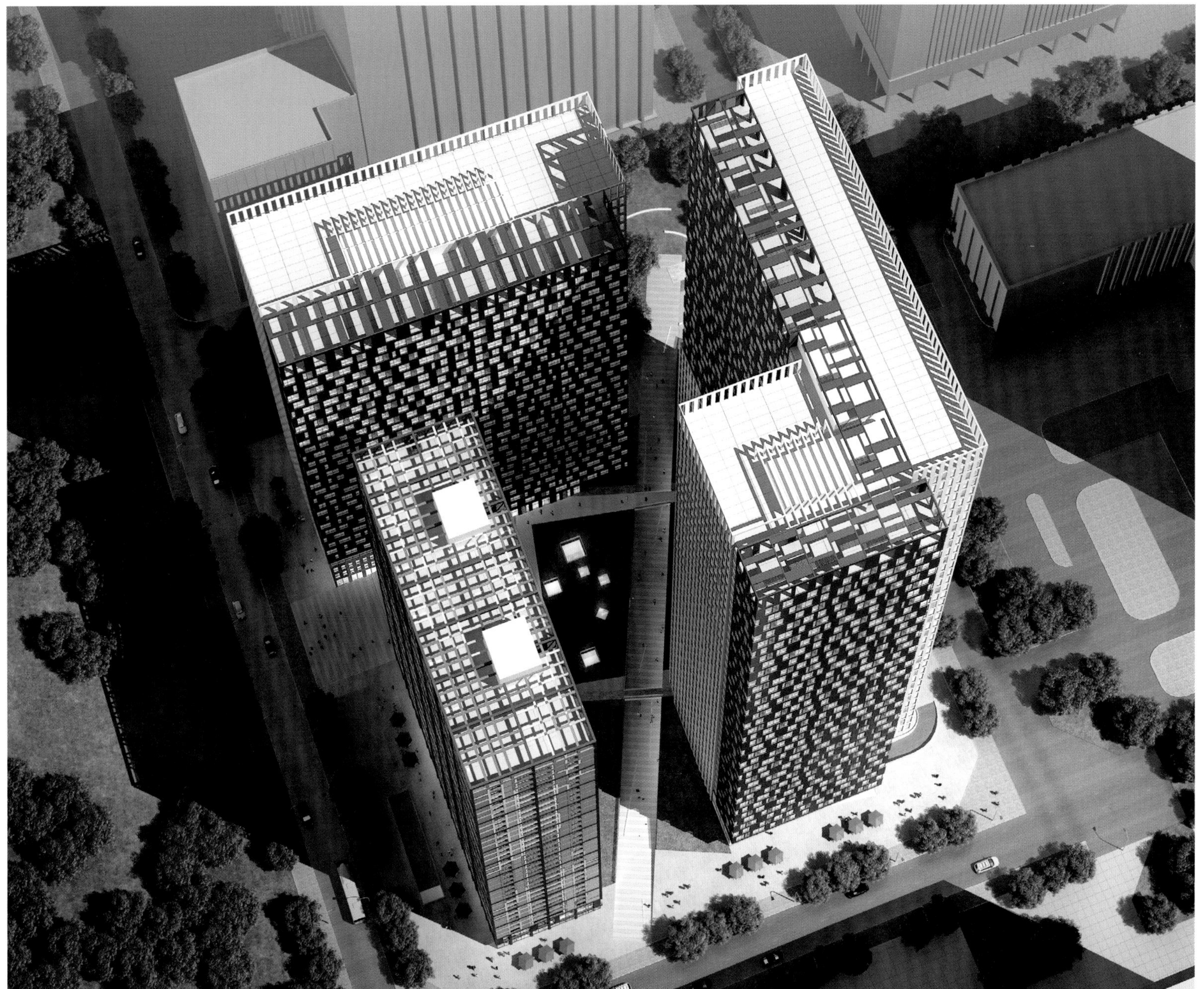

成都国际金融中心

项目地点：成都
设计单位：梁黄顾建筑师（香港）事务所
用地面积：54 900 m²
总建筑面积：440 500 m²

项目位于中国成都的红星路，红星路是该市的主要街道之一，是成都充满活力的城市中心。项目开发包含有三个办公性质的塔楼和一个酒店，由5层高的商业裙房加以连接。成都国际金融中心的设计概念是使其成为一种触媒，促进该区域周边的再生与重振。随着城市金融、文化和娱乐的新中心的出现，这个开发项目将给该地区带来新的商业机会。

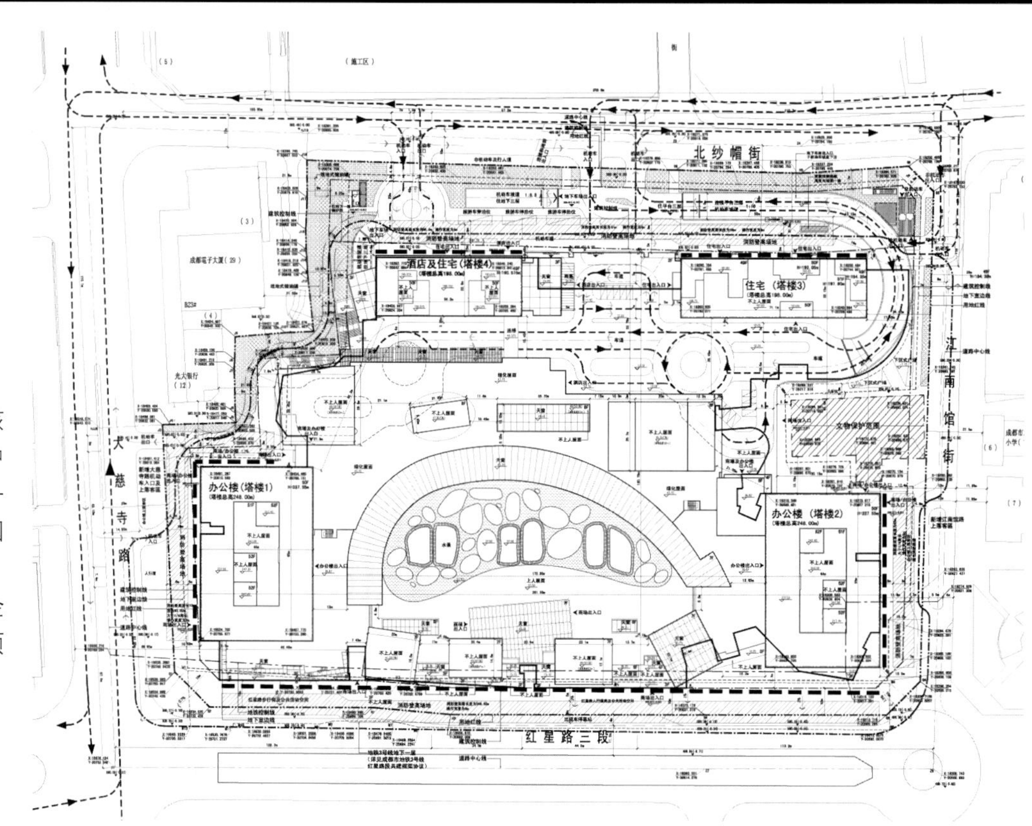

MUJI

CHANEL

MUJI

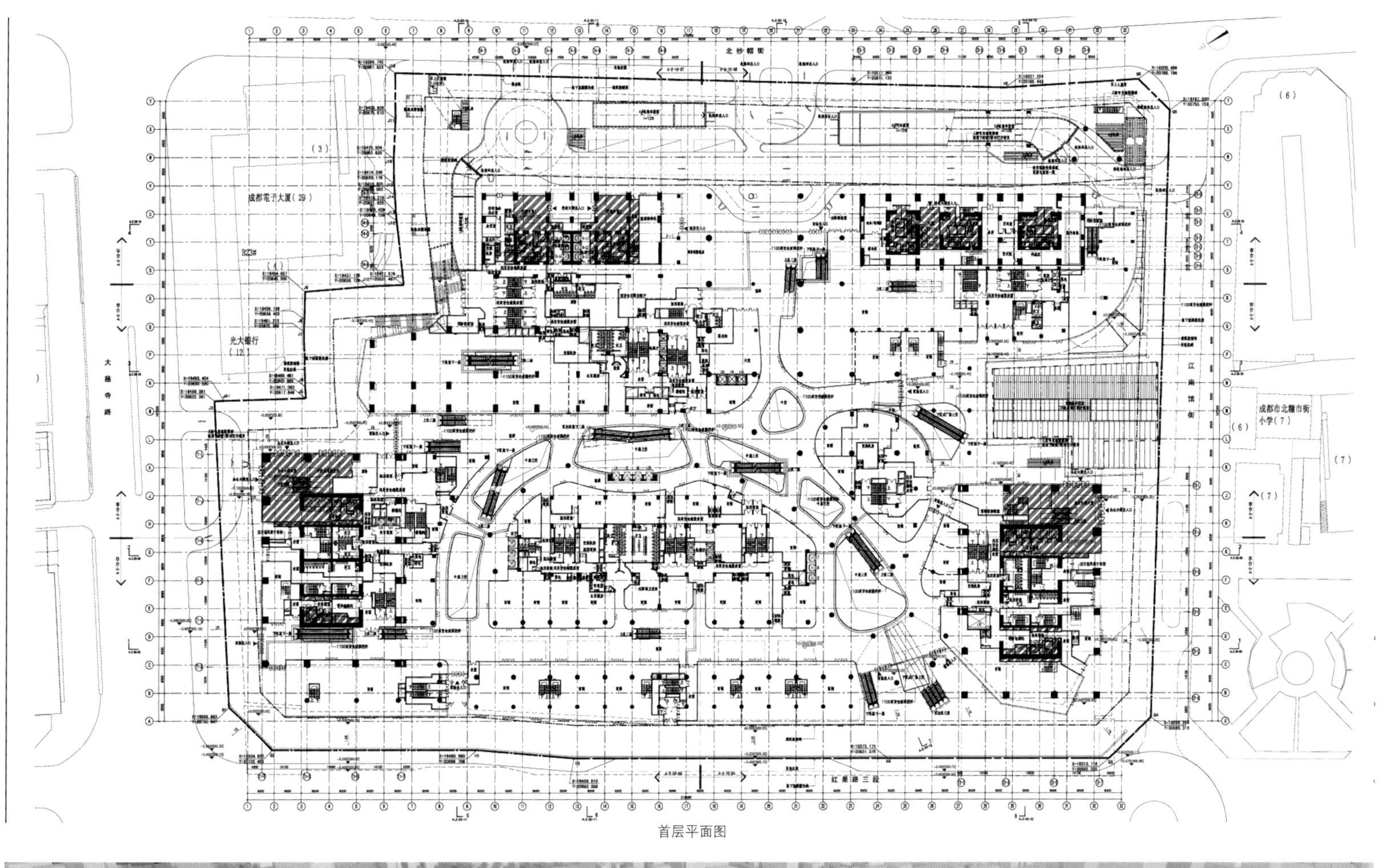

首层平面图

太古汇

设计单位：梁黄顾建筑师（香港）事务所
规划总用地：44 011.0 m²
总建筑面积：456 822 m²
总建筑密度：57.5%
绿 地 率：24.0%

本工程为大型综合式建筑，主体建筑可分为五个组成部分。包括一栋212米高的39层办公楼、一栋160米高的28层办公楼、一座131米高的28层五星级酒店，以及一座文化中心，当中包括演艺厅及文化活动艺术中心等。各组成部分分别位于用地的四角，而利用群楼商场将各部分联合在一起。裙楼商场包括2层地上层，2层地下层，还有2层地下车库及装卸货区/机电房。3层裙楼前面为一公众文化广场。

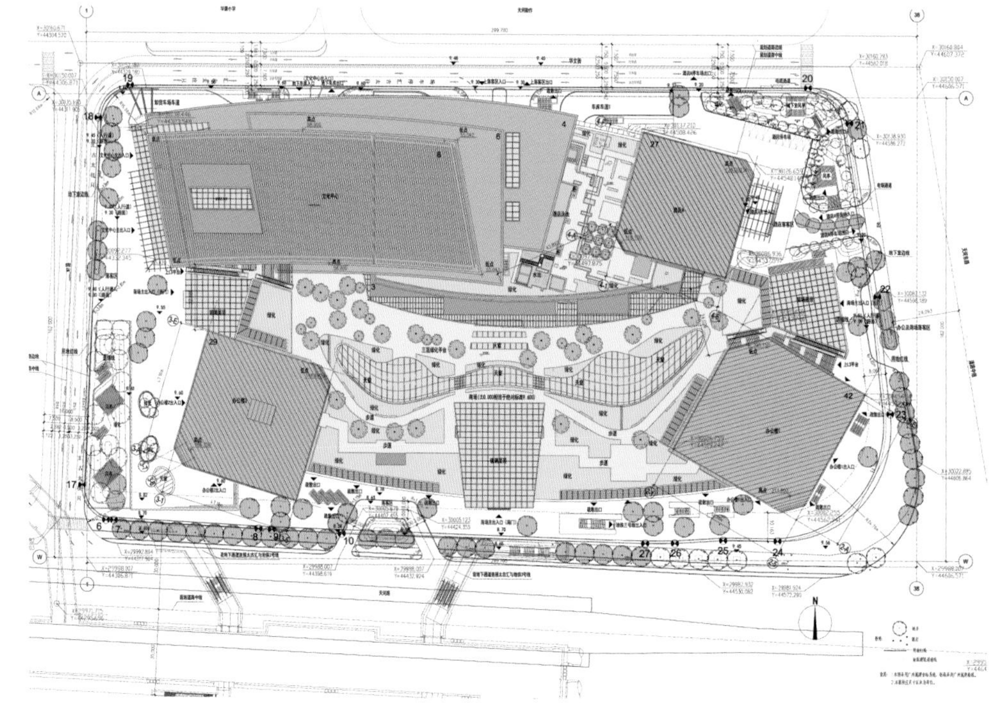

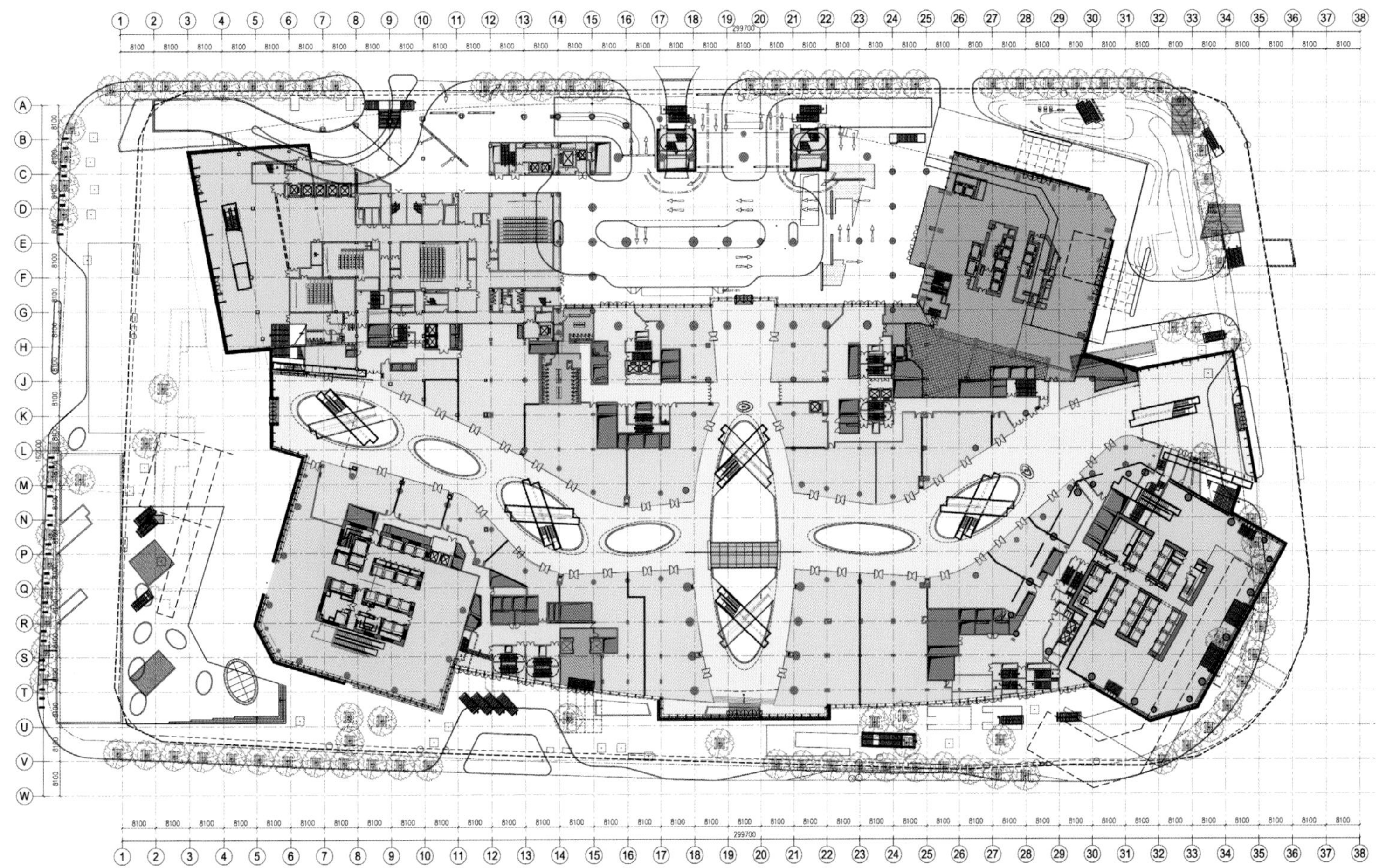

1层平面图

太古汇
TaiKoo
Hui
D区入口

太古汇

Buy and Win

LOUIS VUITTON
Dior
MIU MIU

郁金香中心

项目地点：镇海
业　　主：新恒德置业有限公司
设计单位：DC国际
建筑面积：100 000 m²
建成时间：2011年

项目位于宁波至镇海的门户，甬江的江滨，在两个城市与甬江的共同引力作用下，基地界面控制力显示出一种不规则的曲线控制，于是我们的点、线、面在力场的作用下也开始异变。

酒店将采用驰名的荷兰郁金香酒店品牌，在整体布局中便考虑形式的寓意所带来的吸引力。星级酒店是推动项目启动的源泉，它也是各种物业的综合载体，就像电脑的主板，SOHO、公寓、商业等功能都可以接驳在它的体系之中。在商业虫洞的尽端，酒店本身就是最大的商业符号，虫洞的引力能量的来源。

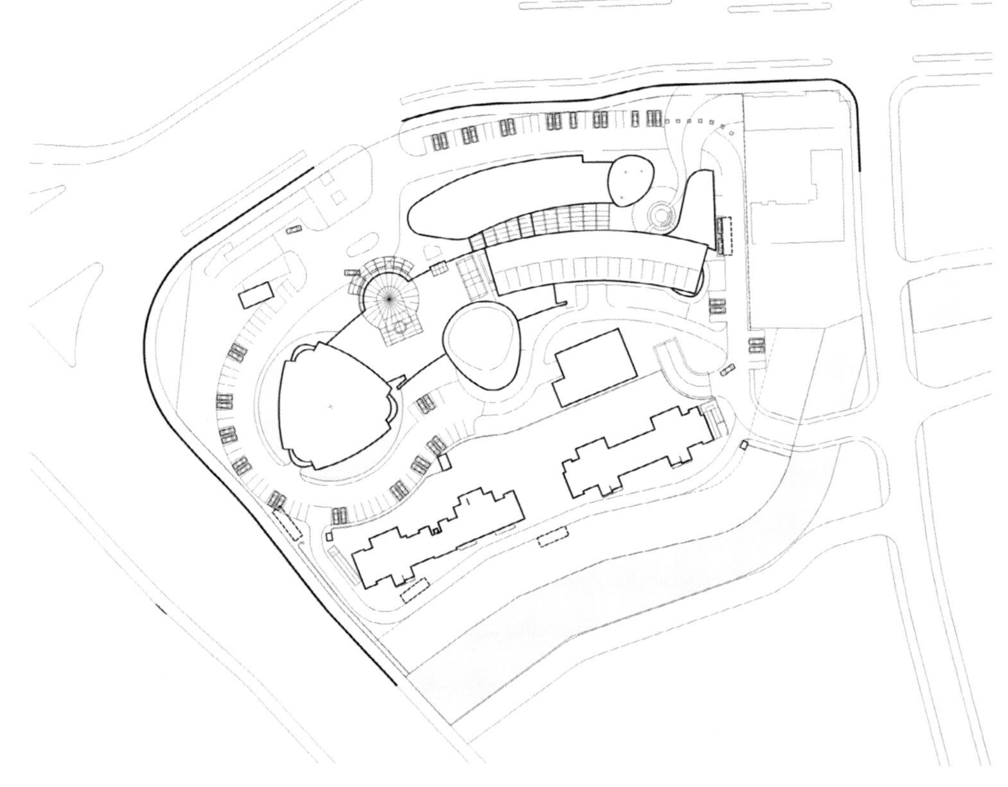

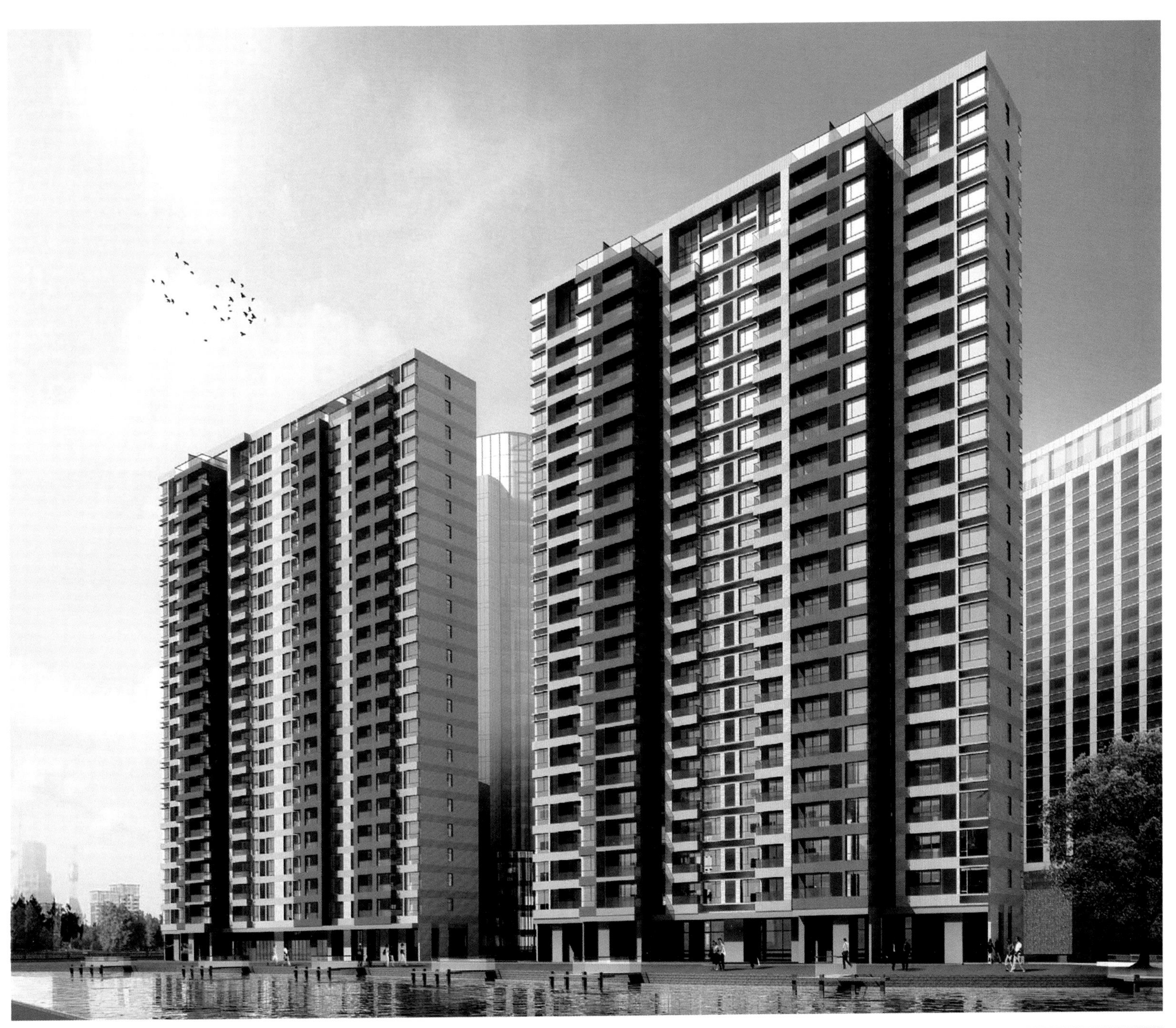

南立面图

西立面图

expos permanentes
Guy Laroche

COCO

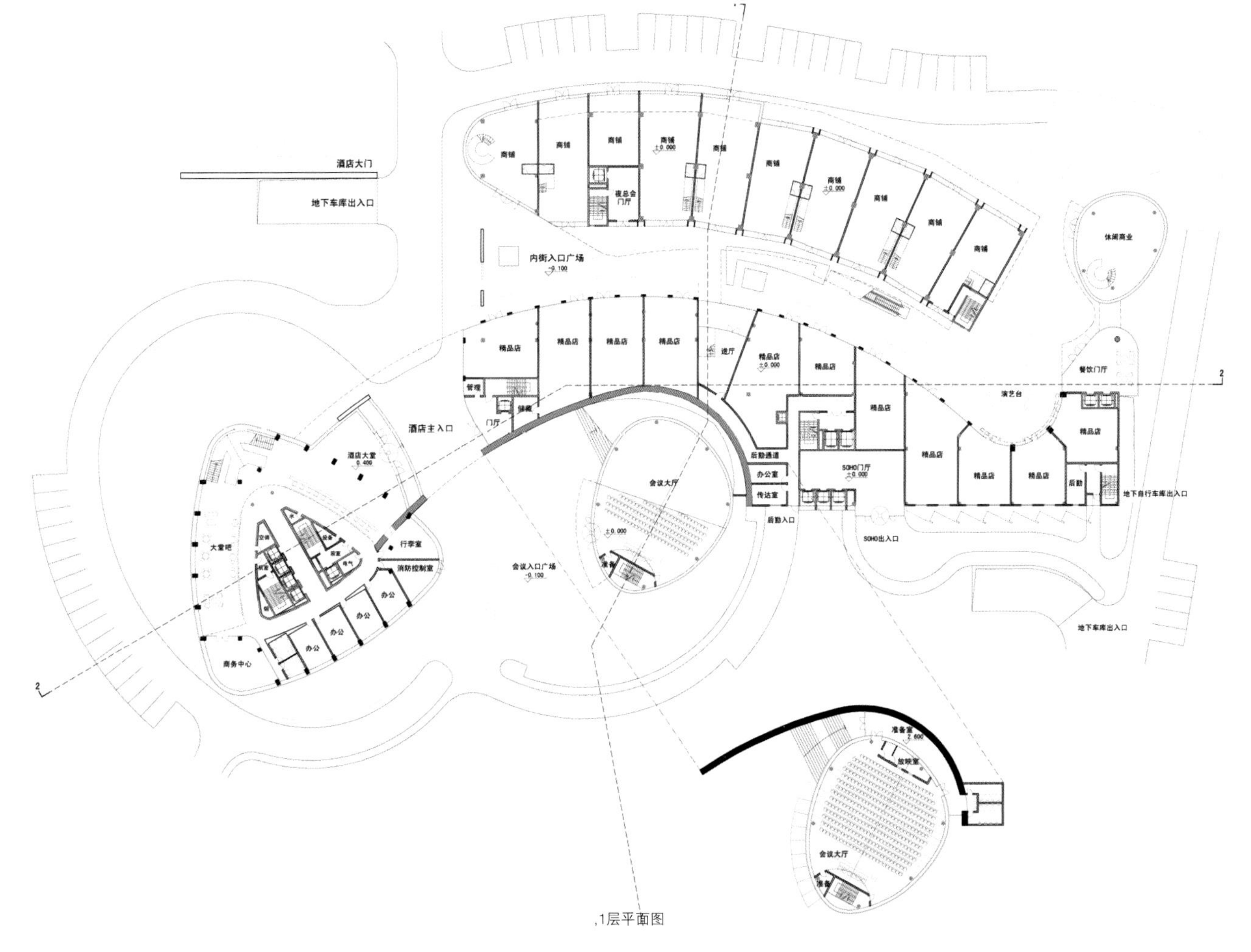
酒店大门
地下车库出入口
商铺
夜总会门厅
内街入口广场
休闲商业
精品店
餐饮门厅
演艺台
酒店主入口
酒店大堂
后勤通道
办公室
传达室
SOHO门厅
会议大厅
后勤入口
SOHO出入口
地下自行车库出入口
大堂吧
行李室
消防控制室
会议入口广场
办公
商务中心
地下车库出入口
准备室
放映室
会议大厅

,1层平面图

ZARA
GIVENCHY

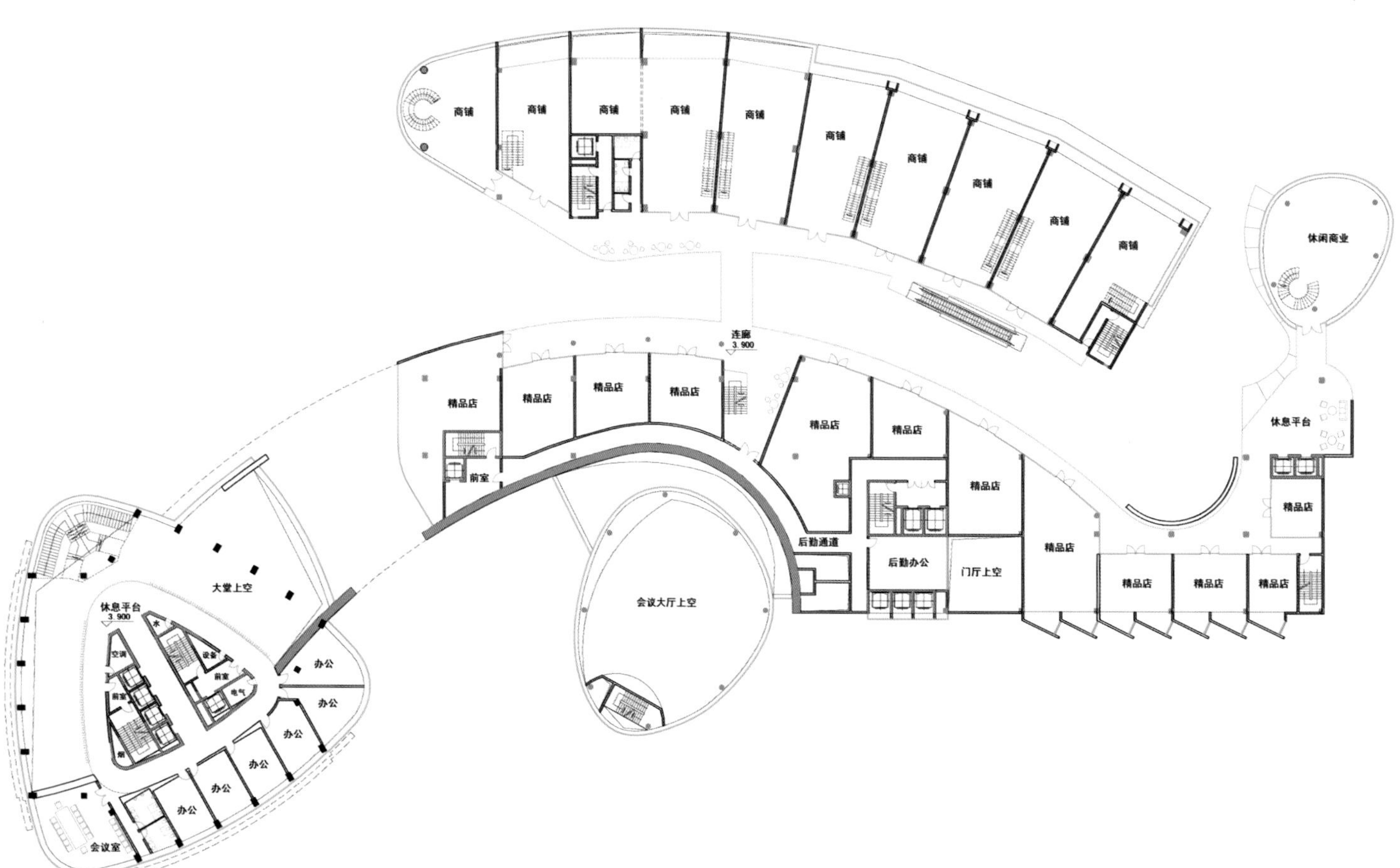
商铺
商铺
商铺
商铺
商铺
商铺
商铺
商铺
商铺
商铺
休闲商业
连廊
3.900
精品店
精品店
精品店
精品店
精品店
精品店
休息平台
前室
精品店
精品店
后勤通道
后勤办公
门厅上空
精品店
精品店
精品店
精品店
大堂上空
会议大厅上空
休息平台
3.900
空调
设备
前室
电气
办公
办公
办公
办公
办公
办公
会议室

2层平面图

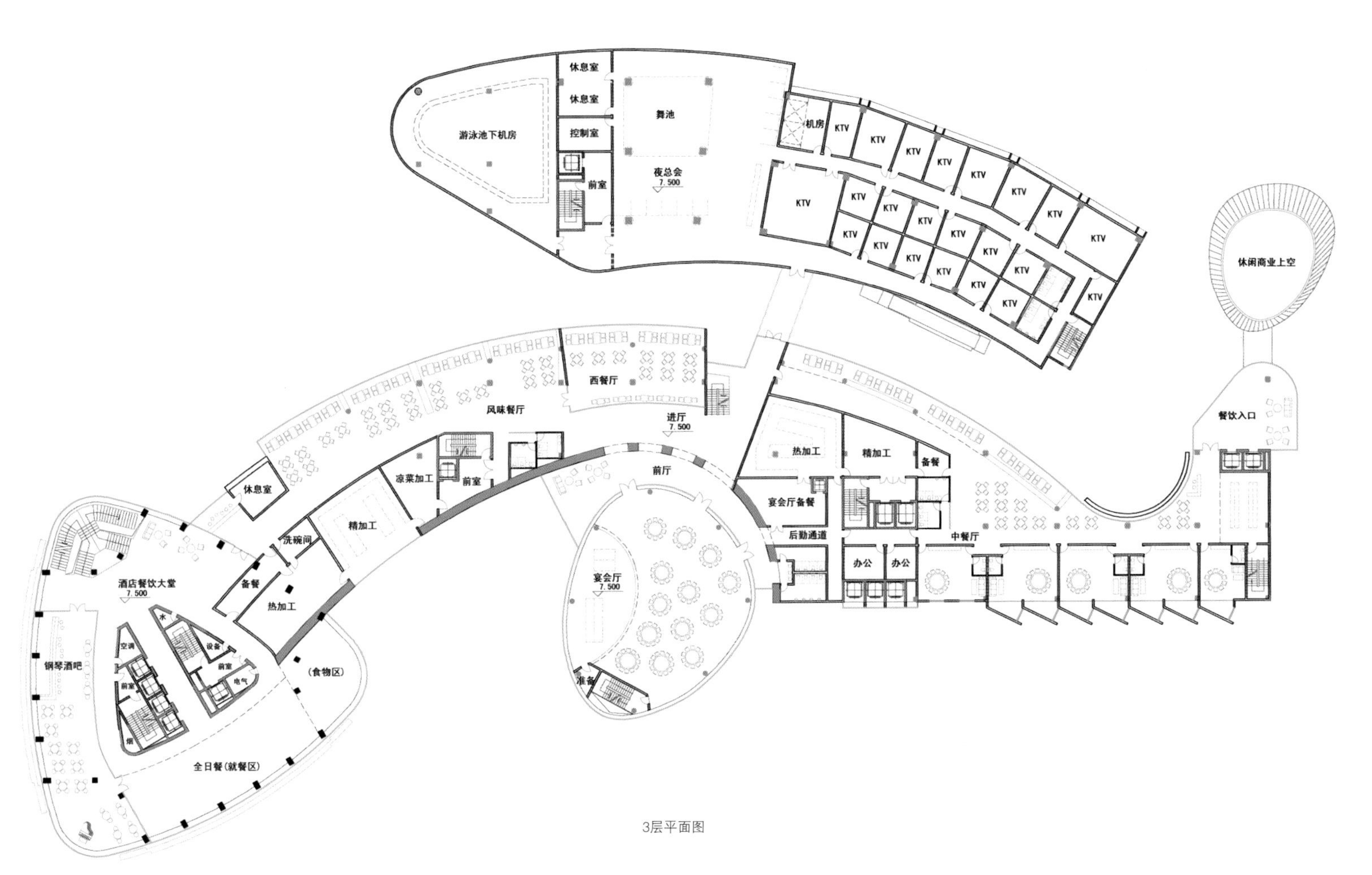
休息室
休息室
控制室
前室
游泳池下机房
舞池
夜总会
7.500
机房
KTV
休闲商业上空
西餐厅
风味餐厅
进厅
7.500
热加工
精加工
备餐
餐饮入口
休息室
凉菜加工
前室
前厅
宴会厅备餐
后勤通道
中餐厅
洗碗间
精加工
办公
办公
酒店餐饮大堂
7.500
备餐
热加工
宴会厅
7.500
钢琴酒吧
(食物区)
准备
全日餐(就餐区)

3层平面图

慈溪城西娱乐商务区

项目地点：宁波

设计单位：DC国际

A地块经济技术指标

总用地面积：127 944 m²

地上总建筑面积：205 000 m²

地下总建筑面积：54 000 m²

容 积 率：1.6

绿 地 率：20%

B、C、D 地块经济技术指标

总用地面积：141 708 m²

地上总建筑面积：340 000 m²

地下总建筑面积：100 000 m²

综合容积率：2.4

绿 地 率：30%

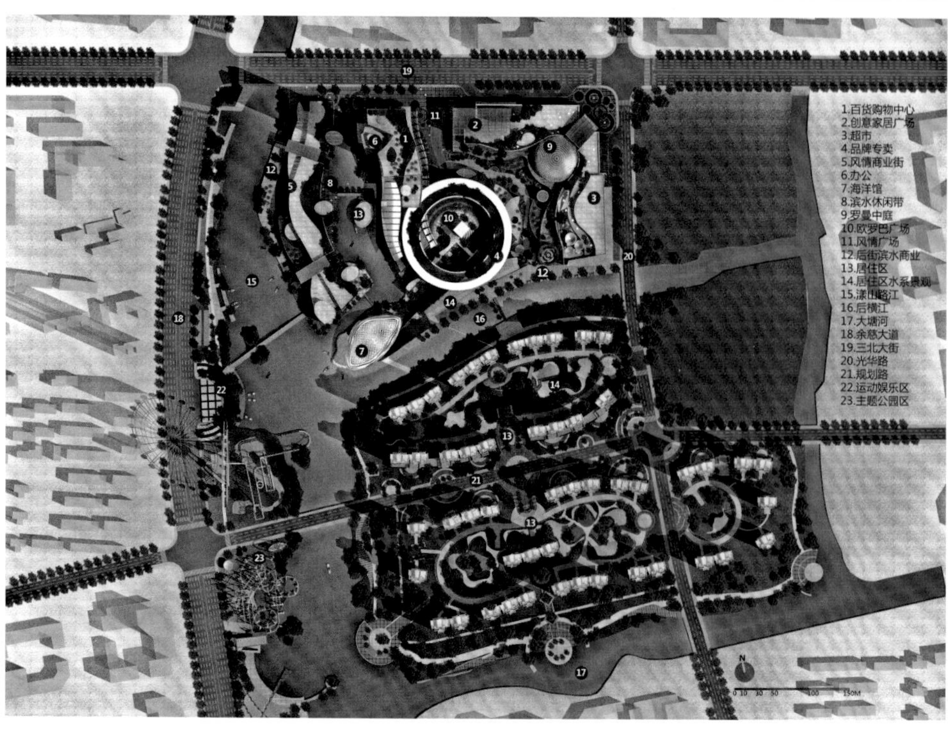

慈溪位于东海之滨，东离宁波60公里，北距上海148公里，西至杭州138公里，是连接上海与宁波的黄金节点，可发挥门户优势以及经济走廊、文化走廊、信息走廊的优势。规划项目建筑体量时，鉴于项目未来将服务以项目为核心周边区域范围内的人口，据不完全统计总计人口数量约65.58万人，从而为本项目提供了有利的消费支撑。

项目紧邻城市主干道西外环路与三北西大街，毗邻329国道。通过对基地现状的分析，我们认为对于场地最好的尊重就是能整合场地的原有要素，让场地原有的一些要素与建筑更好地融合，而生态要素则应该是从现状肌理自然引入的。

在消费场所的把握上，我们引入了体验式的消费理念。体验式消费给人带来的并非商品本身，还会有很多其他元素，物也不再是人的主人，而成为人与人之间的纽带，串联起公共生活。

在项目设计中我们还强调了功能区块的空间联系，通过开放空间的对位关系，景观水系的延续性，步行交通的可达性，使其串联为一个连续的步行系统。

生态、绿色等城市设计思想也是我们对于商业公共空间努力探索的方向。如何利用各种手段调节公共空间的生理、心理舒适度一直是一个值得我们深入思考的问题。我们希望通过生态绿色模式在商业建筑中的大量采用，力求为消费者提供一个高质量的休闲的公共空间。

在动线设计上，我们通过点、线、面来创造节奏，把购物的街道曲折化。曲折形状的街道在视觉上有鼓励和吸引行人往前探索的作用，再加上广场空间、模糊空间的引力作用，人们行走路径在猎奇心理引导下自然产生一个生动的商业动线。

立面图

立面图

1层平面图

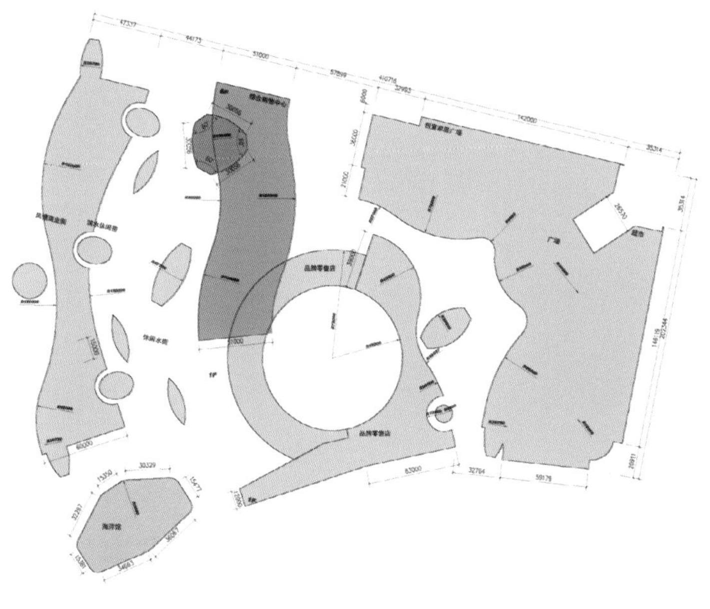

2层平面图

PRADA
levi's
Patrizia Pepe
SPARKLE
STARB

KOHLER
SUNING

CERRUTI 1881
CERRUTI 1881
LAGERFELD

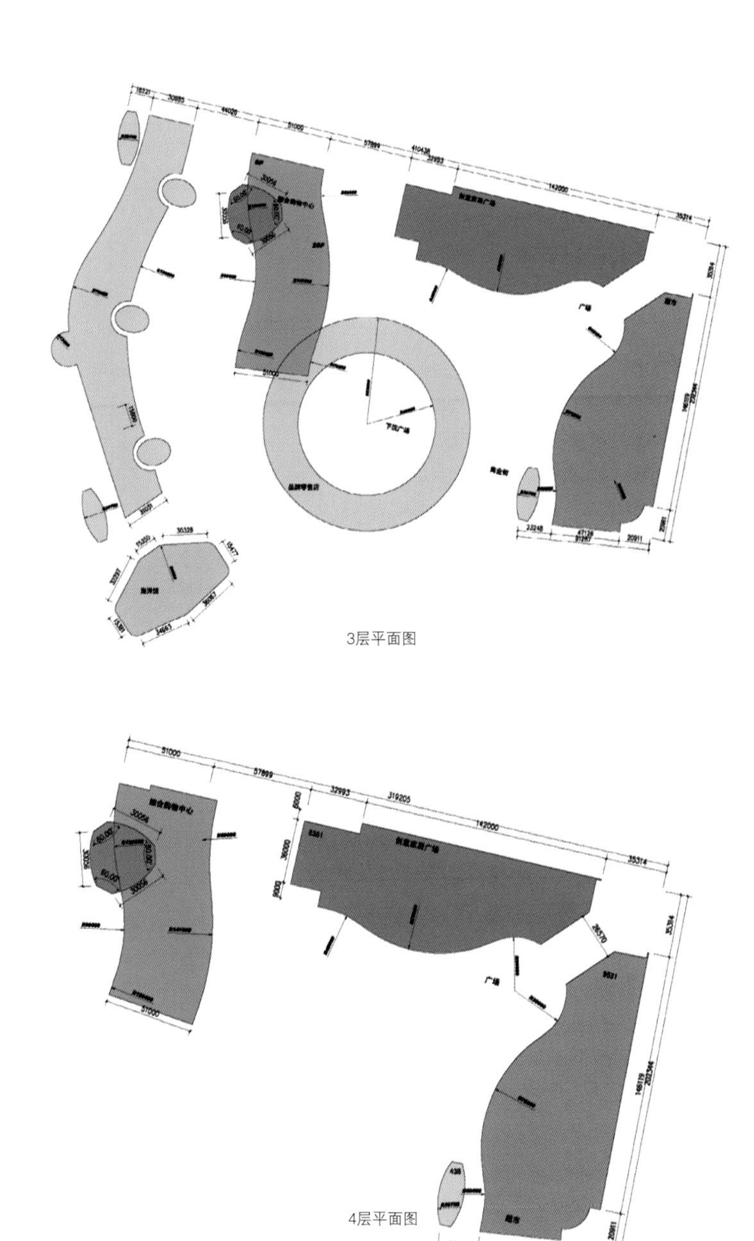

3层平面图

4层平面图

长沙运达中央广场综合区

项目地点：长沙

设计单位：何显毅建筑工程师楼地产发展顾问有限公司

项目用地：约86 000 m^2

总建筑面积：约544 000 m^2

容 积 率：8.20

建筑密度：44.00%

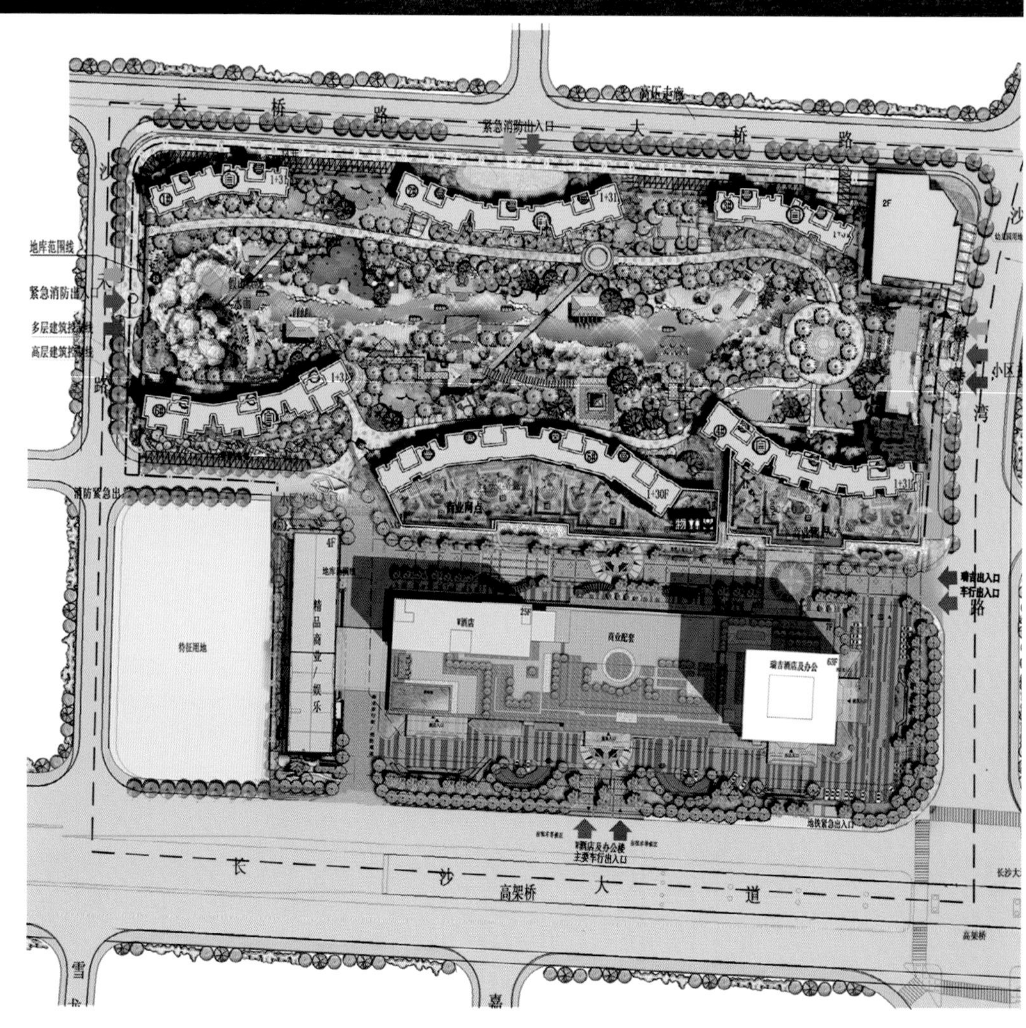

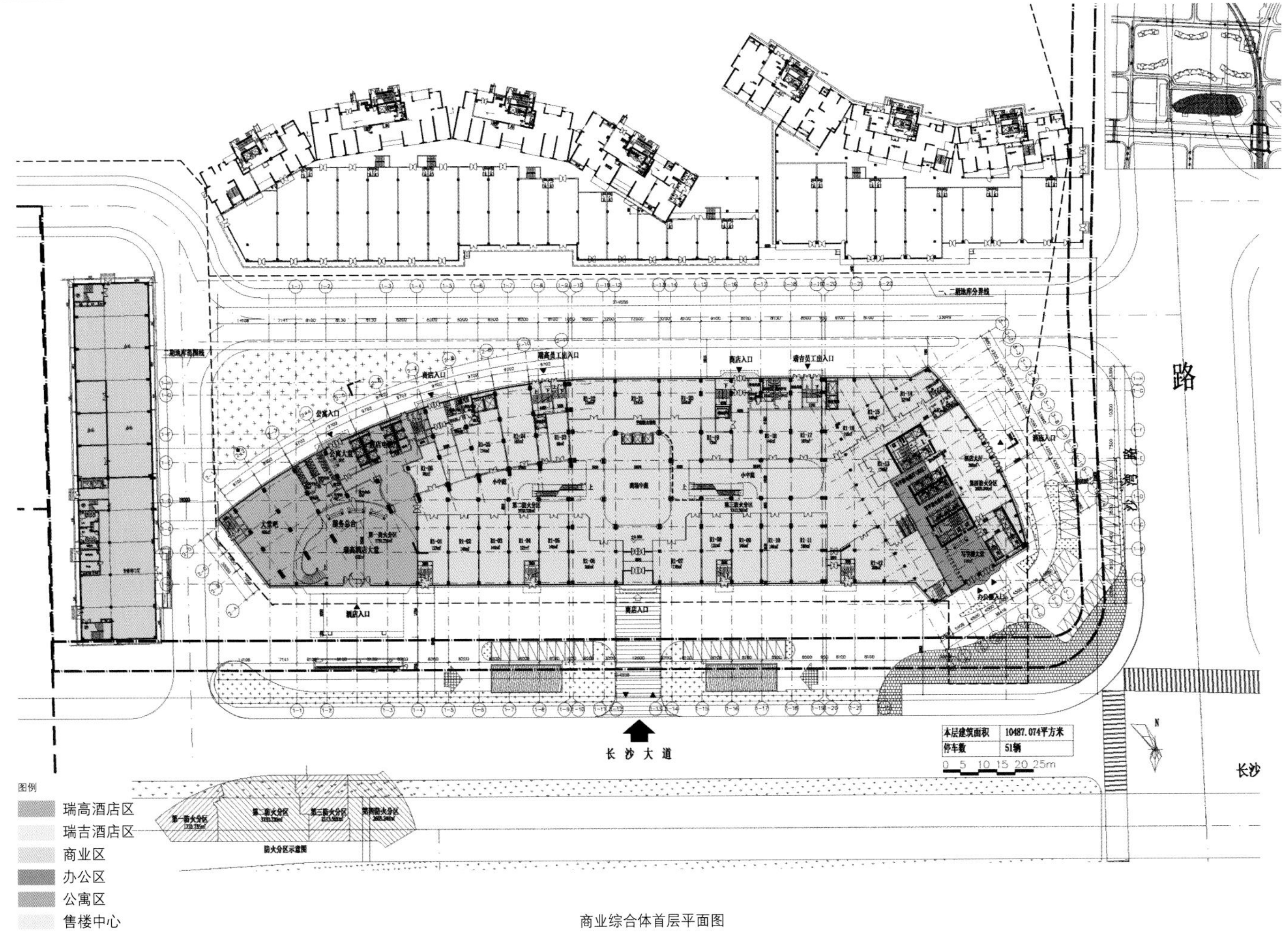

图例
瑞高酒店区
瑞吉酒店区
商业区
办公区
公寓区
售楼中心

商业综合体首层平面图

项目占地面积约为8.6万平方米，建筑面积约为54.4万平方米。分为住宅区及综合商务区，住宅区由六栋31~32层的板式高层、一栋2层的超市、幼儿园和局部1层商业裙房组成，建筑面积约为31万平方米。综合商务区紧邻地铁站，由一栋100米高的W酒店和一栋超高层建筑及裙房组成，其中东侧的一幢63层250米高的超高层酒店、办公楼建筑面积10.3万平方米；西侧是一幢25层的酒店，建筑面积2.4万平方米，裙房为4层和6层，建筑面积5.3万平方米，地库为3层，建筑面积5.4万平方米，地下1层为酒店、商业、办公等的辅助用房、设备用房，地下2、3层是汽车库。项目集商务酒店、办公及精品商业购物中心于一体，并设有国际会议中心、大型宴会厅，满足了使用者的各类需求。酒店部分分为东侧的超高层白金五星级瑞吉酒店(St. Regis)及西侧的五星级W酒店，本综合楼立面设计简约理性，有着强烈的现代气息，通过竖向的框架划分，突显其挺拔的体形。深灰蓝色的玻璃幕墙，更彰显其与众不同，将成为长沙新武广站区国际金融区的标志性建筑。

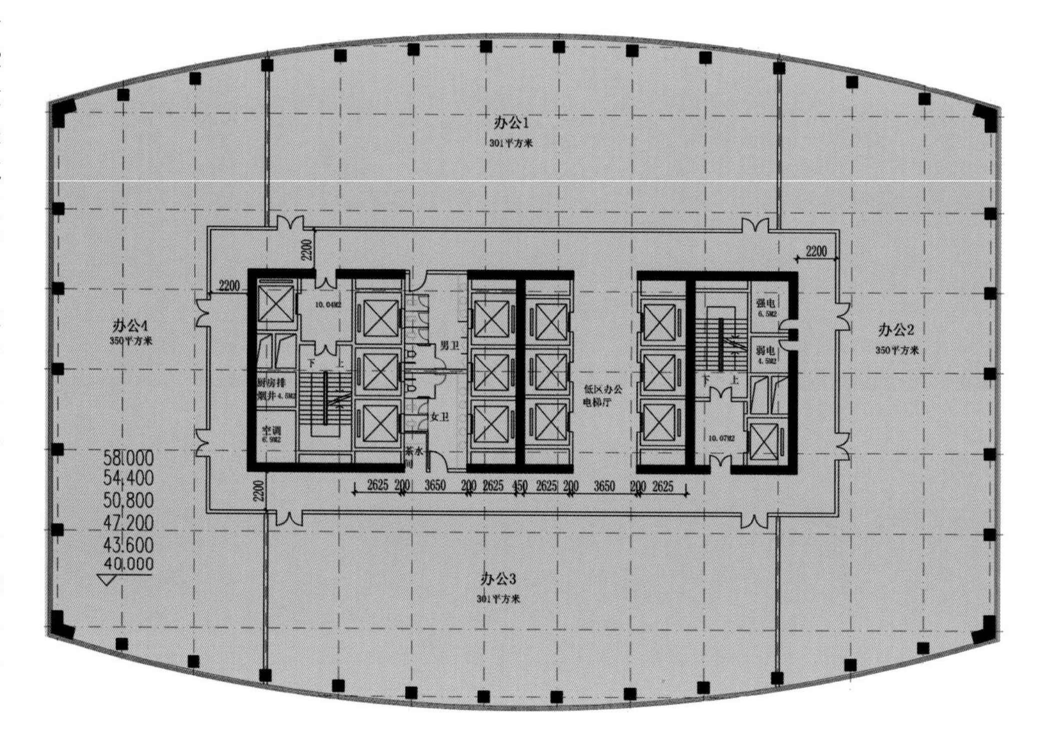

瑞吉办公9~14层平面图

Z Aqua City

项目地点：郑州
设计单位：上海万谷建筑设计有限公司
建筑面积：1 200 000 m^2
项目功能：城市综合体
服务内容：概念规划设计
竣工日期：2014年

项目用地邻近郑州核心商业区二七商圈，占地156 000平方米，总建筑面积达1 200 000平方米，是由商业中心、办公、住宅、酒店、公寓等组成的城市综合体。

在商业中心，充满绿色、舒适休闲的室外商业空间和阳光、流水、植被等有机融合的室内商业空间相结合，拥有一年365天都能举办各项活动的娱乐性高的公共空间，是时间消费型商业中心。

用地东侧是180米高，集高档办公和酒店为一体的地标性超高层塔楼。塔楼下面是中高档百货店、国际级剧场，中层部分是高档办公，高层部分为五星级酒店。办公与购物中心相结合，带来固定的客户群。

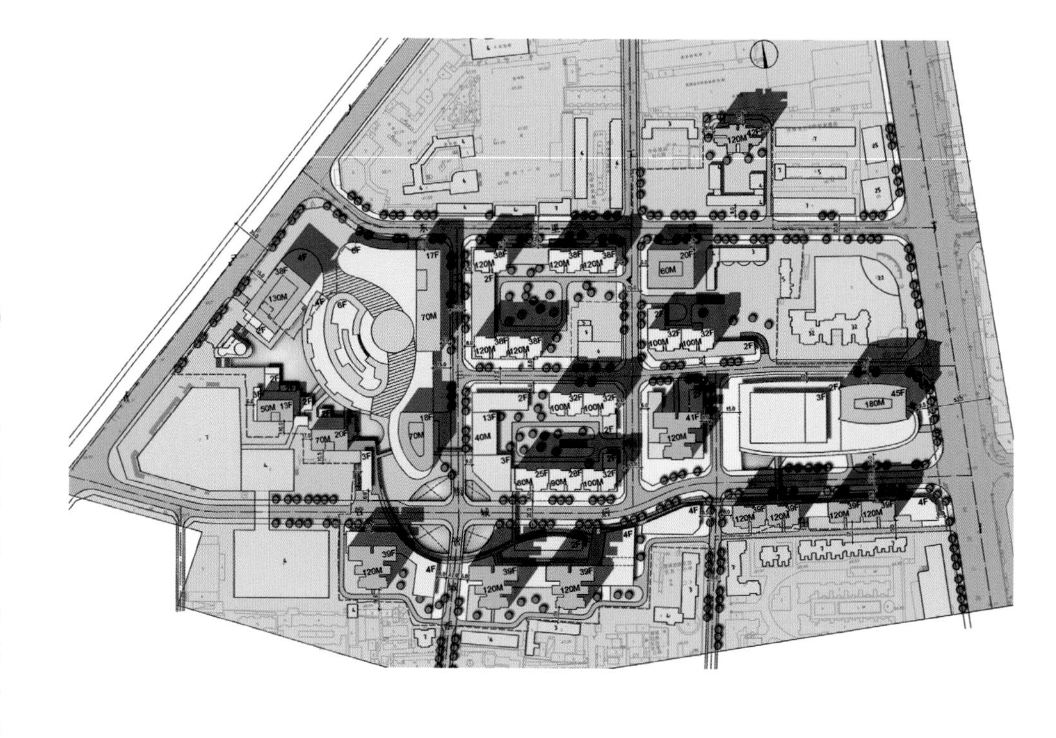

河南省歌舞剧院
HE NAN SHENG GE WU JU YUAN

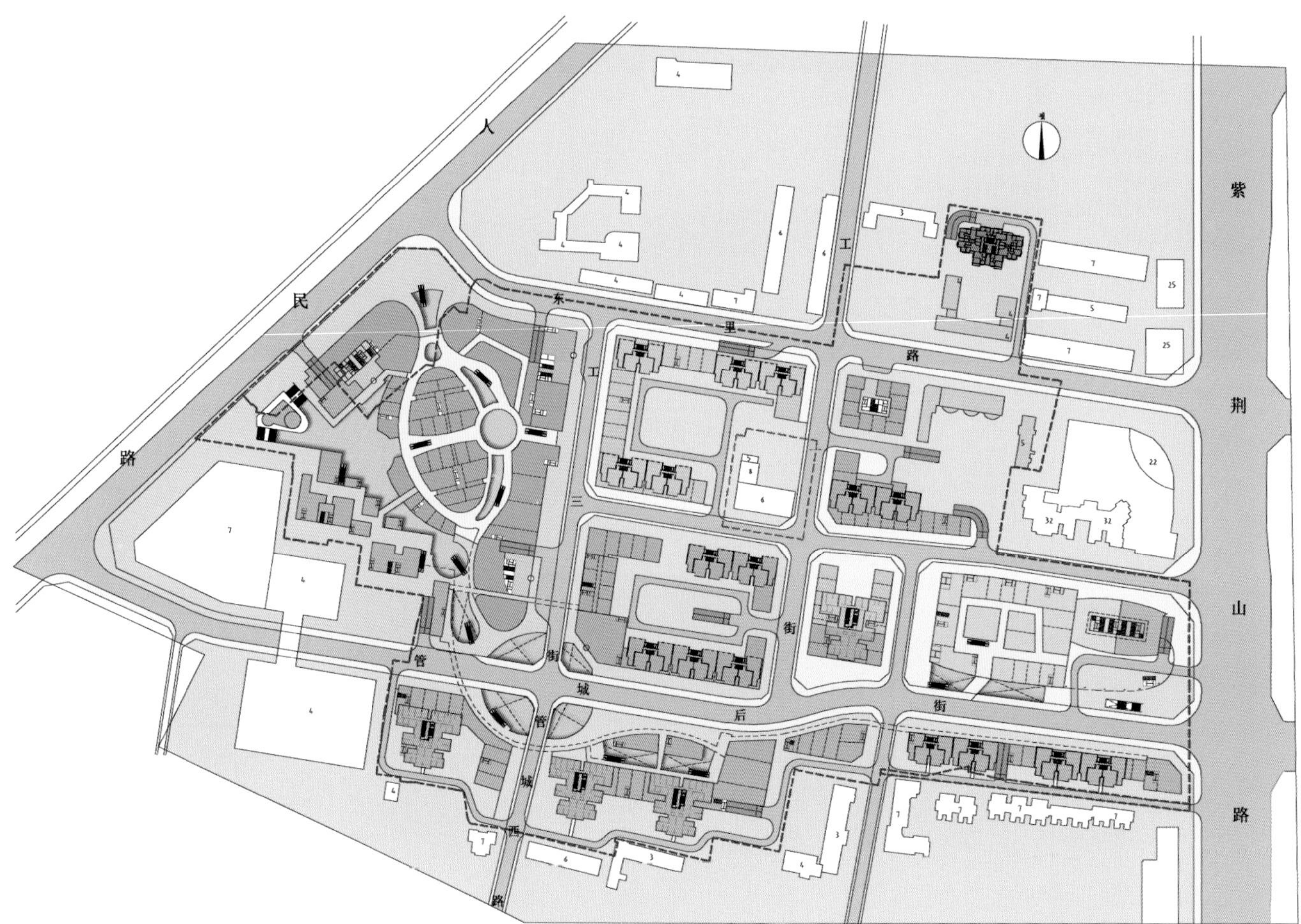

1层平面图

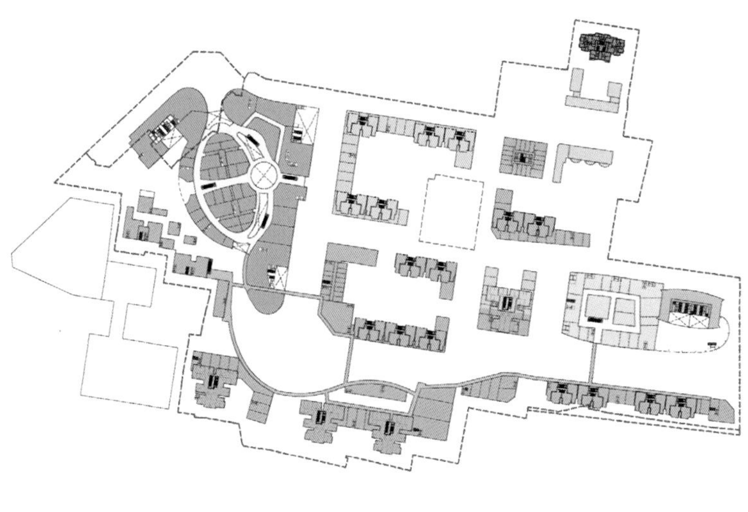

2层平面图

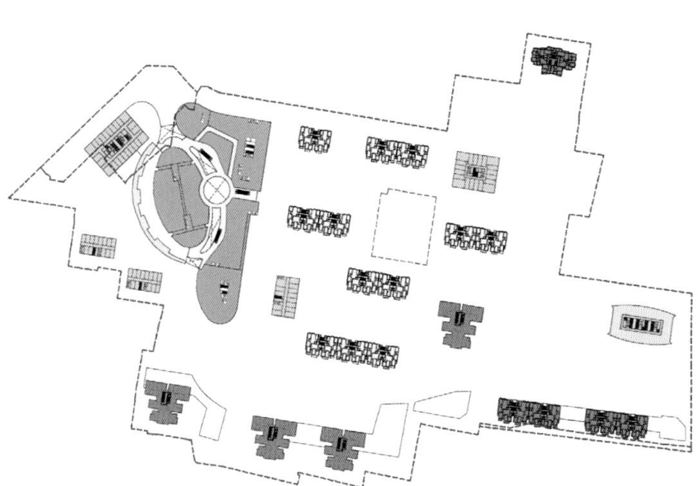

4层平面图

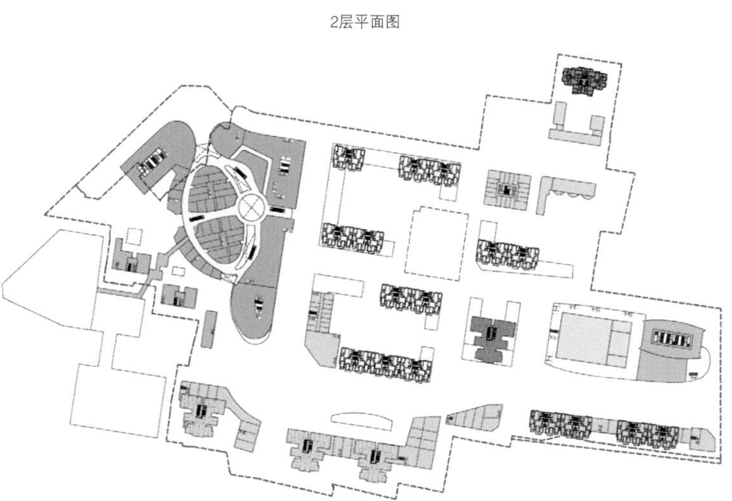

3层平面图

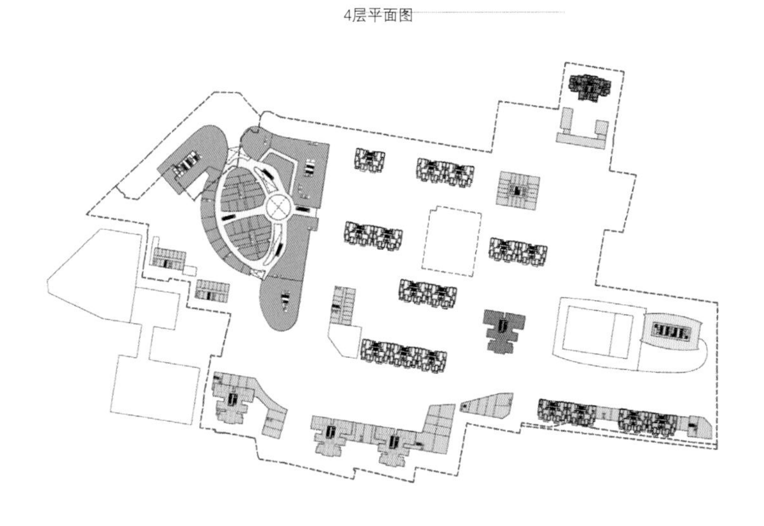

5层平面图

BOSS
MIKASA

镜湖世纪城

项目地点：芜湖
设计单位：英国UA建筑设计有限公司
用地面积：194 012 m²
建筑面积：582 814m²
其中
　　地上建筑面积：454 415 m²
　　地下建筑面积：128 399 m²
容 积 率：2.34

芜湖市位于长江和青弋江交汇处，南依皖南山系，北望江淮平原，是安徽近代工业发源地和当代长江流域经济中心之一。镜湖区地块紧邻老城区的东侧，市政道路网将其贯穿与划分，它将成为老城东扩的触角，而非独立的一个新城，它是芜湖市区的一部分，将具有城市副中心的一切特征。本案地块又是镜湖世纪城的核心商业区，是芜湖城市副中心的中心地带，将引领城市发展的潮流，促进新城区核心地带的形成，带动新城的建设发展。

本案位于芜湖东部新城区的镜湖世纪城7-2#地块内。本地块南面隔城市主干道黄山东路与住宅用地相望，东面隔河道与7-2#地块的一期相临，北面是规划道路、绿化隔离带和省际高架铁路，其北其西都是新城区的商业中心。可以说7-2#地块是处于镜湖世纪城的核心商业区的驱动区和领航区，也是商业区和居住区之间的过渡和连接的纽带。本地块总用地83 406平方米，拟建设区域商业中心和办公。

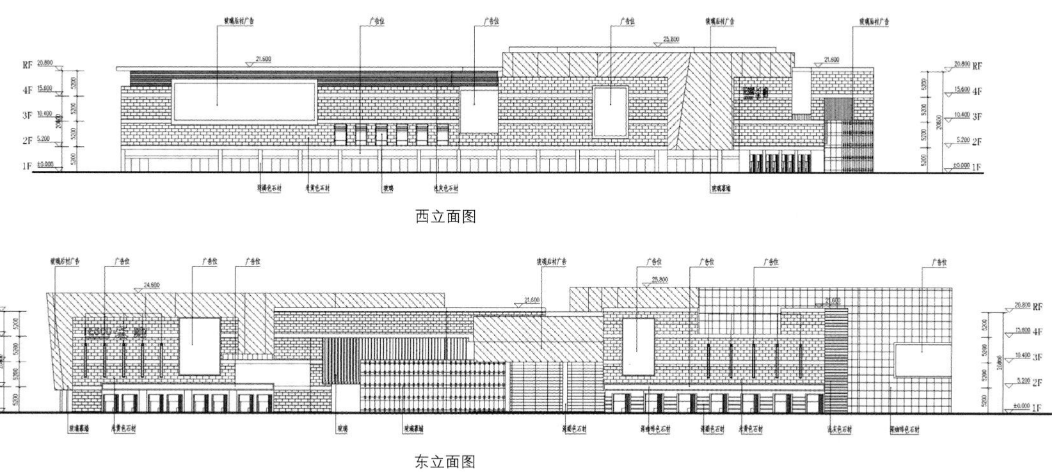

西立面图

东立面图

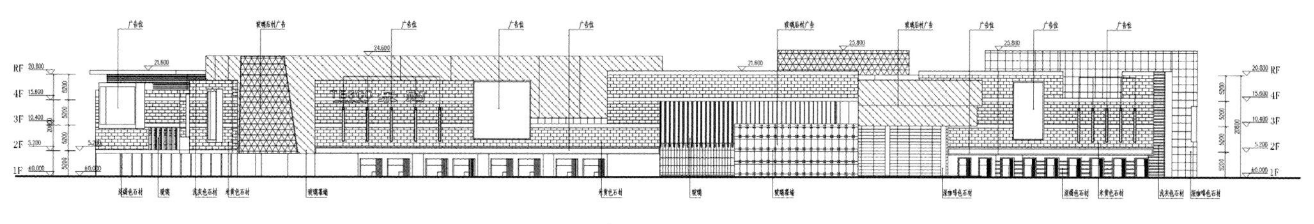

南立面图

1-1剖面图

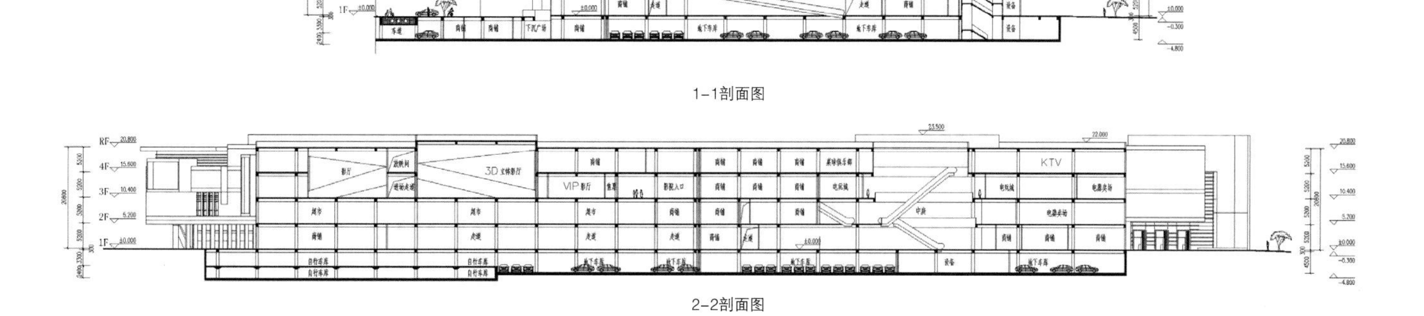

2-2剖面图

GREENLAND
GREENLAND
GREENLAND
GREENLAND
TESCO 乐购

GREENLAND

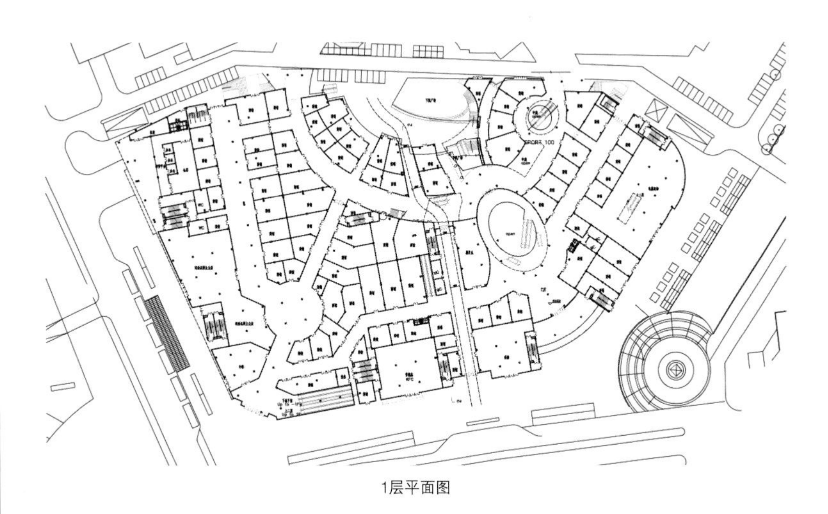
1层平面图

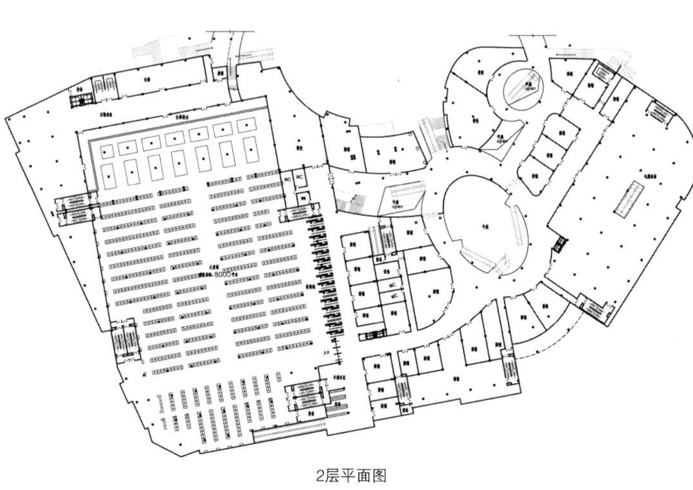
2层平面图

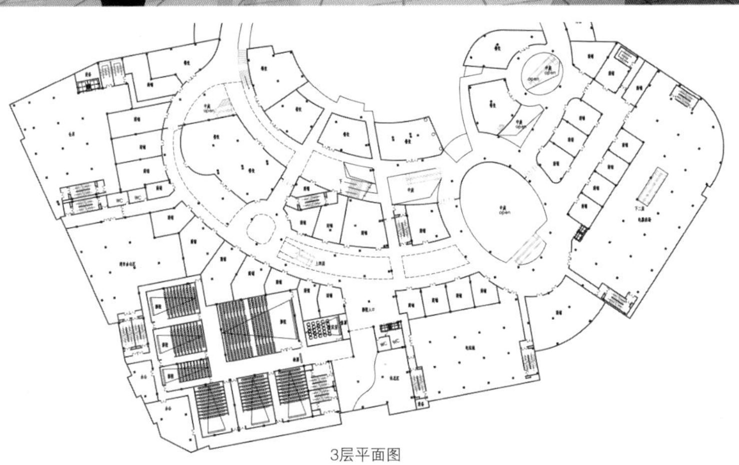

3层平面图

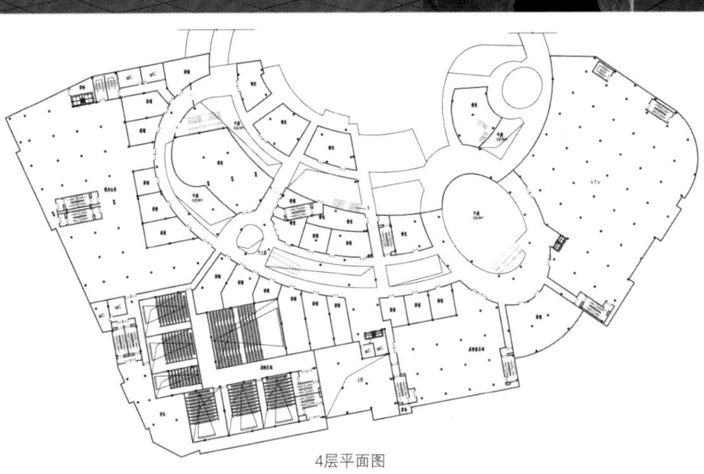

4层平面图

常熟琴湖城市广场

项目地点：常熟
设计单位：DS鼎实国际建筑设计公司
（新加坡、上海、北京）
用地面积：42 469 m²
建筑面积：117 271 m²
容 积 率：2.16
设计时间：2010年
项目进展：实施中
业态配比：超市 20 570 m²
影院 4 000 m²
街区商业 36 730 m²
酒店 30 352 m²

项目位于常熟市昆承片区，物业类型有酒店、超市、影院、餐饮、零售等，建成后将融合已经开发的一期商业，打造常熟城东新区20万平方米的城市级商业综合体。

本项目在空间布局上引入了“情景水街 ”的设计理念。在这条极富特色的购物水街上，模糊了地面层与地上1层、地下1层的界限，融入了多首层、大平台的设计理念，在地块的西南角，规划了一个城市广场作为情景水街的起点，同时也能与一期商业街区有机衔接。沿着水街往商业内部漫步，在经过一段街区后能进入整个商业流线的高潮部分——下沉演艺广场，其功能可涵盖各类商业促销、展示、表演等活动，汇聚人气；继续行进，还能体验到游乐广场、喷泉广场等主题性商业空间，在这些节点空间中，融入了儿童游乐主题、运动主题等商业要素，共同塑造了整个项目的鲜明特色。

a.collection
a.collection
a.collection

a.collecti

QHCHSH
a.collection
a.collection

SketchUp
HCHS

a.colle
RESTAURANT
a.collection

3
BURGER KING
汉堡王
GUMBO HEADS
RESTAURANT
RESTAURANT
PARK
SALAD
MUVICO
THEATERS

RESTAURANT
AND BAR
ENTRANCE
ITALIAN
PIAZZA
NEMA
RED

Wrangler

KENNETH COLE
new york
KENNETH COLE
RESTAURANT
CITYLOFT
CHAMPS
CALLERIA
CINEMAS
KENNETH COLE
PARK
Pizza Hut
RAZZLE
DAZZLE
HOULIHAN'S
RESTAURANT
AND BAR
ENTRANCE

嘉斯茂五角场

项目地点：上海
设计单位：上海晶奈工程设计有限公司
主创设计人员：王建，齐善华
用地面积：25 581.4 m²
地上建筑面积：99 299.3 m²
地下建筑面积：62 600 m²

Web:www.ginol.com 

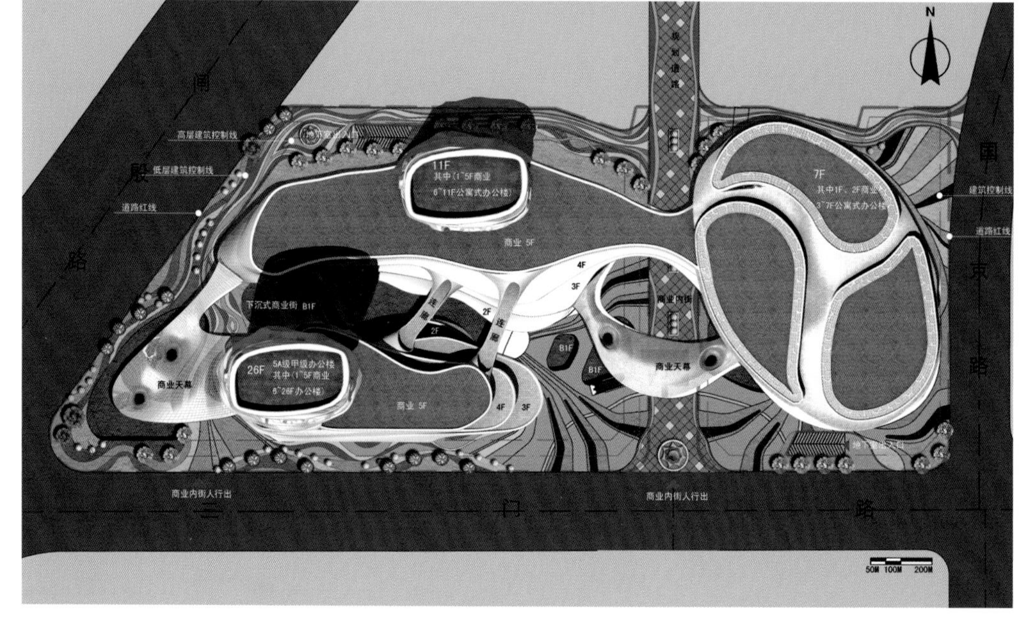

五角场022-02、023-02地块依托优越的区位与交通优势，将对城市的人流、物流、资金流等产生强大吸引力，引起城市物质要素在空间上的高度集中，形成城市功能与空间整合聚焦的集聚都心。

规划强调有机整合城市中心功能，创造城市集聚都心，实现商贸生活一体化。建成后将形成嘉斯茂五角场商业综合体地标，不仅加快服务业的发展，同时吸引商务金融、创意产业、高新技术产业、信息产业等新兴产业人士，创造杨浦的城市新形象。

COACH
SUAREZ
BeJeweled

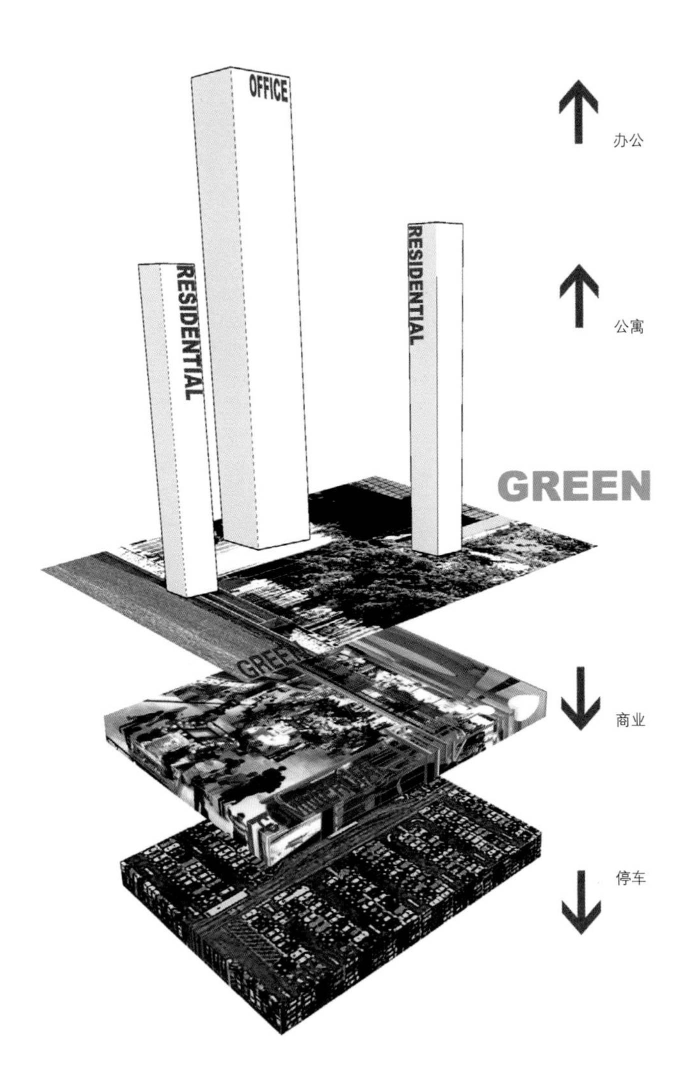
OFFICE
RESIDENTIAL
RESIDENTIAL
GREEN
办公
公寓
商业
停车

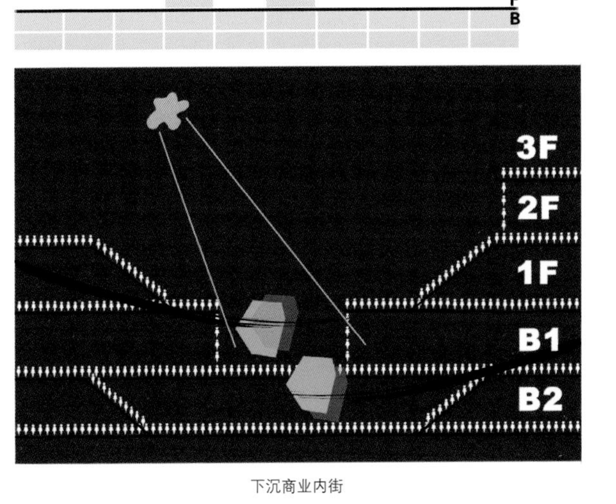
F
B
3F
2F
1F
B1
B2

下沉商业内街

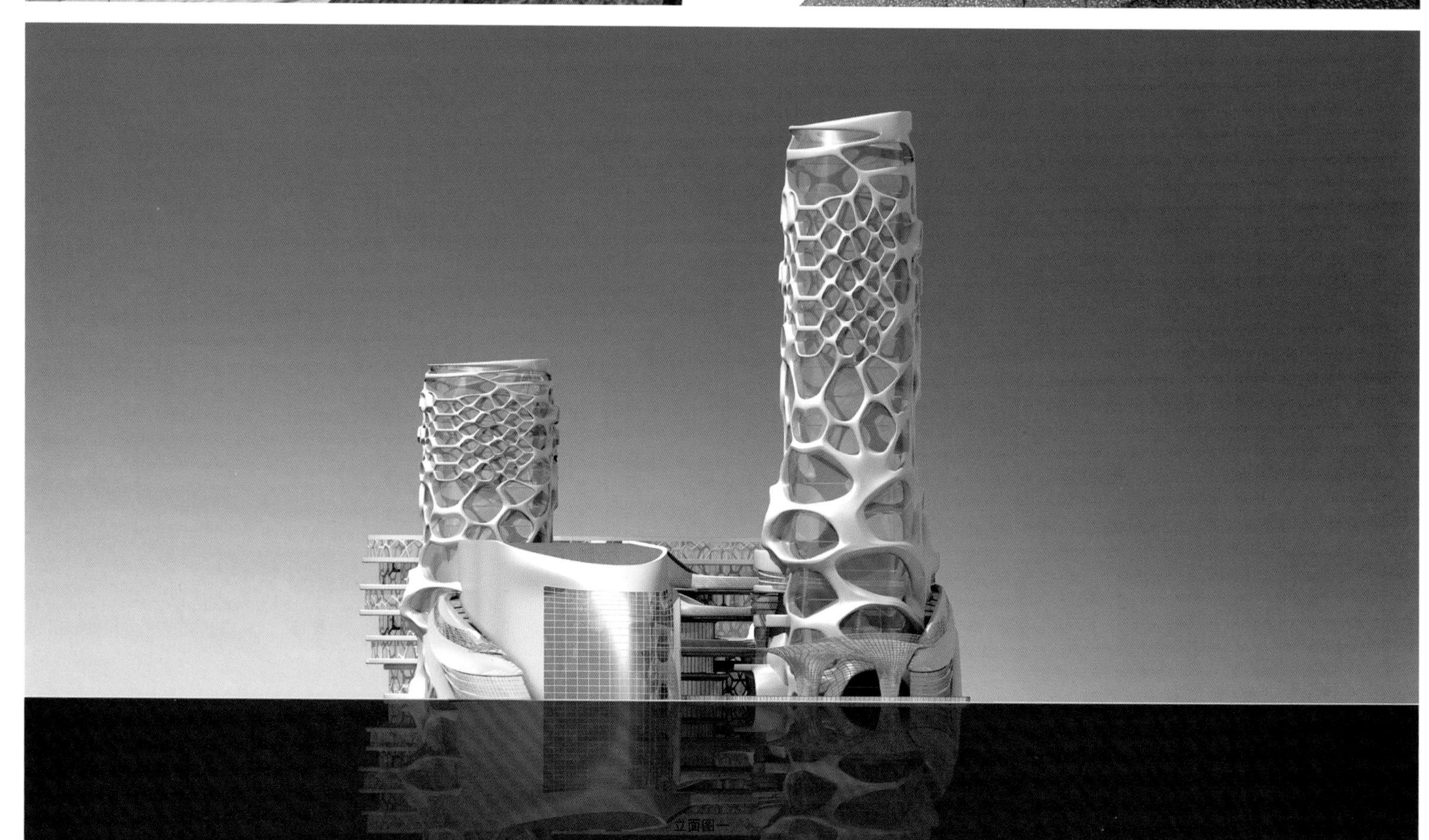
立面图一

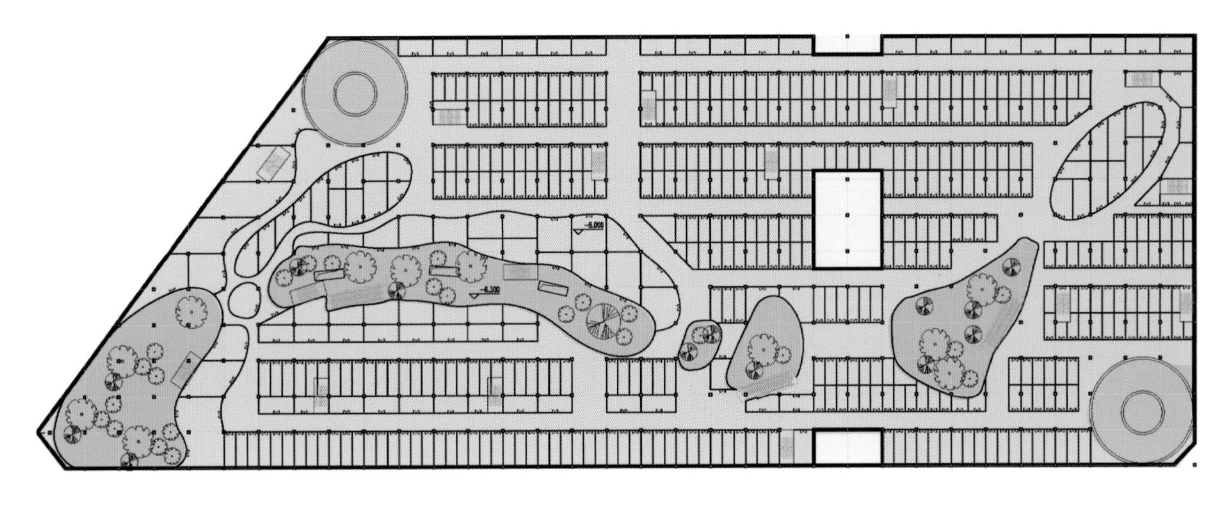

地下1层平面图

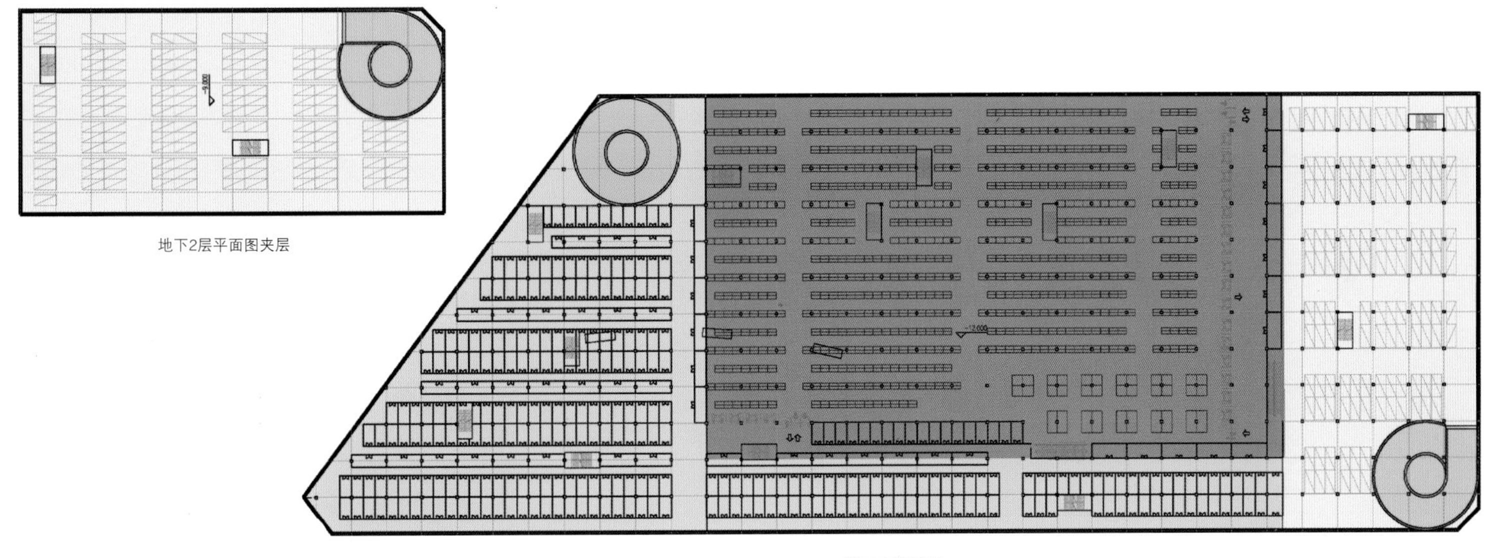

地下2层平面图夹层

地下2层平面图

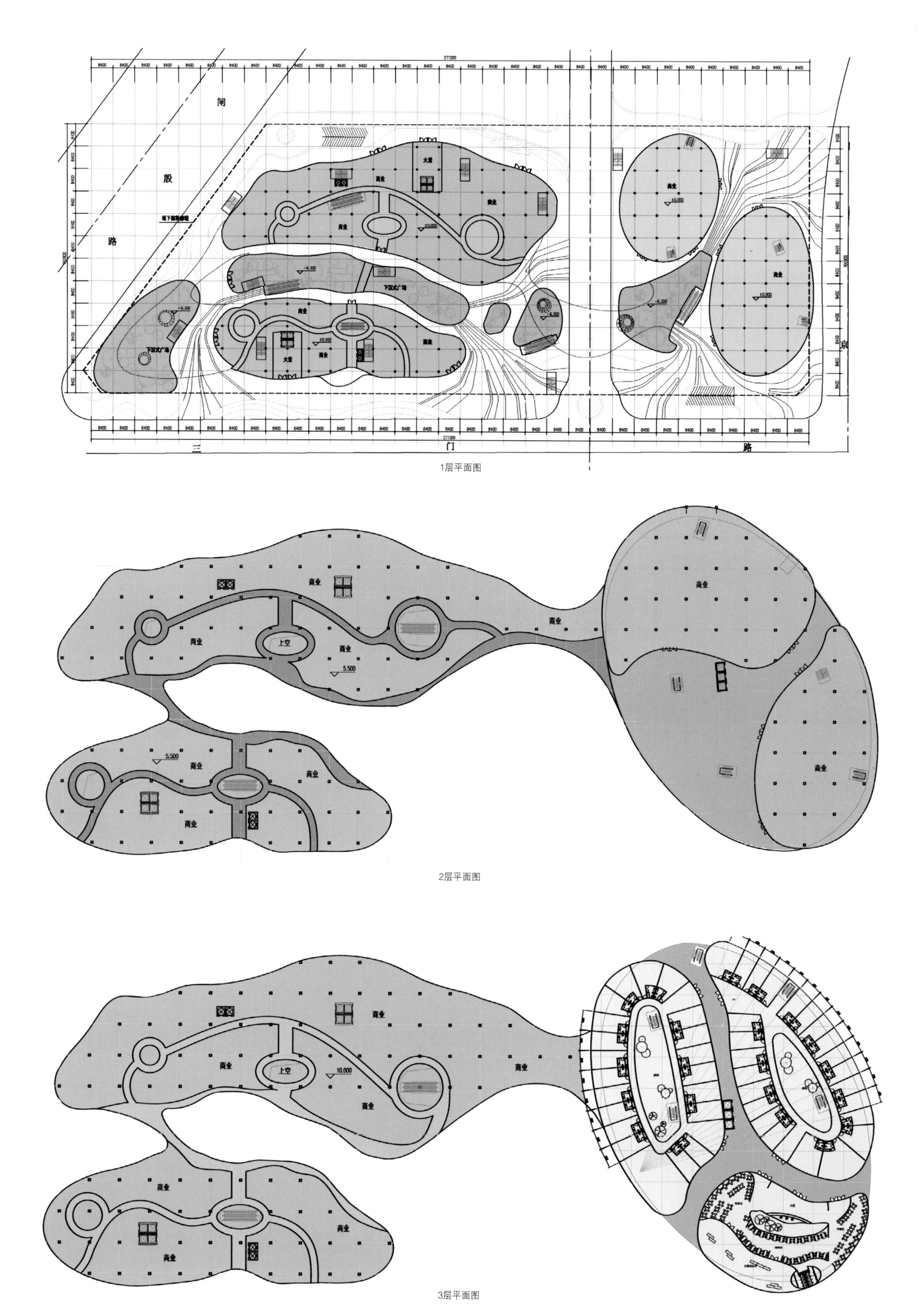

1层平面图

2层平面图

3层平面图

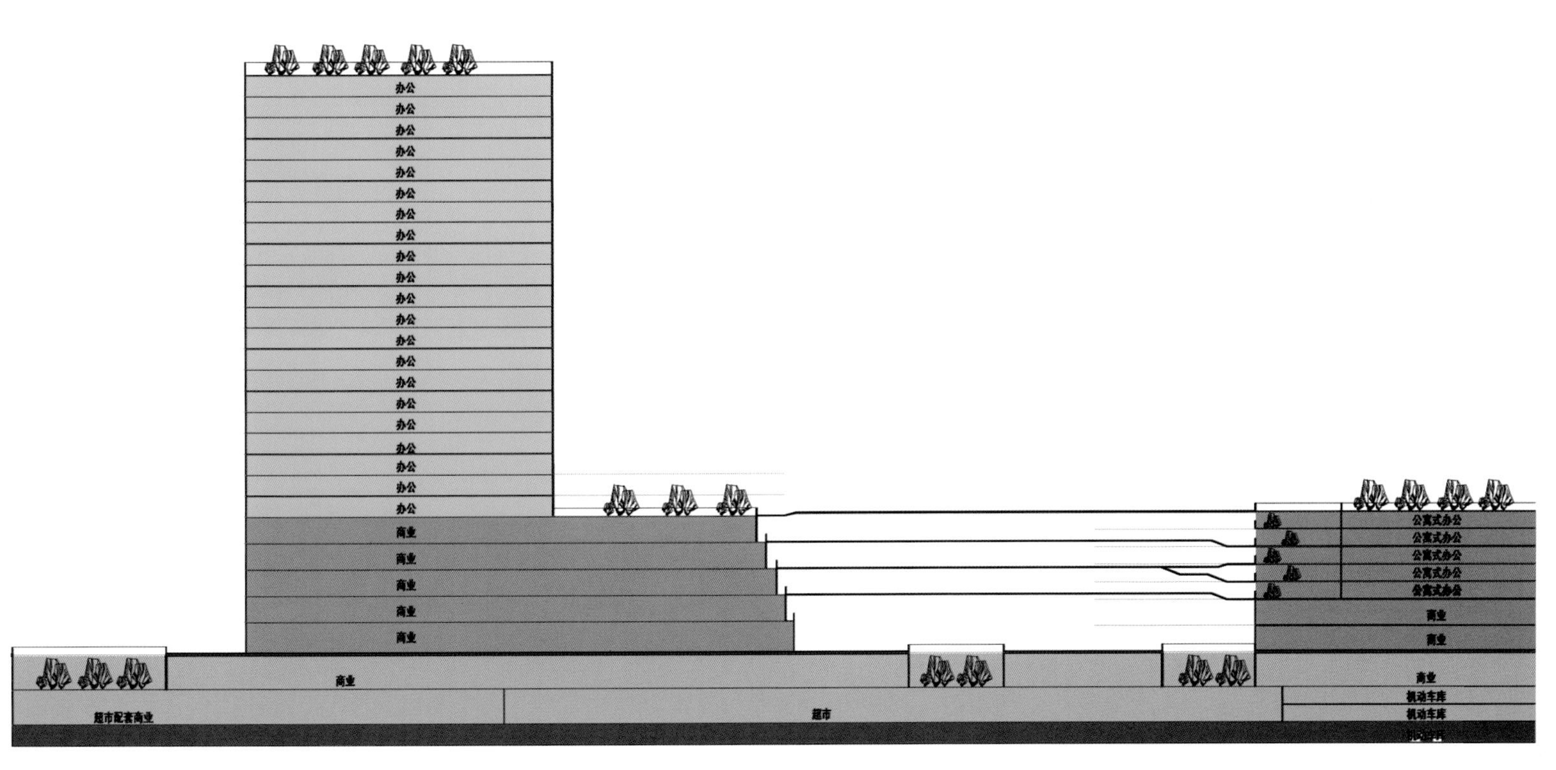
办公
办公
办公
办公
办公
办公
办公
办公
办公
办公
办公
办公
办公
办公
办公
办公
办公
办公
办公
办公
办公
商业
商业
商业
商业
商业
公寓式办公
公寓式办公
公寓式办公
公寓式办公
公寓式办公
商业
商业
商业
商业
机动车库
机动车库
超市配套商业
超市

剖面图

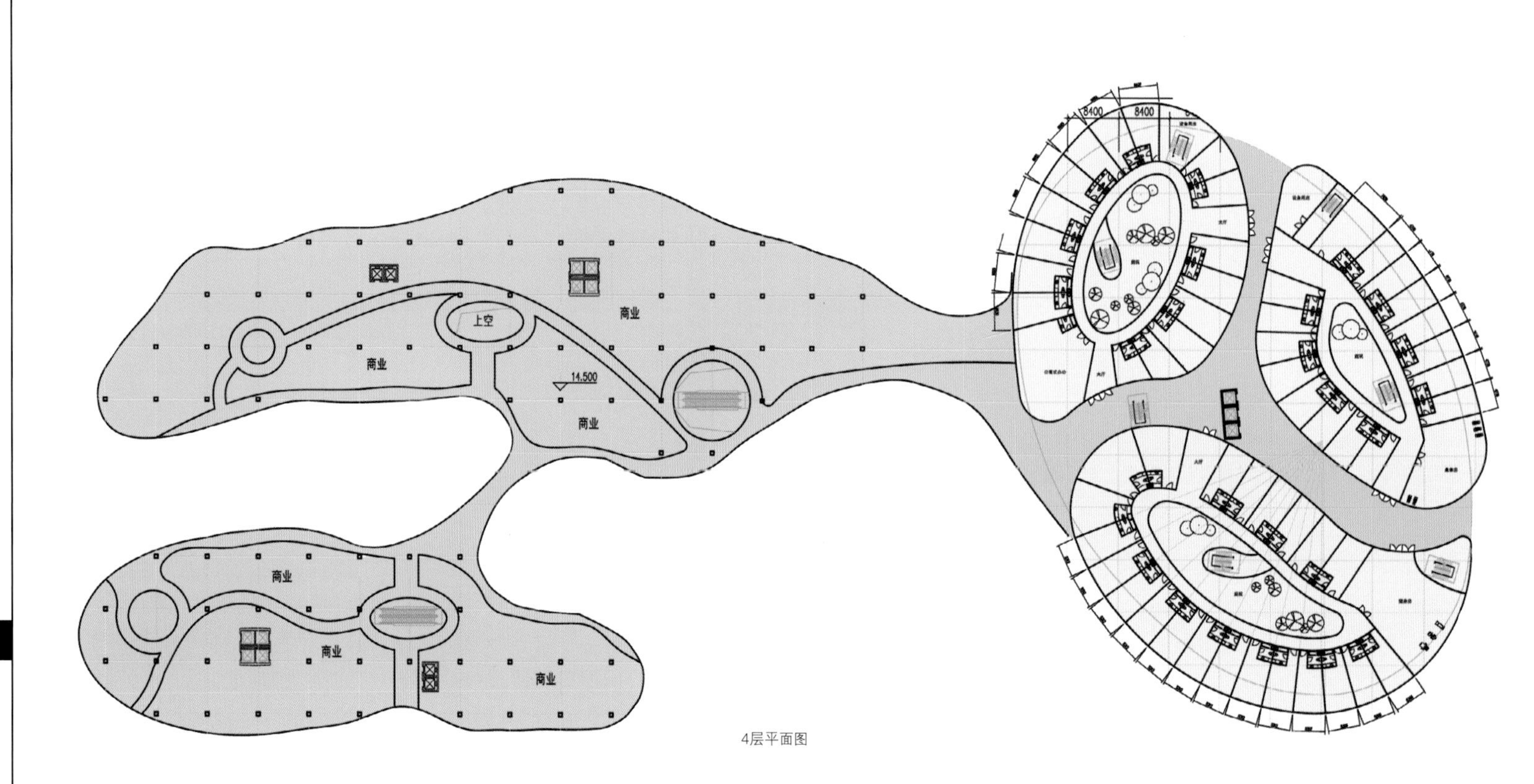

4层平面图

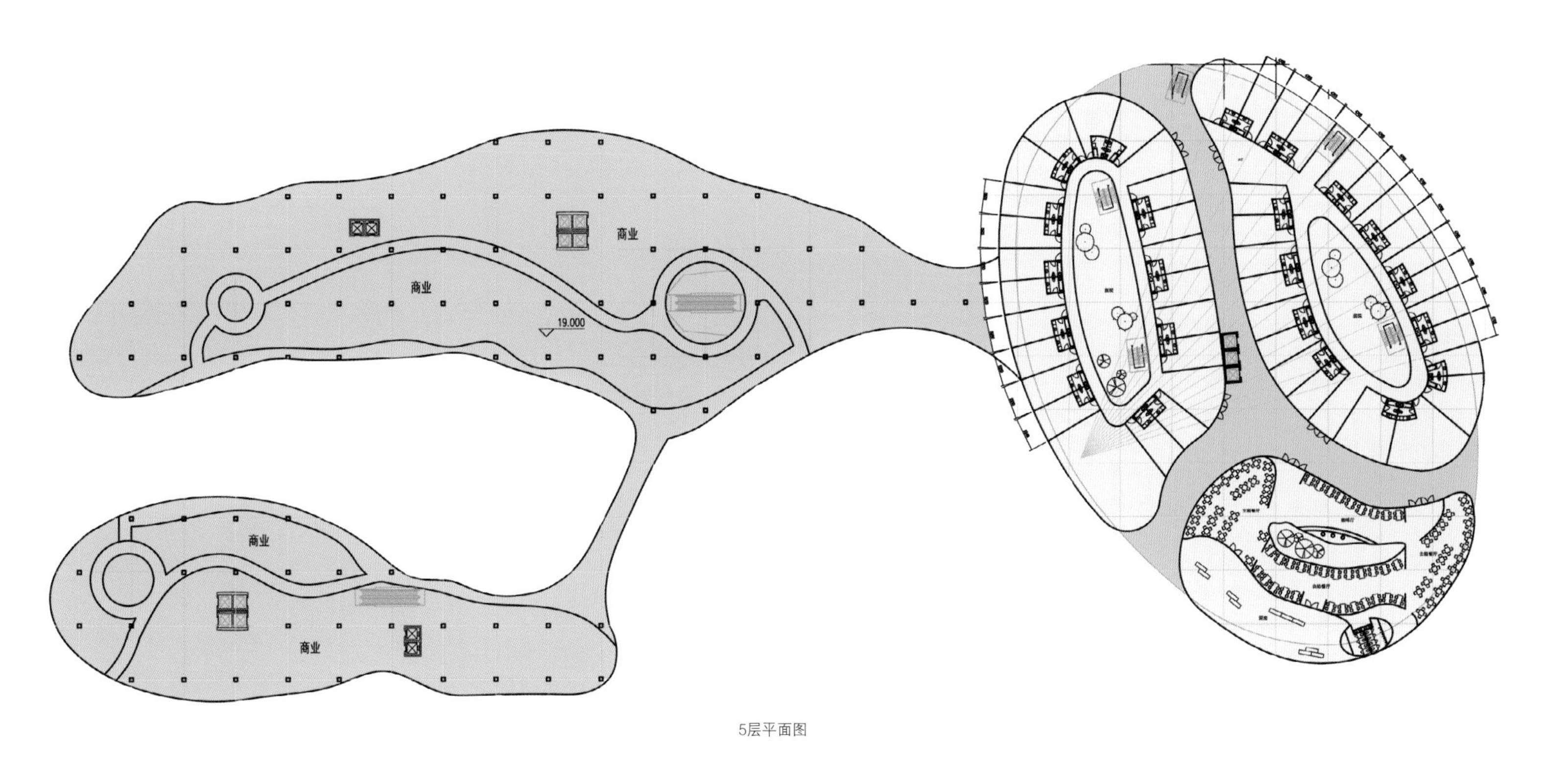

5层平面图

金地格林郡社区综合商业

项目地点：上海
业　　主：金地(集团)股份有限公司
设计单位：彼爱游建筑城市设计咨询(上海)有限公司
设 计 师：James Brearley，黄磊，李诚毅，叶国聪
摄　　影：Tony Metaxas
阶　　段：2009年竣工

青浦新城区在上海以西延伸发展。BAU在这里一个新开发的楼盘入口处，设计了包括接待、体育、商业以及休闲功能的两个建筑。其中一个是外形醒目的标志性建筑，而另外一个是大型的商业卖场。这两个建筑在这个地块里共同对内，与住宅连成一个整体，同时也对外把小区与城市衔接起来。

商业卖场建筑沿用了体育休闲会所的材料，但是表现出截然不同的风格。相对体育休闲会所建筑有趣奇特的建筑形体，商业卖场追求的是一种稳重与古典。这样的建筑让人对室内短暂和充满变换的商业功能产生错觉，建筑与功能形成强烈的对比。

⑲～② 轴立面图

②～⑲ 轴立面图

外墙面砖　外墙涂料　灰色涂料　50宽勾缝　外墙广告　外墙至轴线距离　烤漆玻璃　百叶窗　成品钢丝网

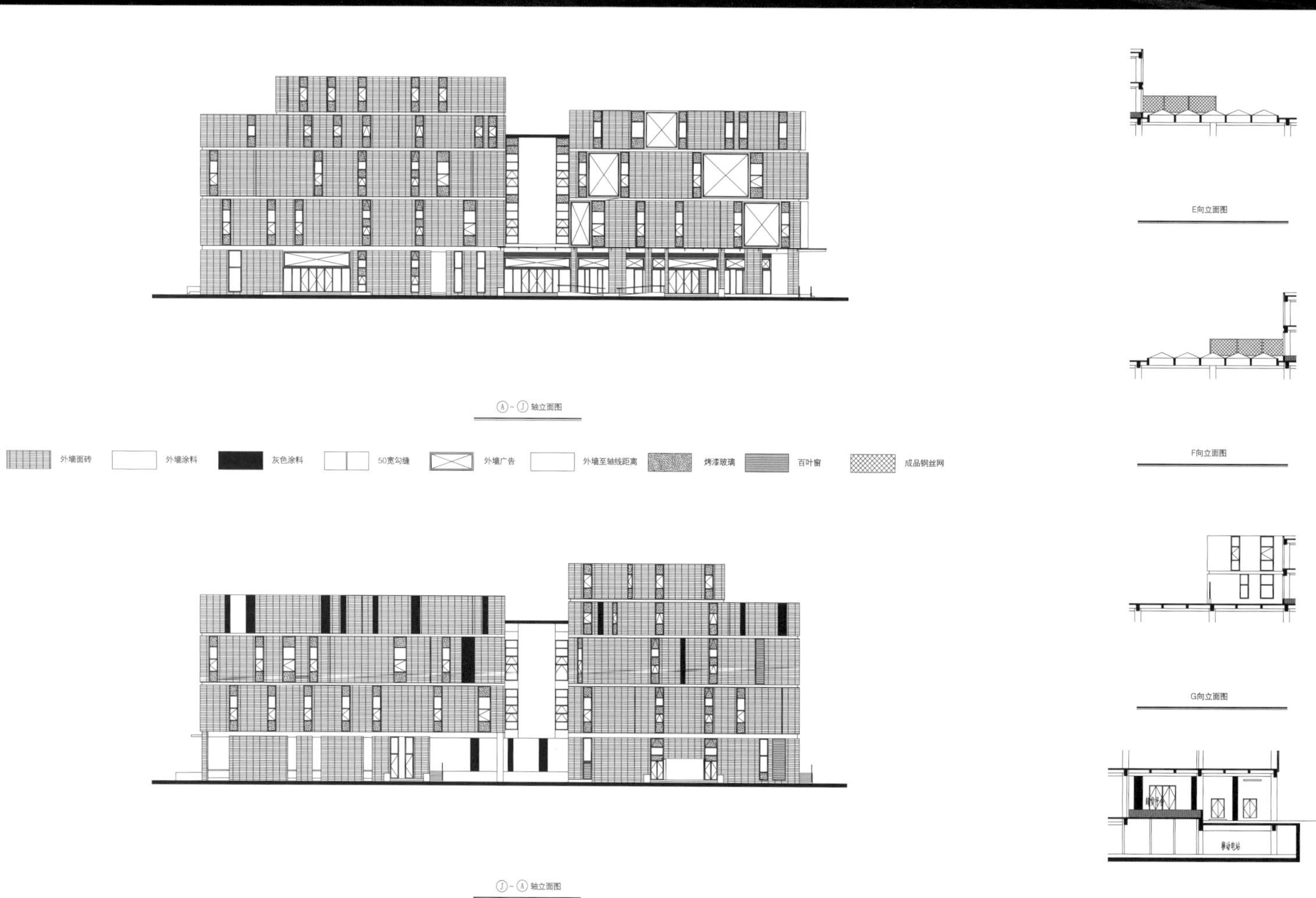

外墙面砖 外墙涂料 灰色涂料 50宽勾缝 外墙广告 外墙至轴线距离 烤漆玻璃 百叶窗 成品钢丝网

H向立面图

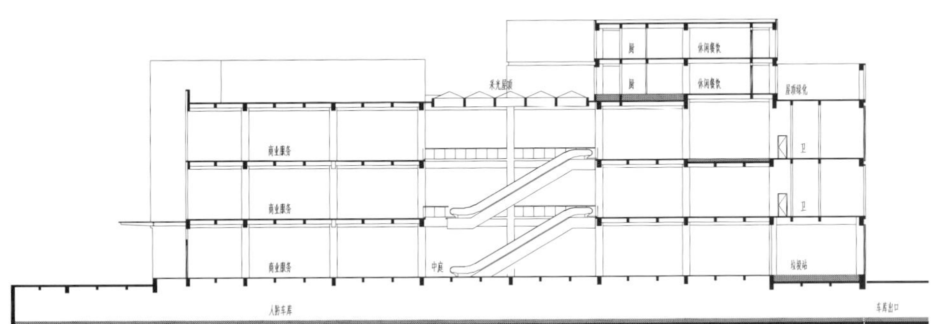
厨
休闲餐饮
厨
休闲餐饮
采光屋顶
屋顶绿化
商业服务
卫
商业服务
卫
商业服务
中庭
垃圾站
人防车库
车库出口

1-1剖面图

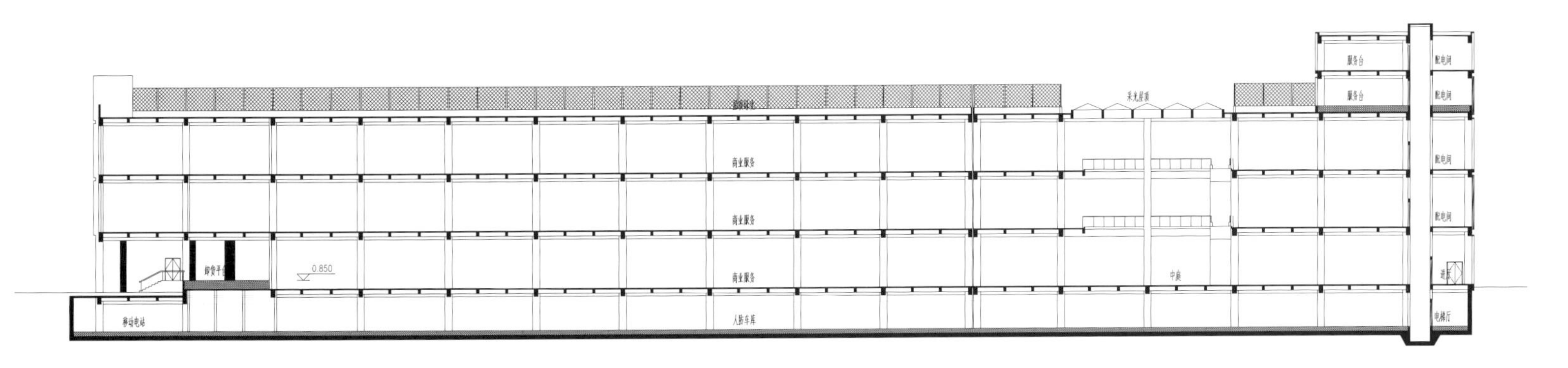
服务台
配电间
采光屋顶
服务台
配电间
商业服务
配电间
商业服务
配电间
0.850
商业服务
中庭
移动电站
人防车库
电梯厅

2-2剖面图

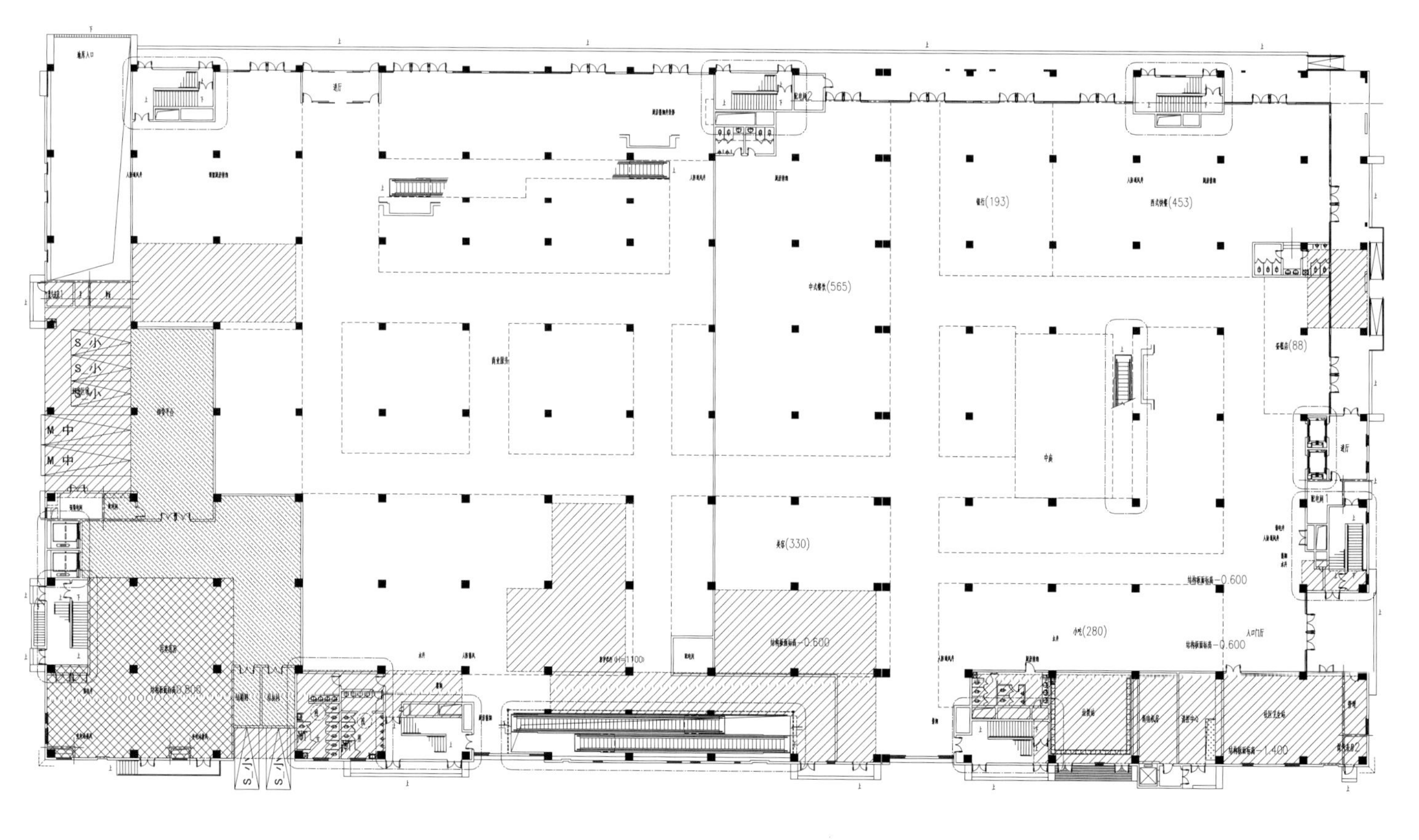

局部外墙平面放大图

注：图中B详见平面图中尺寸

防火分区1
950m²

1层平面图

(S=8667m²)

防火分区2
4540m²

防火分区3
3177m²

注：1.图中 表示明装消火栓，800(W)x1000(H)，底部距地900.
2.窗边未注明栏杆为900高.

架空板板面标高0.800
结构板面标高－0.600
结构板面标高－1.400
结构板面标高0.800

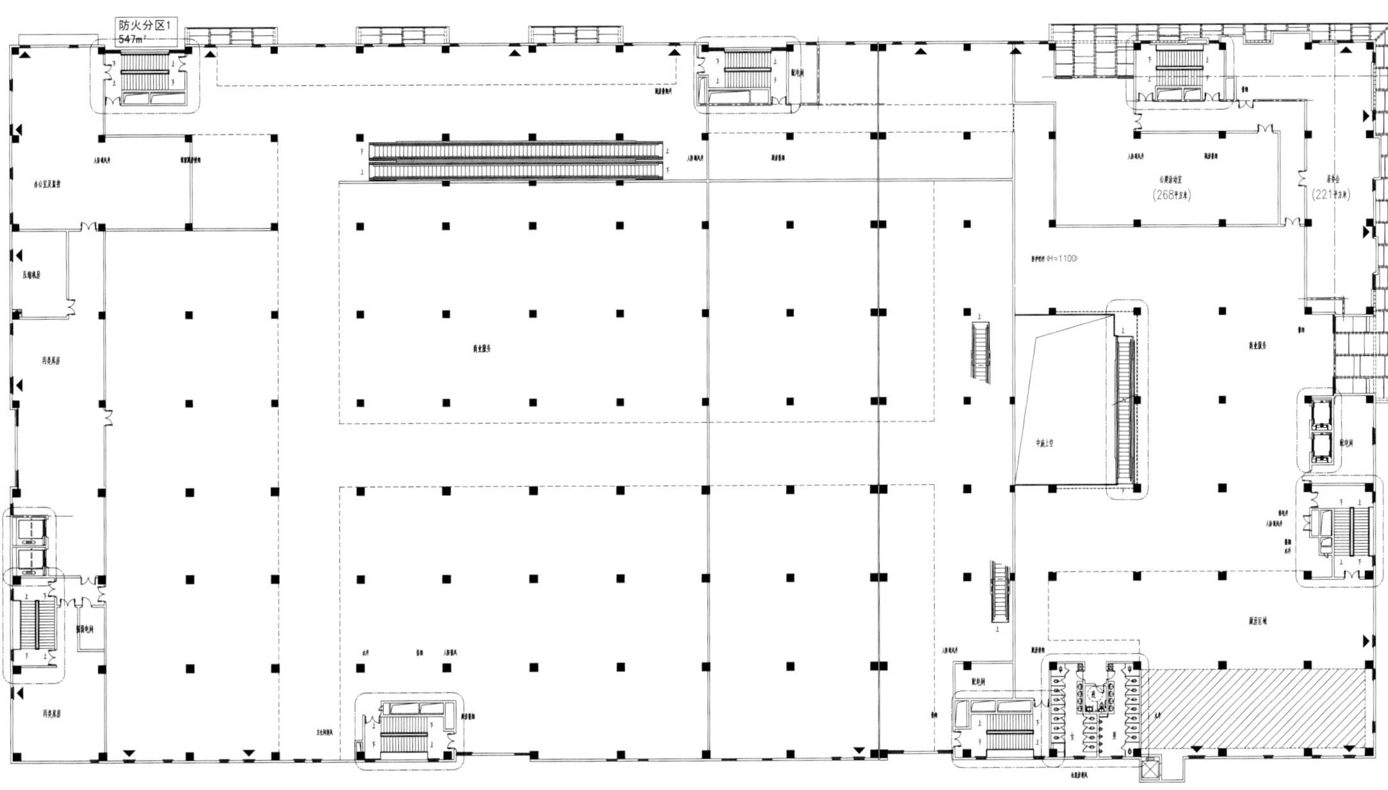

防火分区2
4948m²

防火分区3
3296m²

2层平面图

(S=8791m²)

局部外墙平面放大图

注：图中B详见平面图中尺寸

注：1.图中 ▬ 表示明装消火栓，800 (W) x1000 (H)，底部距地900.
2.窗边未注明栏杆为900高.
3.图中 ▼ 表示灭火救援窗的位置.

结构板面标高5.100

龙港商业中心

项目地点：温州
设计单位：上海桑叶建筑设计咨询有限公司
总占地面积：28 355 m²
总建筑面积：137 035.6 m²
容 积 率：3.28
绿 化 率：13%
设计时间：2008年

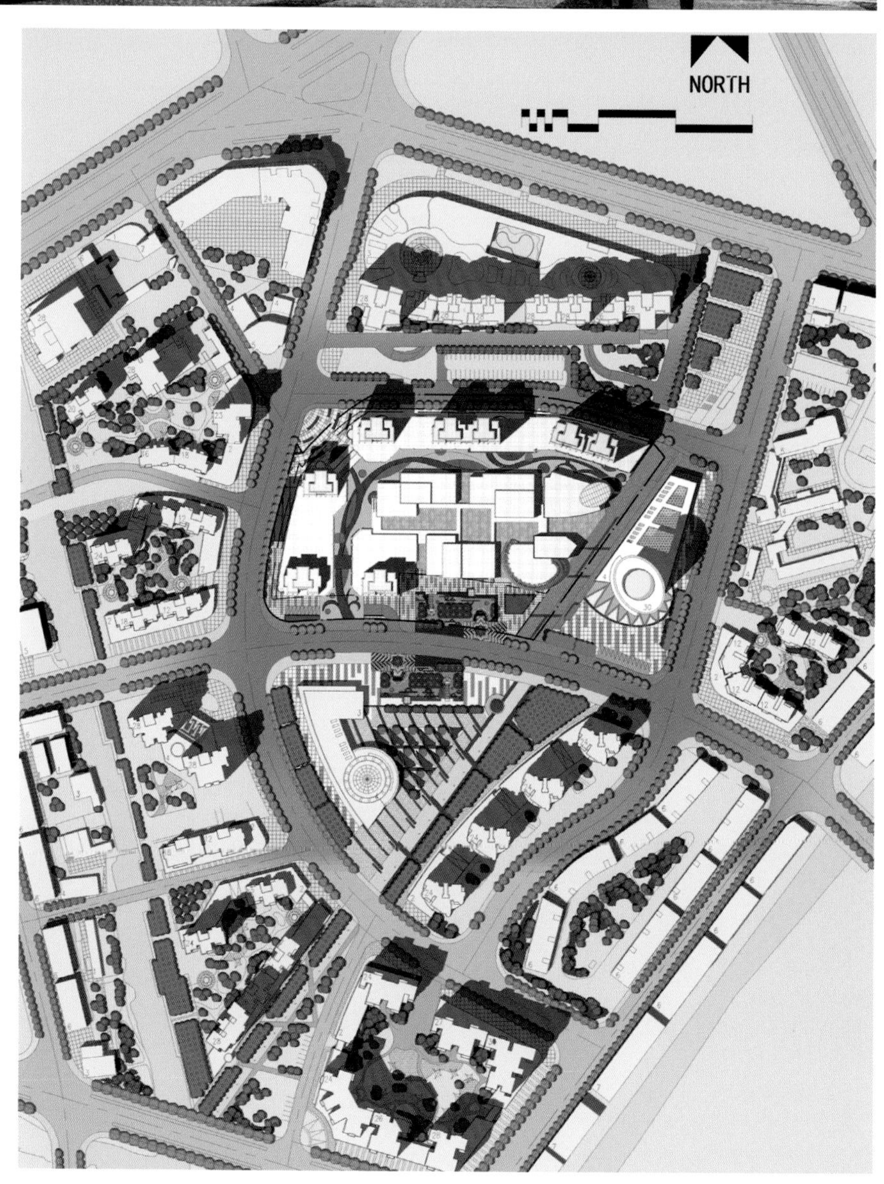

项目位于龙港镇中心地带，属于未来龙港商业中心，西城路以北，规划路以东，镇府路以西，与已建成的置信购物中心相呼应，地理优势明显。

自豪的港湾——RBD—Lifestyle

一个生活中心；

一条半环商业街；

一个海洋特色文化的商业街区；

一个可以停泊的地方——叫做“家”的广场。

LOGO

中关村长三角创新园商务功能区

项目地点：嘉兴
设计单位：DS鼎实国际建筑设计公司
（新加坡、上海、北京）
用地面积：45 981 m^2
建筑面积：182 728 m^2
容 积 率：2.7
设计时间：2010年

项目位于中关村长三角创新园商务功能区中的A－1用地内，处于嘉兴市中心区与西部秀洲新区交接部位，占地面积约4.6万平方米，项目由一栋超高层建筑和一个5层的购物中心组成。其中塔楼为31层，设计功能为5A级写字楼；商业分两大块功能，西边1~3层为集中百货、4~5层为影城，东边1~2层为精品商业，以中间的带形中庭相连，3层为餐饮与溜冰场及相关附属配套。地下室设为两层，地下1层主要为办公、商业的后台区、设备机房和超市，集中餐饮等功能。地下2层主要为集中地下停车。

购物中心围绕设置在3层的溜冰场组织商业流线，配以餐饮等功能，通过声光电的手法打造购物中心的主题空间，来吸引更明确的目标客群，带来更多的体验次数和更多的逗留时间，将多种不同的消费形式自然地融合在一起，使商业空间本身也成为商业定位及营销的重点。

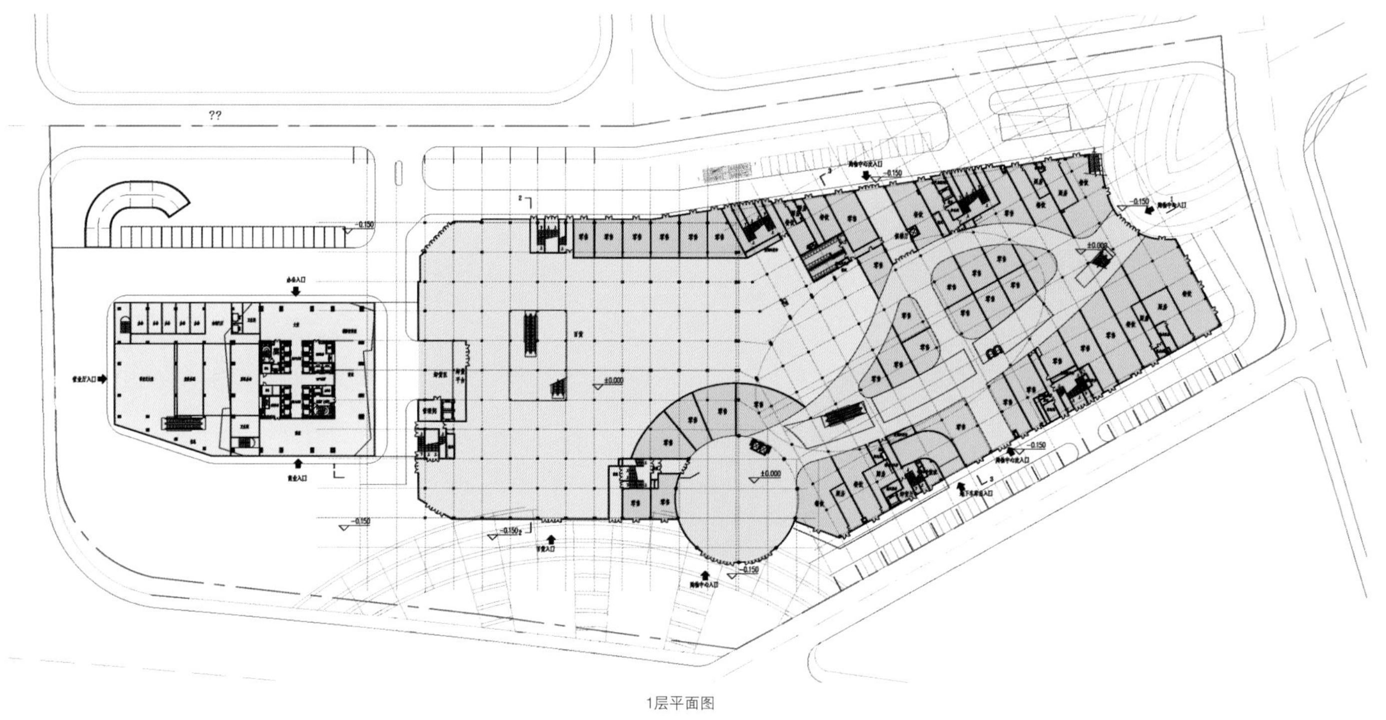

1层平面图

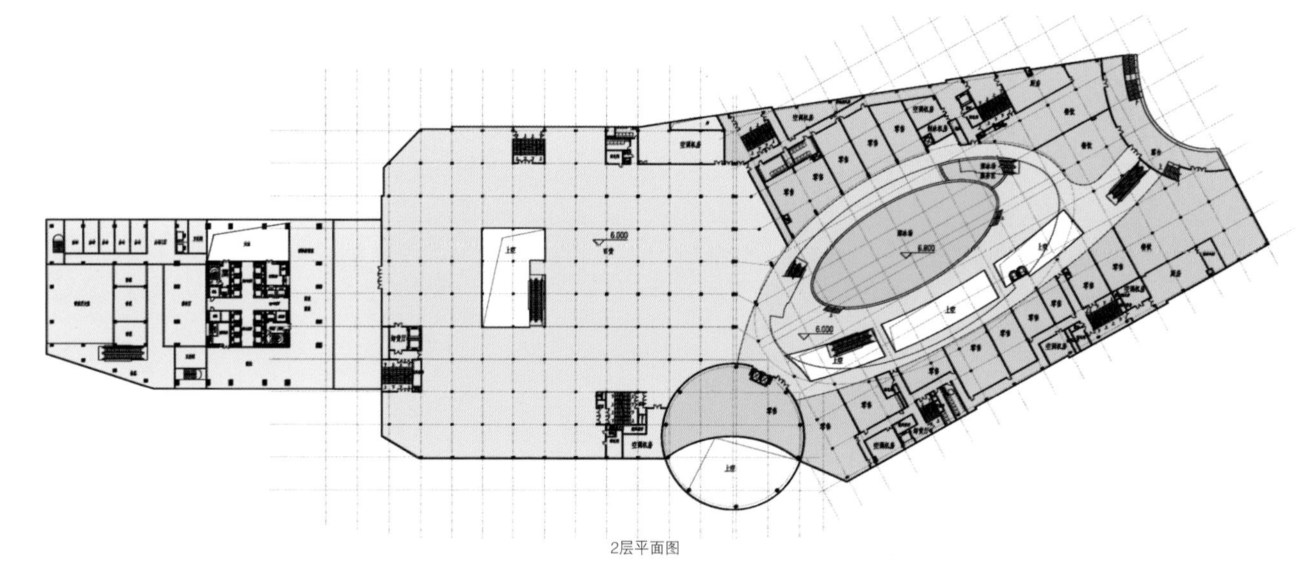

2层平面图

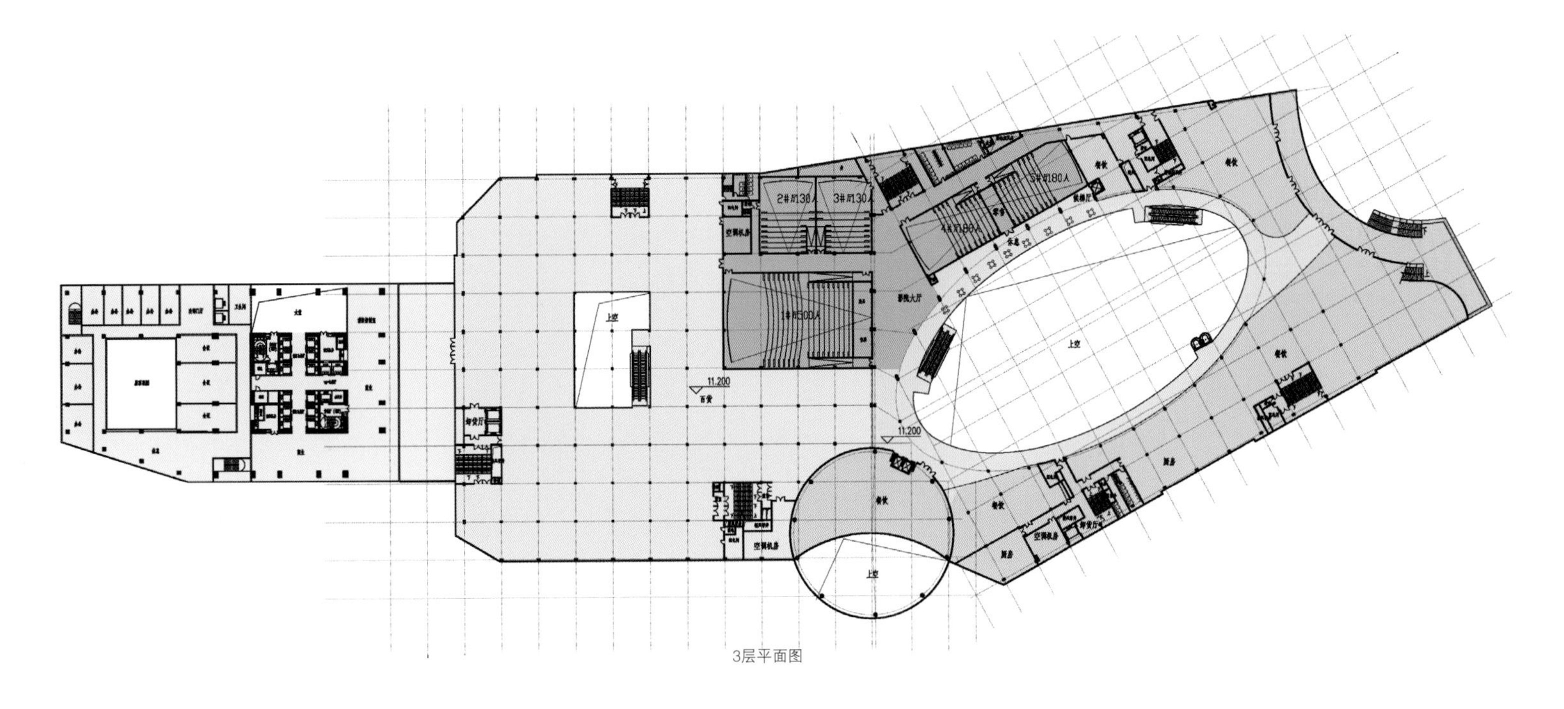
2#厅130人
3#厅130人
5#厅180人
4#厅180人
1#厅300人
空调机房
影院大厅
上空
餐饮
11.200
百货
厨房

3层平面图

龙禧回龙观

项目地点：北京
设计单位：三磊建筑设计有限公司
建筑面积：43 000 m²

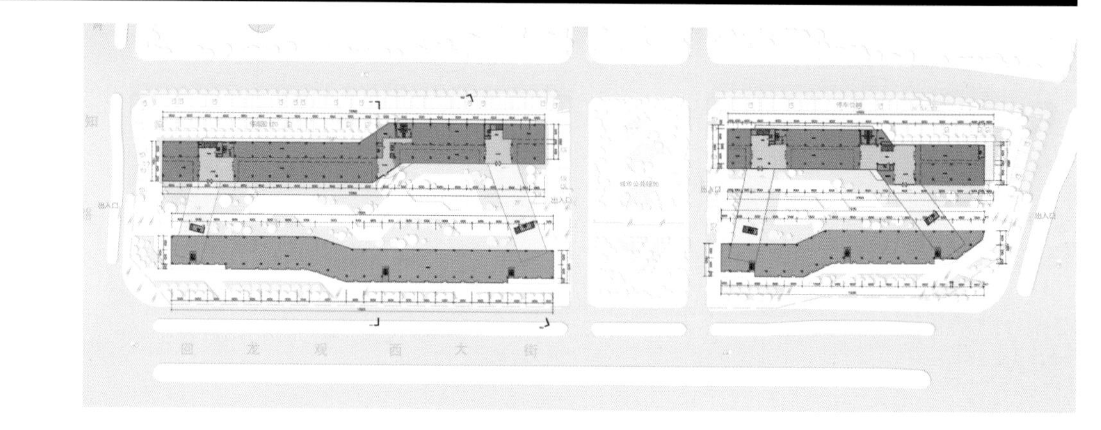

本项目的建筑灵感来源于飞舞的彩带，取其飞扬、优雅的特点作为建筑形式语言的来源。致力于塑造活泼而引人入胜的临街商业广场，最大限度地为来往客流提供停留驻足空间。将内庭园与办公空间三围交织，营造舒适宜人的办公环境，本项目将为回龙观地区新增一个对回龙观西大街重要的地标性建筑物。

在基地南面临近回龙观西大街的地方布置商业，商业价值高，而在基地北面布置7层的有办公功能的体量。利用基地中间形成的庭院创造良好的空间氛围，首层功能为入口大厅、办公、设备用房等，2~7层功能为办公、会议、设备用房等，办公楼地下1层作为储藏、设备用房。

WORKSHOP
BURBERRY
达芙妮 DAPHNE
SWAROVSKI

VICTORY PLAZZA
VERO MODA
ARMANI

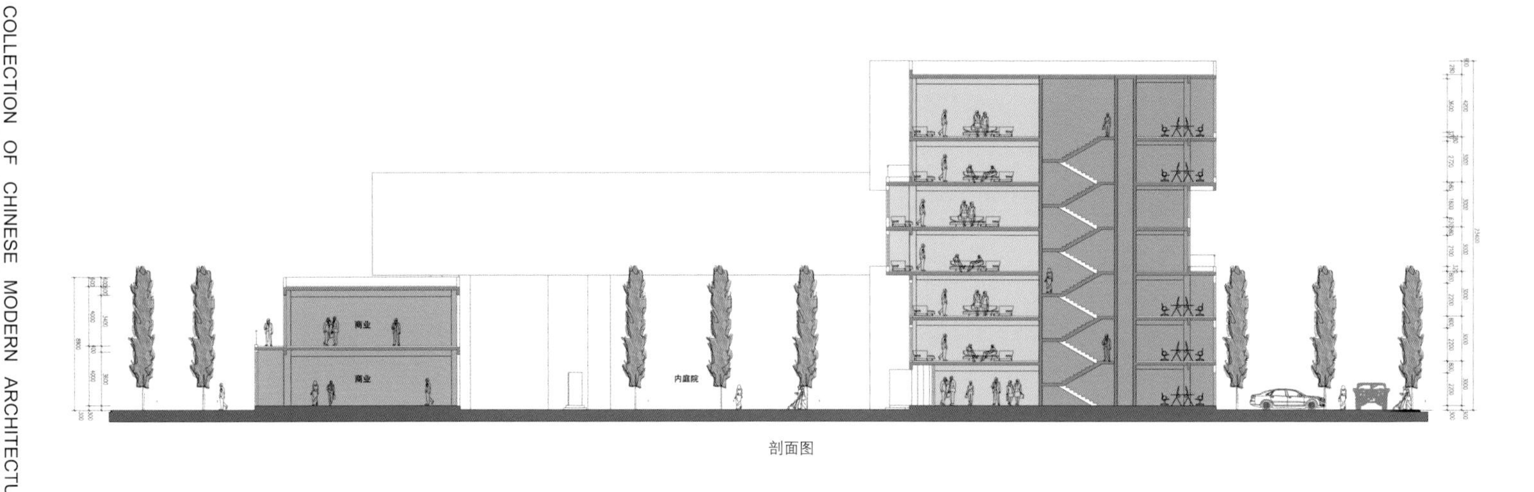

剖面图

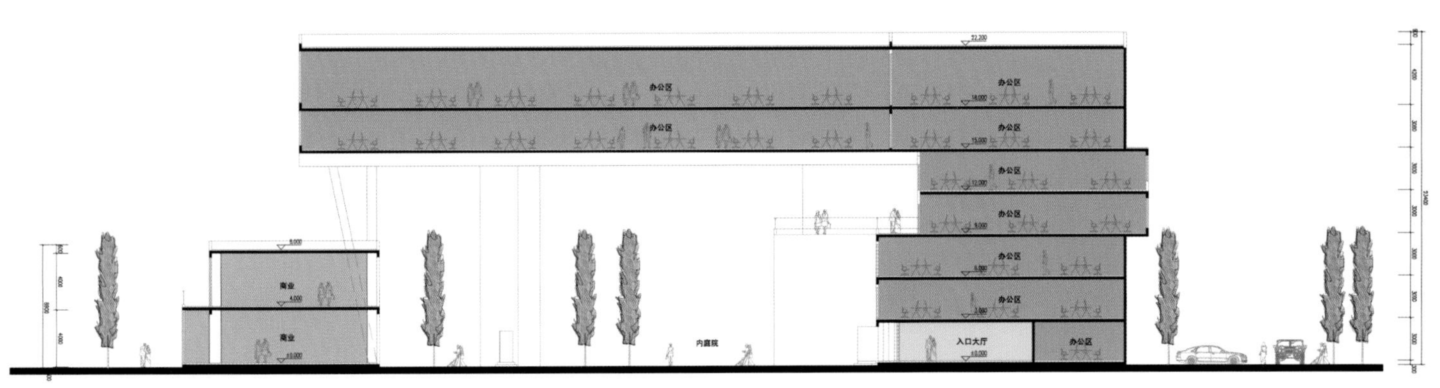
22.200
办公区
办公区
18.000
办公区
办公区
15.000
办公区
12.000
办公区
9.000
办公区
6.000
办公区
3.000
8.000
商业
4.000
商业
±0.000
内庭院
入口大厅
±0.000
办公区
剖面图

北京绿地中央广场

项目地点：北京
设计单位：英国UA建筑设计有限公司
用地面积：40 086 m²
建筑面积：224 202 m²
设计时间：2010年

北京绿地中央广场位于北京市大兴新区兴华大街以东，后高路以南，兴丰大街以西，金星西路以北；地块中央被新凤河河道穿越。该项目总用地面积为40 086平方米，总建筑面积224 202平方米，容积率3.5。

本地块位于北京五环边，距离市中心仅有15公里左右，交通便捷；另有规划建设中的北京地铁4号线延伸段（原为大兴线）通过，地块内设有金星路站2号、3号口两个地铁出入口，将承载未来巨大的地铁客流。西侧用地，即A地块为纯商业金融用地，主要由四栋高层及其裙房商业构成。东侧地块，即B地块为混合用地，主要由一栋高层青年公寓、一栋5层俱乐部、一栋4层大型商业综合体构成。

本项目的规划定位是建立地区性中心，是对大兴新区有力的发展和升华。结合地块，总体上将五栋高层有序分布，中心商业广场、下沉商业广场、地下精品休闲街、地上商业综合体，形成点→线→面的商业区，把河道两岸有机联系起来，相互促进商业消费，共同塑造了一个和谐完整的商业金融综合体的形象。

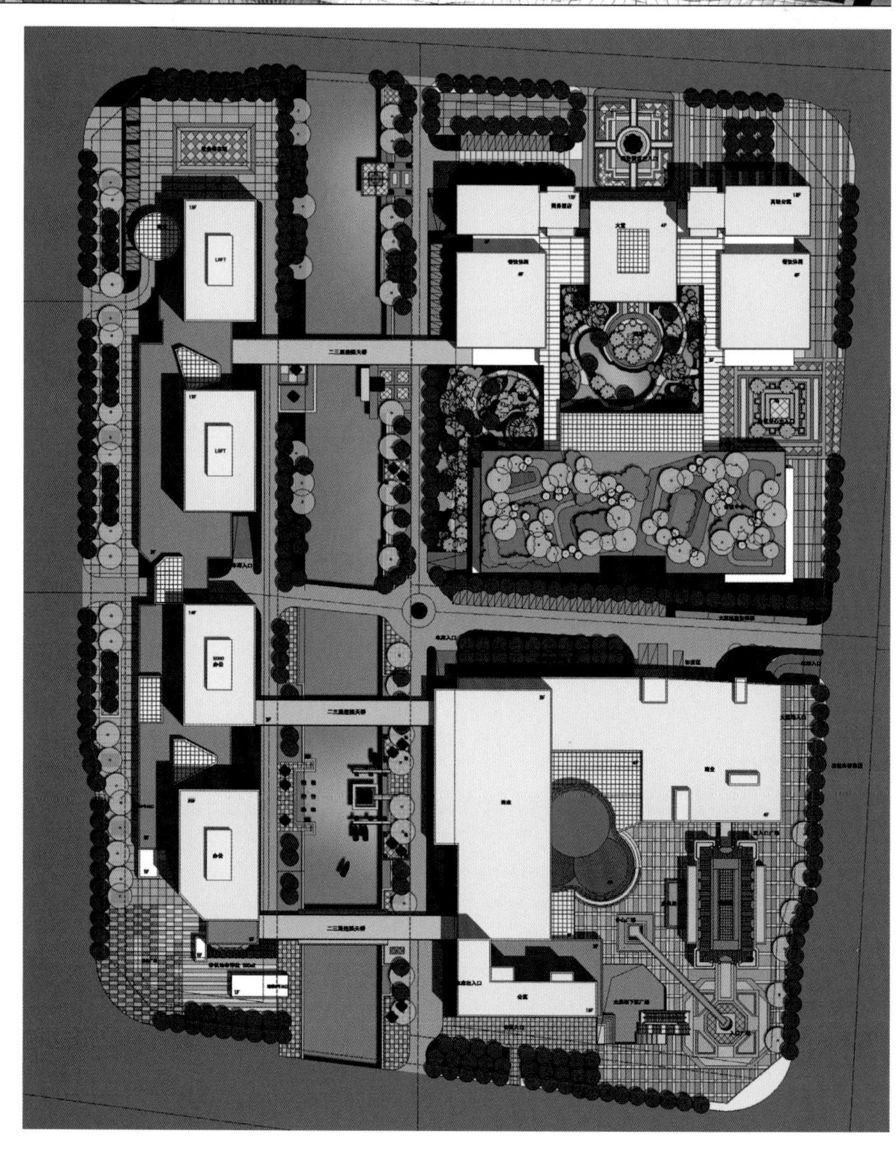

OMEGA
LOEVE

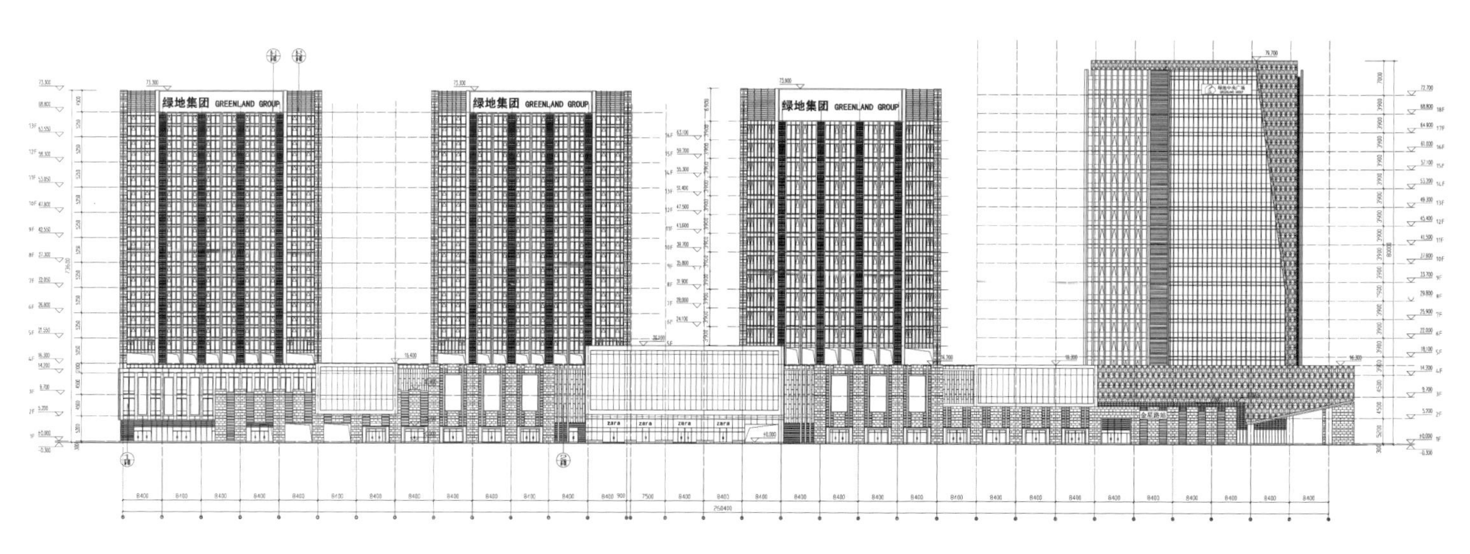
绿地集团 GREENLAND GROUP
绿地集团 GREENLAND GROUP
绿地集团 GREENLAND GROUP

沿街立面图

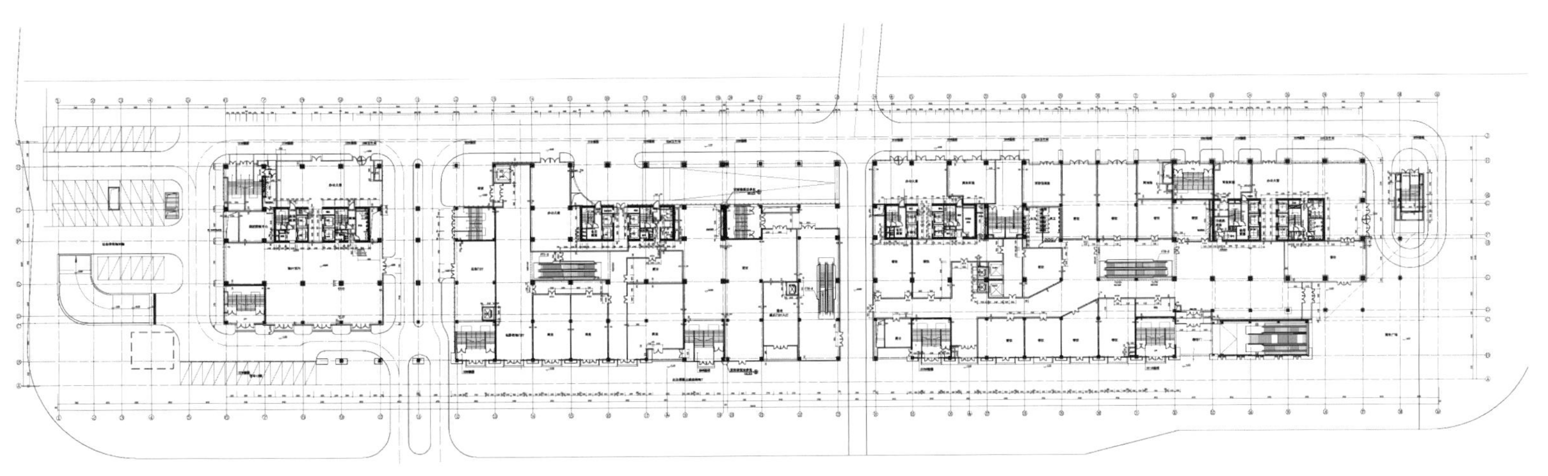

A地块1层平面图

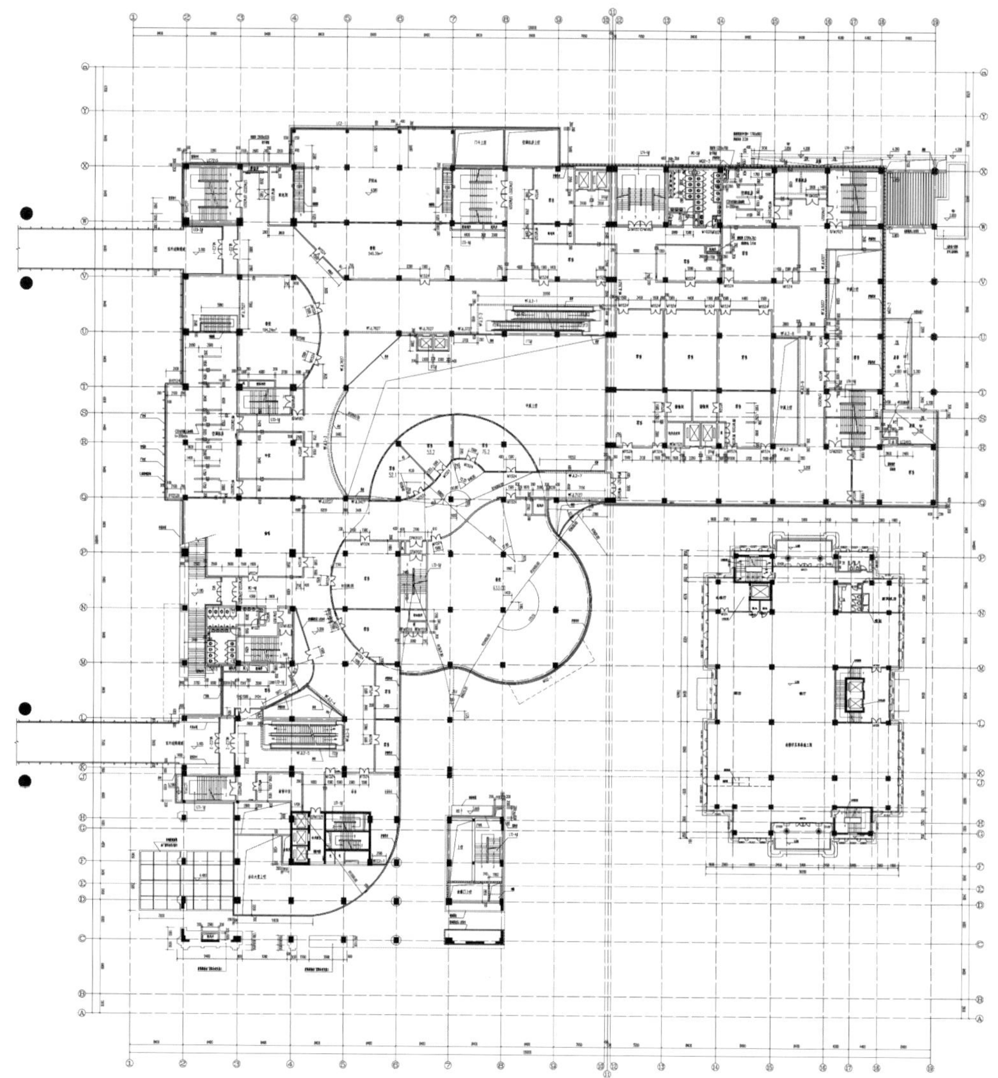

B地块2层平面图

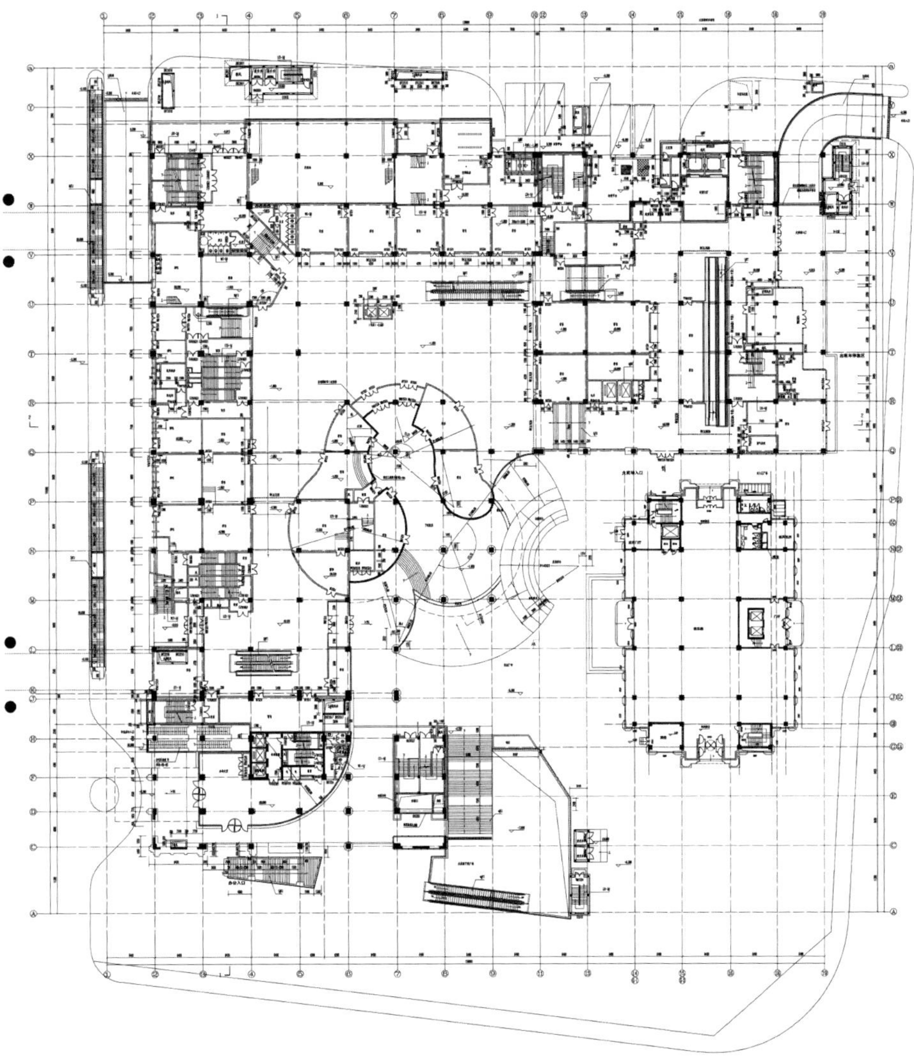

B地块1层平面图

商业建筑
COMMERCIAL SPACE

Bagel
KOLLBRUNNER

MADIO TRUST KTV

洛阳正大国际城市广场暨市民中心

项目地点：洛阳
设计单位：艾斯弧建筑规划设计咨询有限公司
项目时间：2010年

项目立足于宏大的城市尺度和对洛阳历史文化的解读，最终确立“千年帝都、牡丹花城”的设计理念，计划打造一个大气活跃、日益进取的洛阳城市客厅。项目规整的布局传承中国千年的帝都格局，具有活跃的水系景观、连廊平台；牡丹馆建筑充分对市民开放，标示着洛阳牡丹花城的特点。

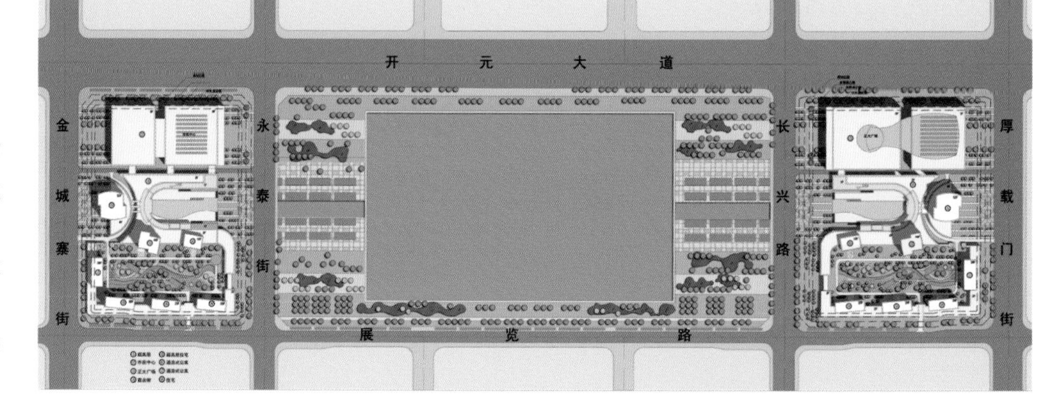

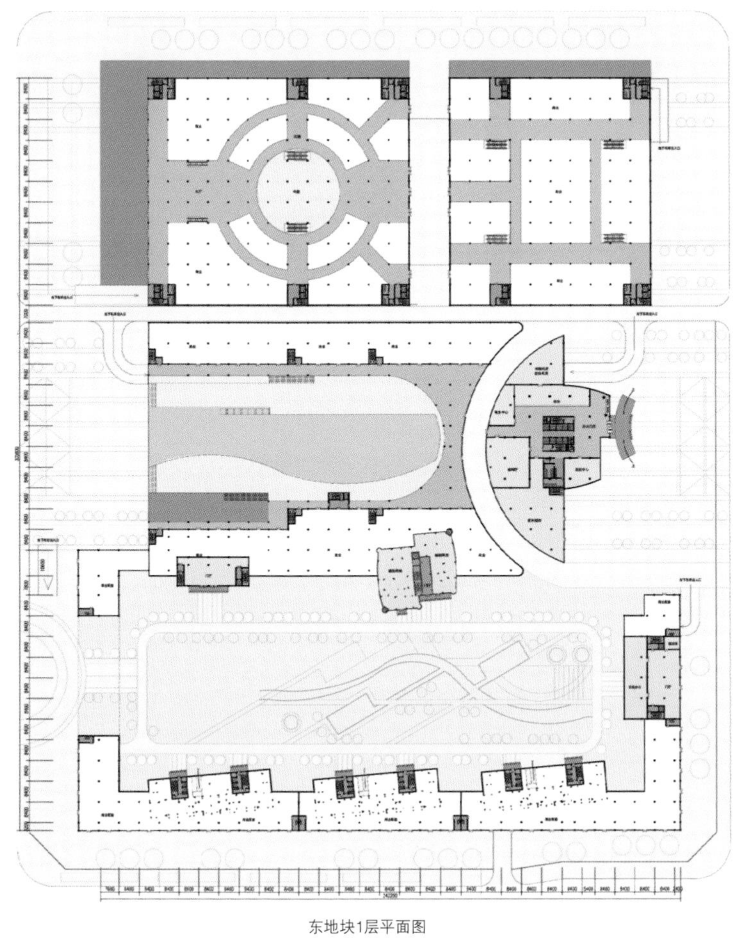

东地块1层平面图

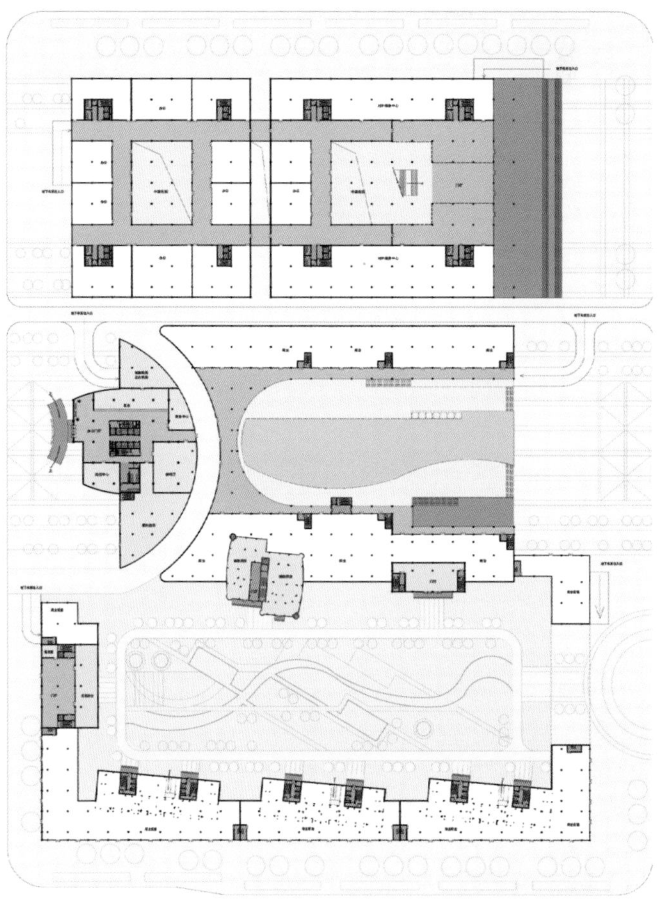

西地块1层平面图

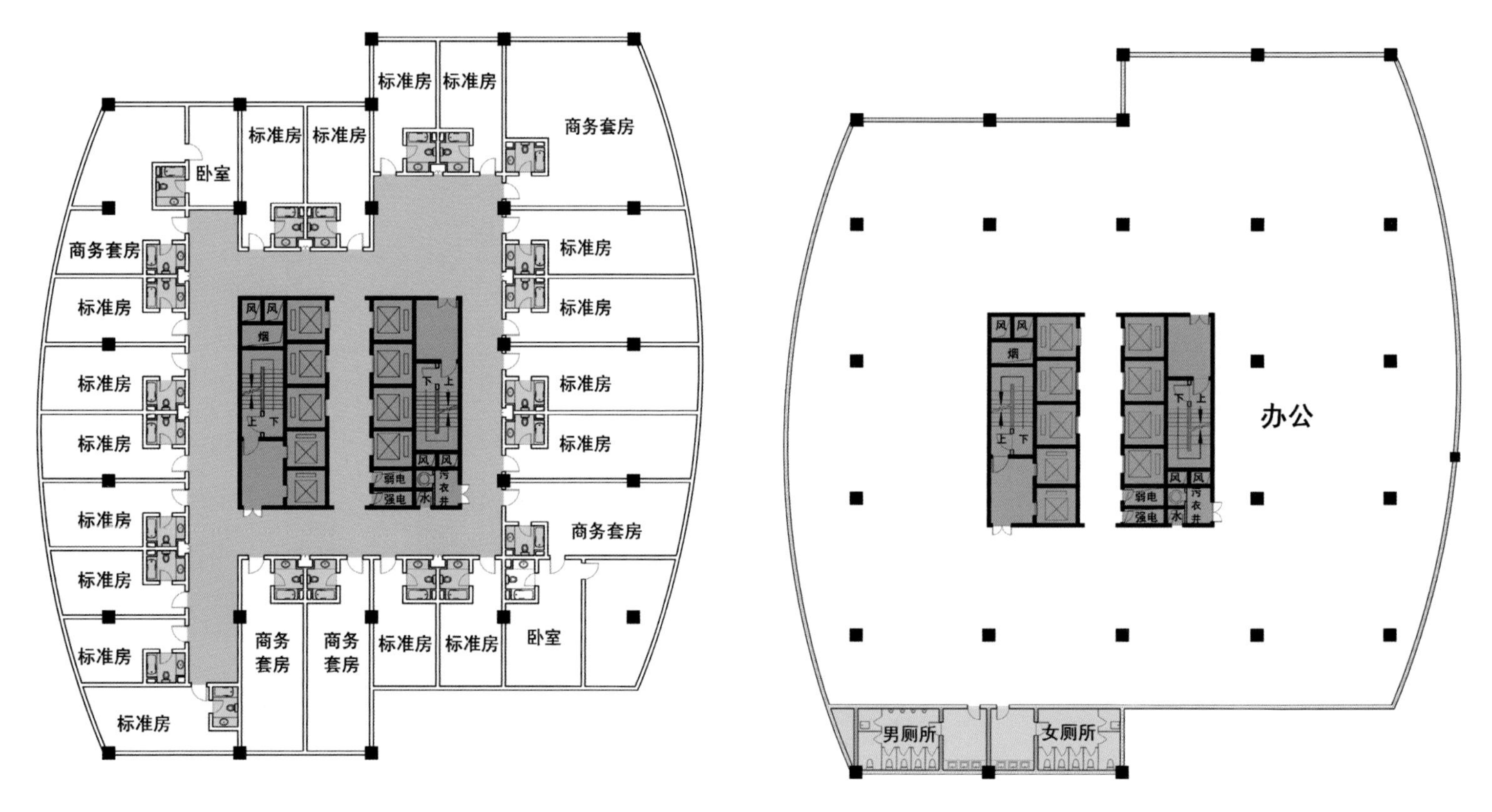

酒店标准层平面图

写字楼标准层平面图

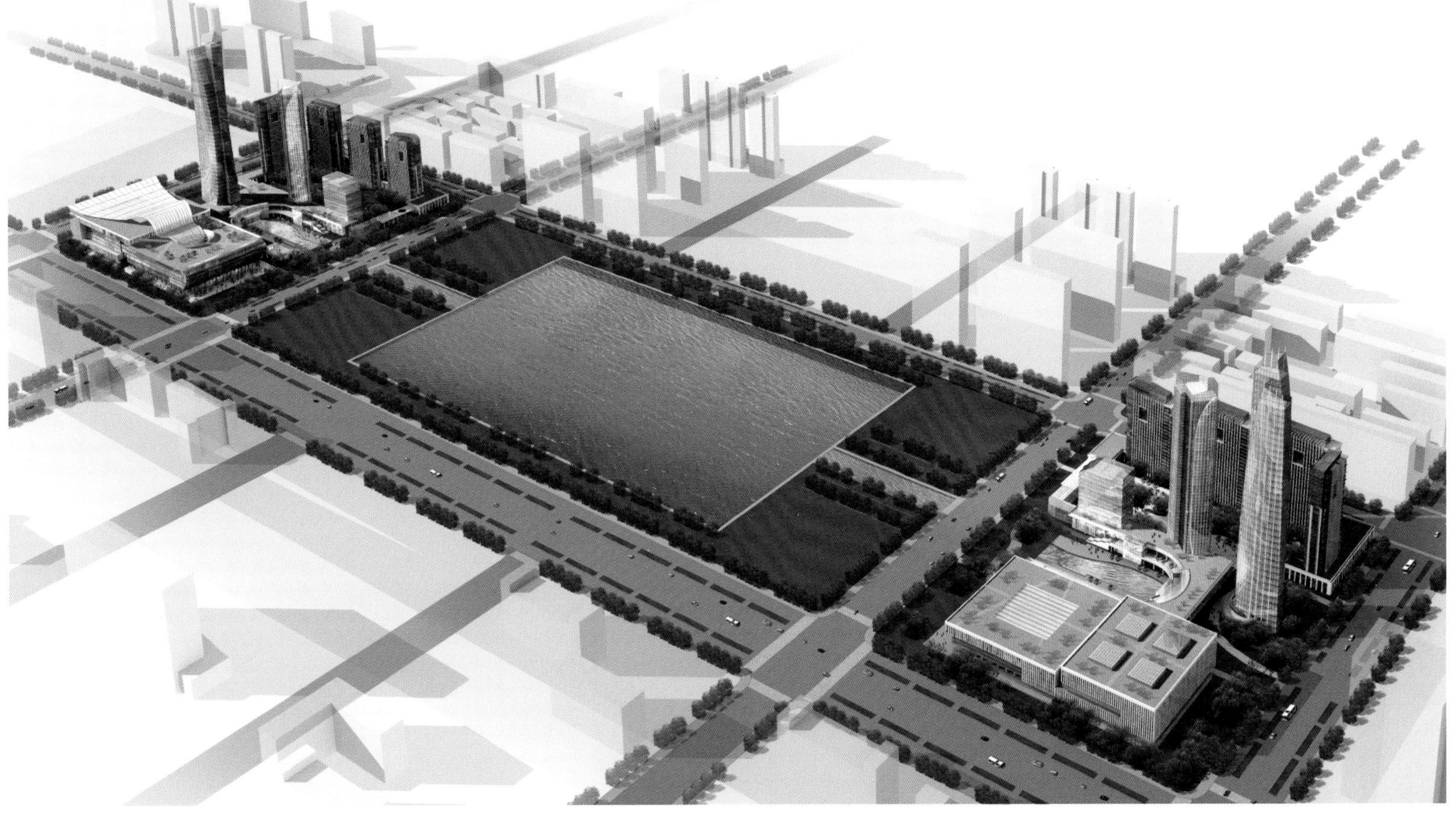

vodafone
STARBUCKS COFFEE

LONGINES

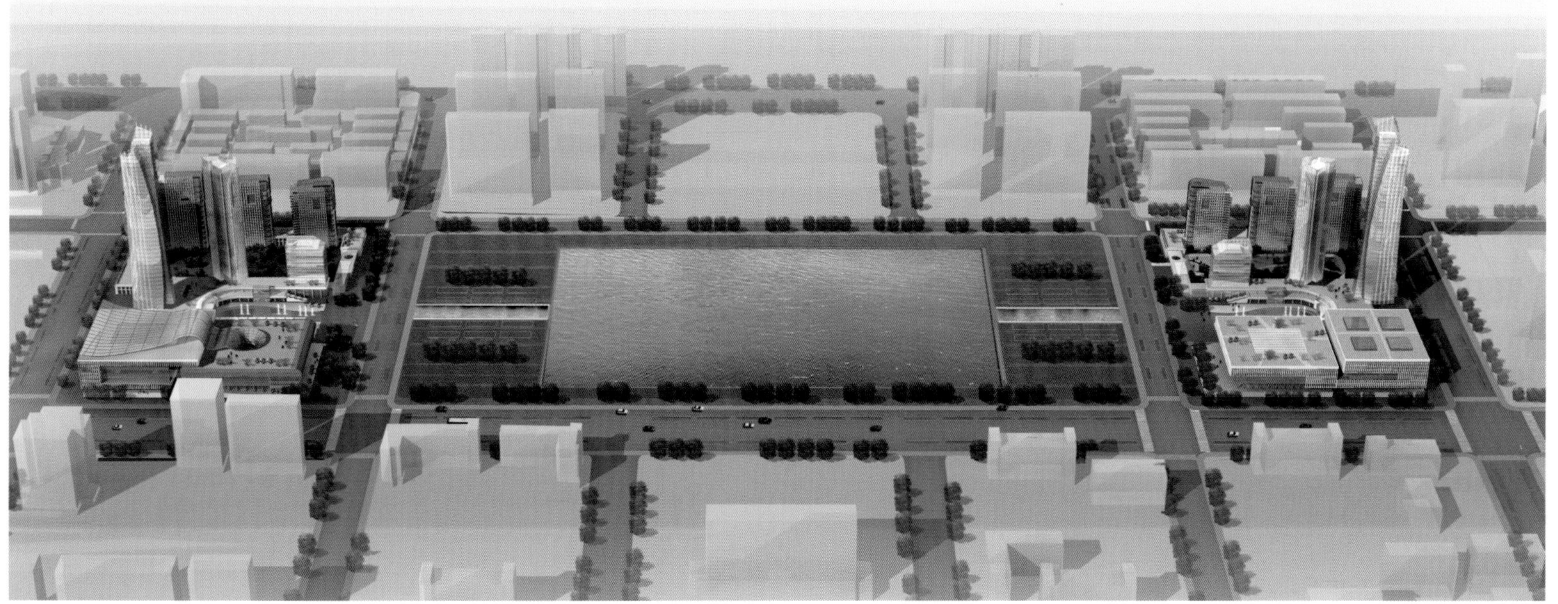

金地沈阳滨河国际

项目地点：沈阳
业　　主：沈阳金地房地产开发有限公司
设计单位：北京墨臣建筑设计事务所
项目规模：115 000 m²
状　　态：设计中

编号		名称	单位	技术指标	备注
1		总用地面积	m2	25818	
	其中	A地块+B地块	m2	18551	
		C地块	m2	7267	
2		地上总建筑面积	m2	68880	
	其中	A地块+B地块	m2	52100	
		C地块	m2	16780	
3		地下总建筑面积	m2	27022	
	其中	A地块	m2	5678	
		B地块	m2	13673	
		C地块	m2	7671	
4		容积率	-	-	
	其中	A地块+B地块	-	2.81	
		C地块	-	2.31	
5		建筑密度	%	66	
6		绿地率	%	25	
7		机动车停车	辆	677	
		地上停车	辆	111	
		地下停车	辆	566	
	其中（其中）	A地块	辆	97	
		B地块	辆	312	
		C地块	辆	157	

经过对用地和周围环境的缜密分析，以及对委托方对项目商业定位的考量，我们试图从整体城市、群体组团、建筑节点这三个层面来诠释建筑。我们的设计策略也是沿着这三个层面，从大到小层层递进，最后形成一套完整的设计思路。

城市策略。本项目位于沈阳浑南新区，紧邻沈抚大道，是进入沈阳的门户，作为体量比较巨大的建筑，首先不可忽视其对城市的影响和贡献。项目应展示城市形象，体现城市标志性。

群体策略。周边汇集大量住宅小区，因而对其自身而言，要进行有机的组织协调。根据不同功能划分若干体块，遵从一个设计原则体现分与合之间的有机统一。

高层部分强调挺拔的城市感，主要以大气简洁的立面手法为主，顶部局部加以特殊处理，营造独特的天际线韵味。多层部分起到吸引人流、展现沿街商业氛围的重要作用。我们依然在设计上强调大气舒展，并重点强调两个主要入口，彰显商业入口的气势。

第五立面的精细化设计，采用屋顶绿化和屋顶场地相结合的方式，一方面让周围高层拥有较好的景观视野，另一方面提升整体建筑群的品质感。同时，屋顶绿化可以有效地抗辐射，节约能源。

节点处理。注重局部的特殊处理，特殊部位的特殊处理实现商业最大化。

总之，整体设计体现了我们对城市问题和商业模式的思考，巧妙结合并贯彻了委托方对商业地产项目的各种要求。

snaidero
Oregon
STARBUCKS COFFEE

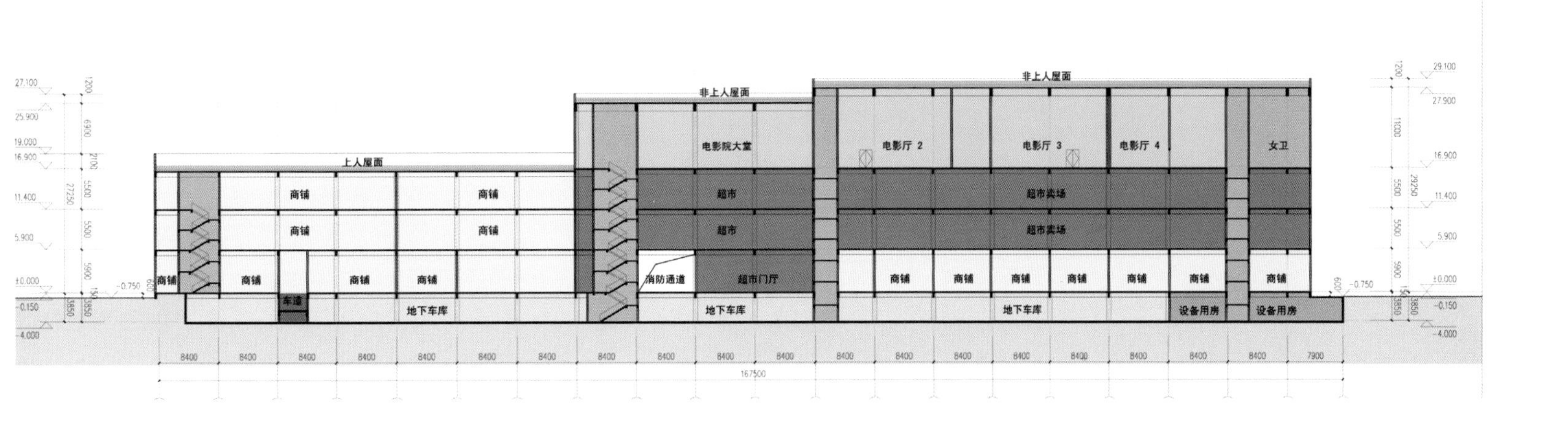
上人屋面
非上人屋面
非上人屋面
电影院大堂
电影厅 2
电影厅 3
电影厅 4
女卫
商铺
超市
超市卖场
消防通道
超市门厅
车道
地下车库
设备用房
167500

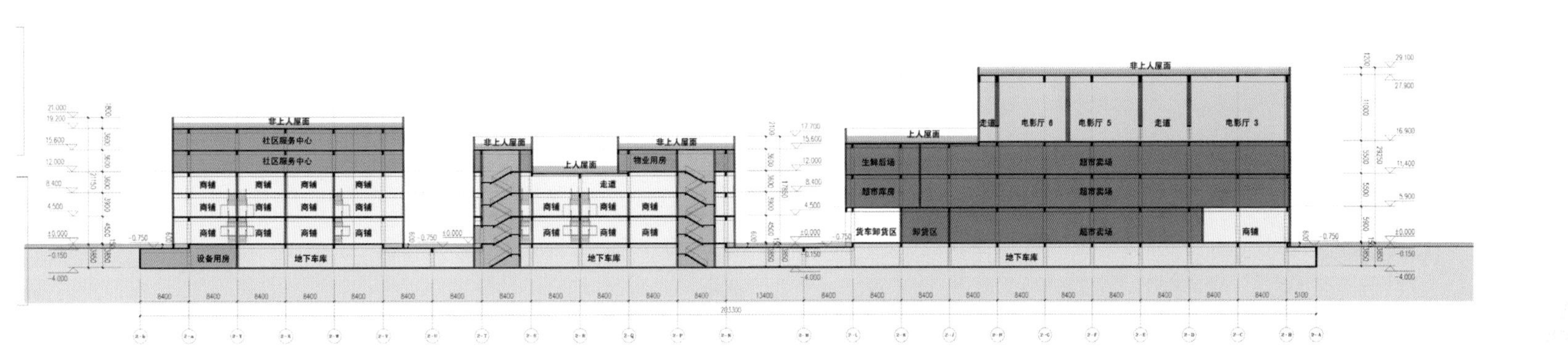
非上人屋面
社区服务中心
商铺
设备用房
地下车库
上人屋面
物业用房
走道
生鲜后场
超市库房
超市卖场
货车卸货区
卸货区
电影厅 6
电影厅 5
电影厅 3

SKY MOVIE
Dior

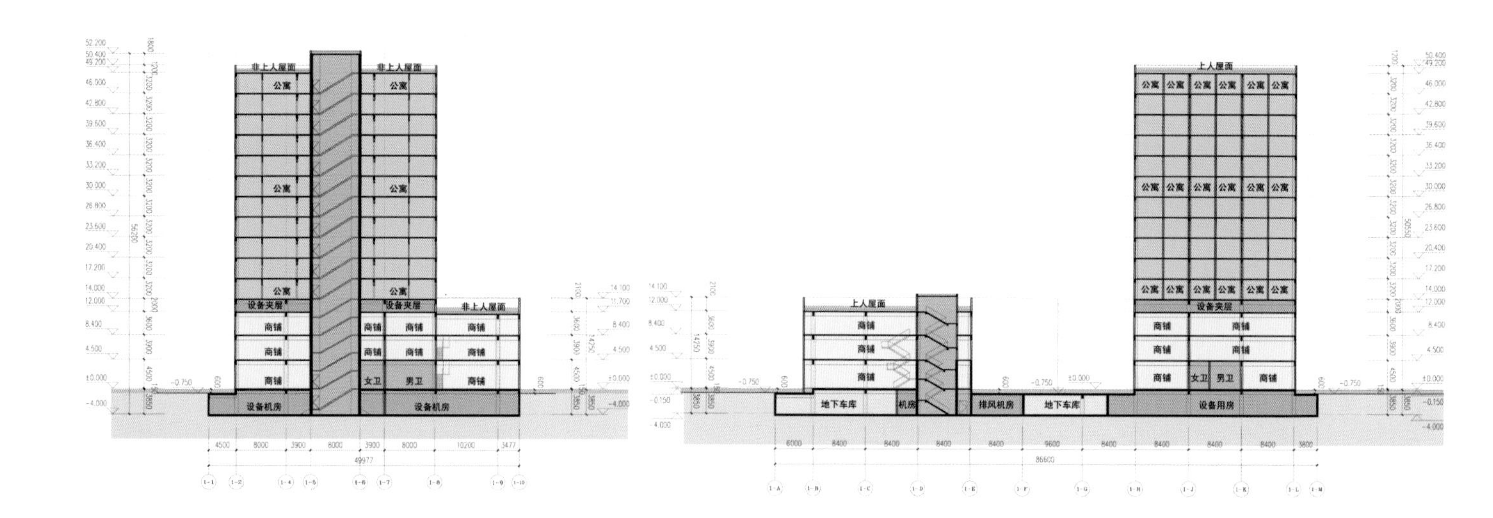
非上人屋面
公寓
设备夹层
商铺
女卫
男卫
设备机房
上人屋面
地下车库
机房
排风机房
设备用房

剖面图

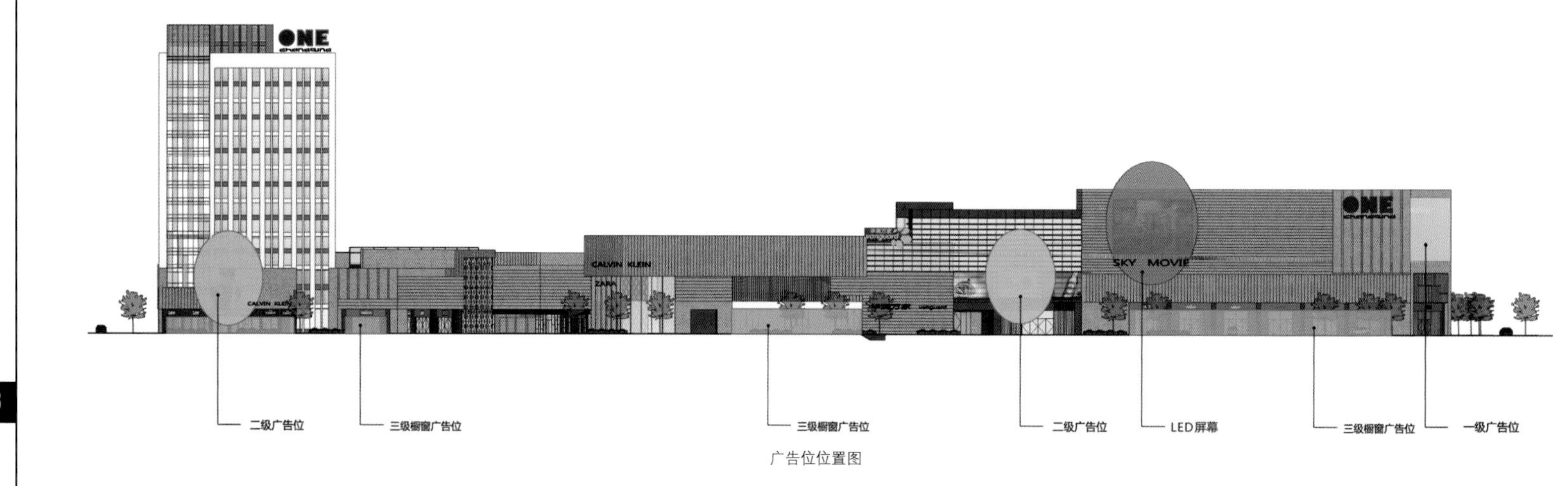
ONE
CALVIN KLEIN
ZARA
SKY MOVIE
二级广告位
三级橱窗广告位
三级橱窗广告位
二级广告位
LED屏幕
三级橱窗广告位
一级广告位

广告位位置图

1层平面图

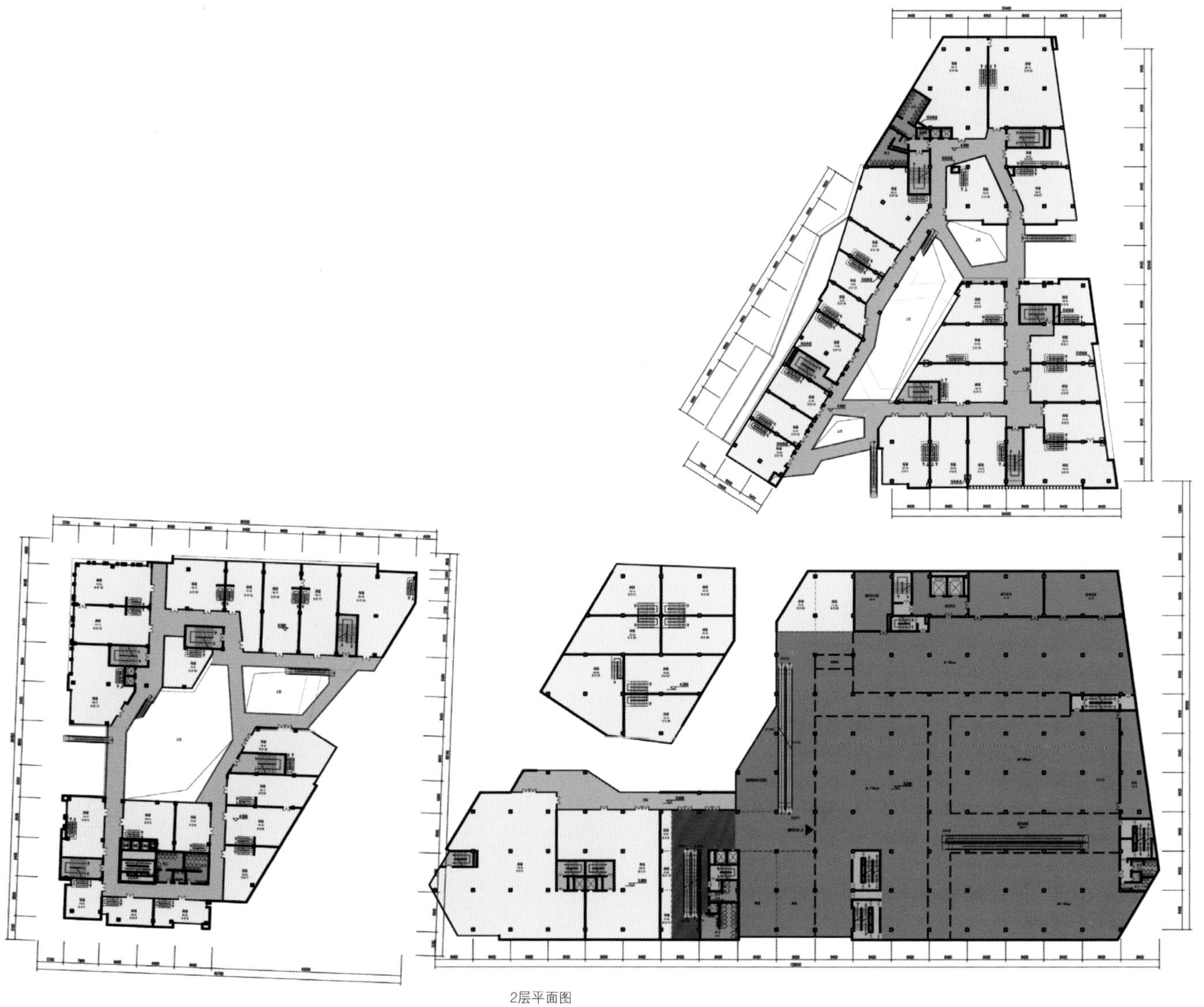

2层平面图

ONE
SKY MOVIE
Dior
Lee

CHANEL
CHANEL

STARBUCKS COFFEE
STARBUCKS COFFEE
STARBUCKS COFFEE
STARBUCKS COFFEE

Oregon
OMEGA
SKY MOVE

agnes b.
agnes b

ONE
SKY MOVIE
ZARA

Oregon
sky move
ONE

连云港苏宁广场

项目地点：连云港
业　　主：连云港苏宁置业有限公司
设计单位：UDG联创国际
基地面积：21 819 m^2
建筑占地面积：11 813 m^2
建筑面积：212 991 m^2
建筑容积率：7.2
设计时间：2009年8月—2010年12月

该项目因其重要的地理位置及在当地首屈一指的规模，将成为连云港市的中心新地标。项目由8层高的商业裙房、41层的酒店及公寓塔楼，以及两幢27层的住宅三部分组成；地下部分为3层。

因地块环境限制，设计中最大的难点是如何将多种交通流线合理安排。设计师除了在1层尽可能将交通流线分开设计外，更通过与地下交通相结合，以三维方式将其分散到地下各层解决，最大限度地将外部与内部人流分开、货运与人员流线分开。

建筑平面设计，经过细致的推敲，商业内部"碗形"空间特点鲜明，成为具有吸引力的商业场所，同时注重避免商业死角产生，最大限度地提高其商业价值；住宅部分充分利用自然与人文景观的同时，强化了私密性；酒店公寓部分则在满足功能的同时提升其品位，使之与项目定位最大限度地契合。

立面设计，隐喻出连云港市"东海明珠"的城市特点，在造型上表达了"东海之帆"的概念。简洁的塔楼设计不乏细节，高层商业与之形成对比，创造出高品位的商业立面。

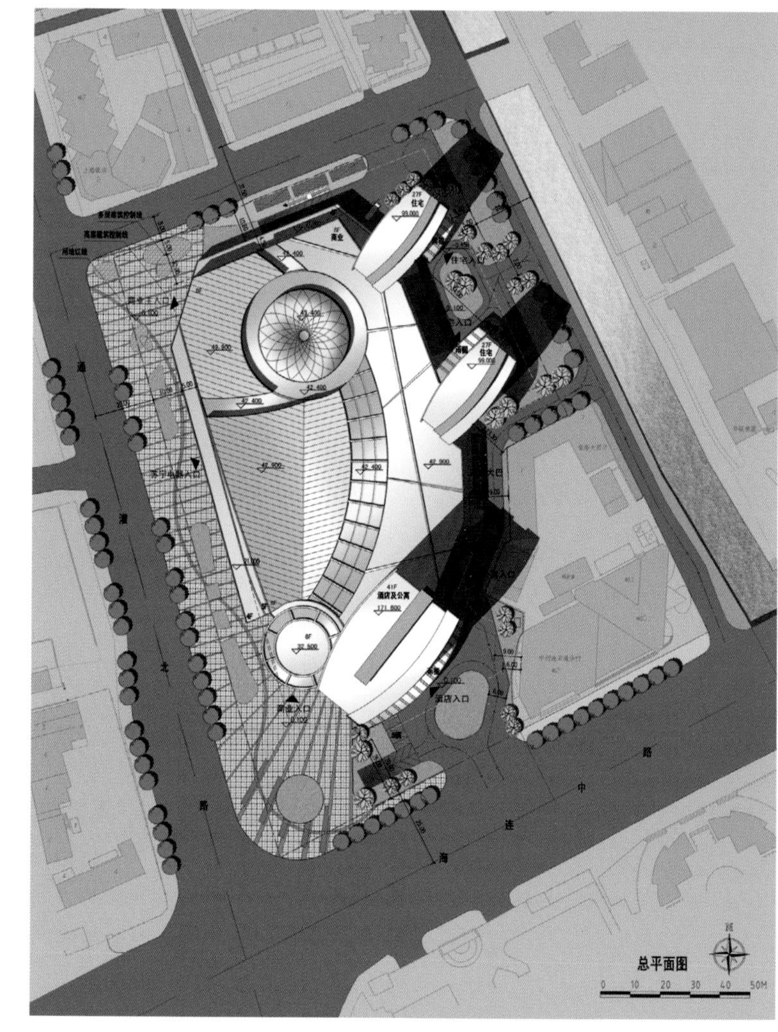

SOFITEL
SUNING
SUNING
LOUIS VUITTON

SOFITEL
SUNING
LOEWS
SHOPPING MALL
SUNING
TIFFANY&CO.

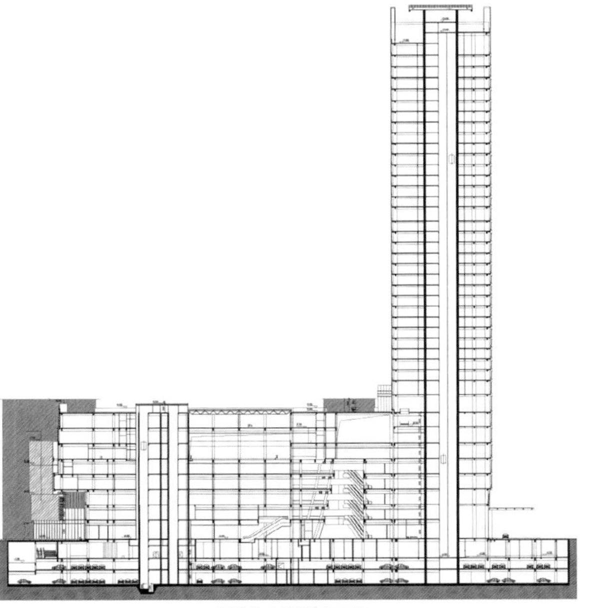

酒店公寓塔楼剖面图B

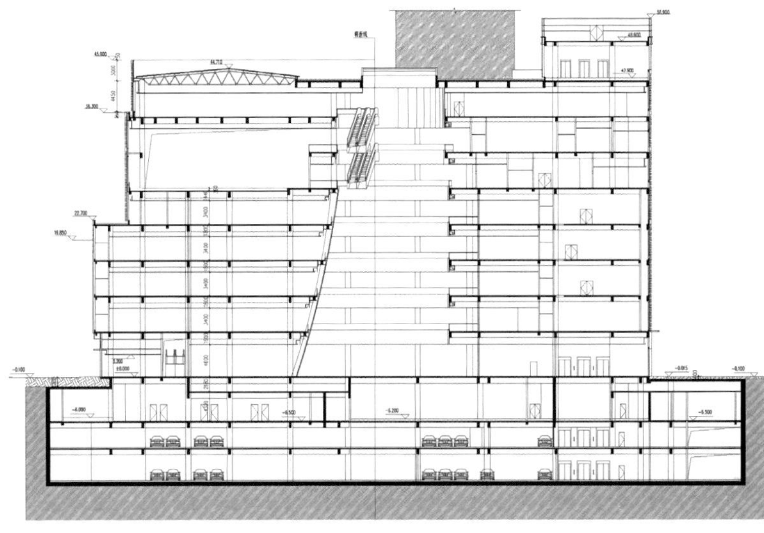

商业部分剖面图A

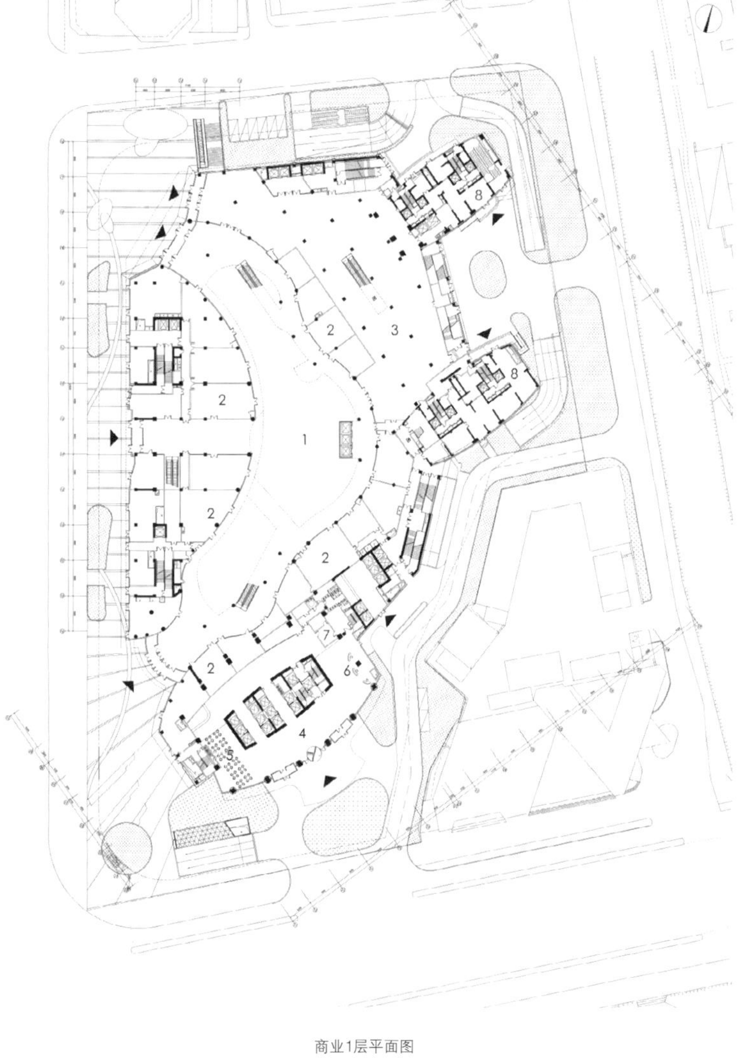

商业1层平面图

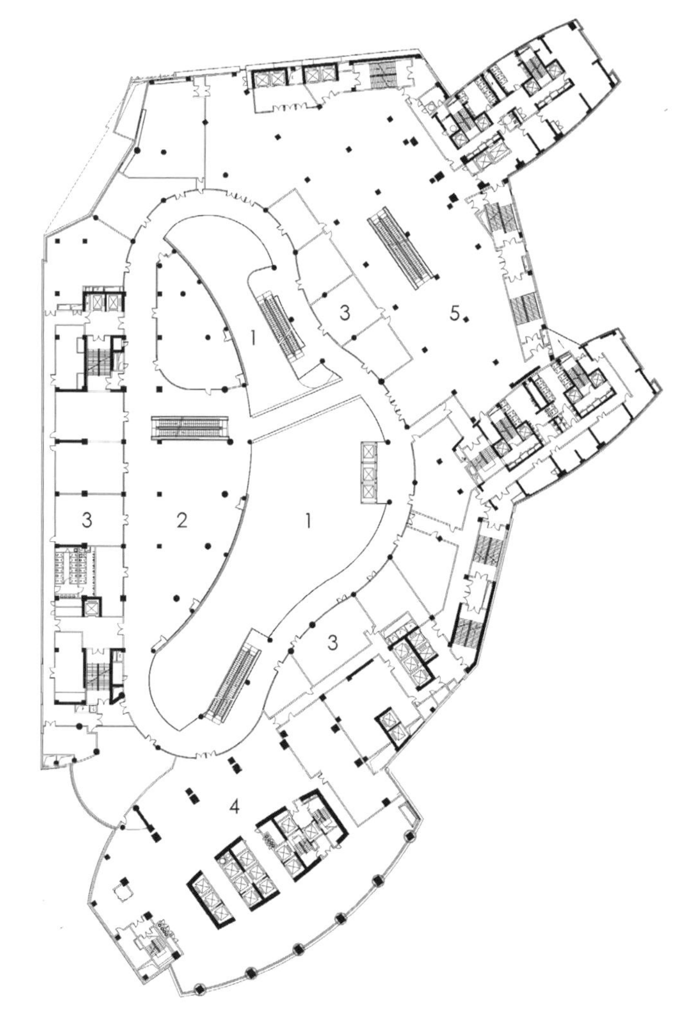

商业标准层平面图

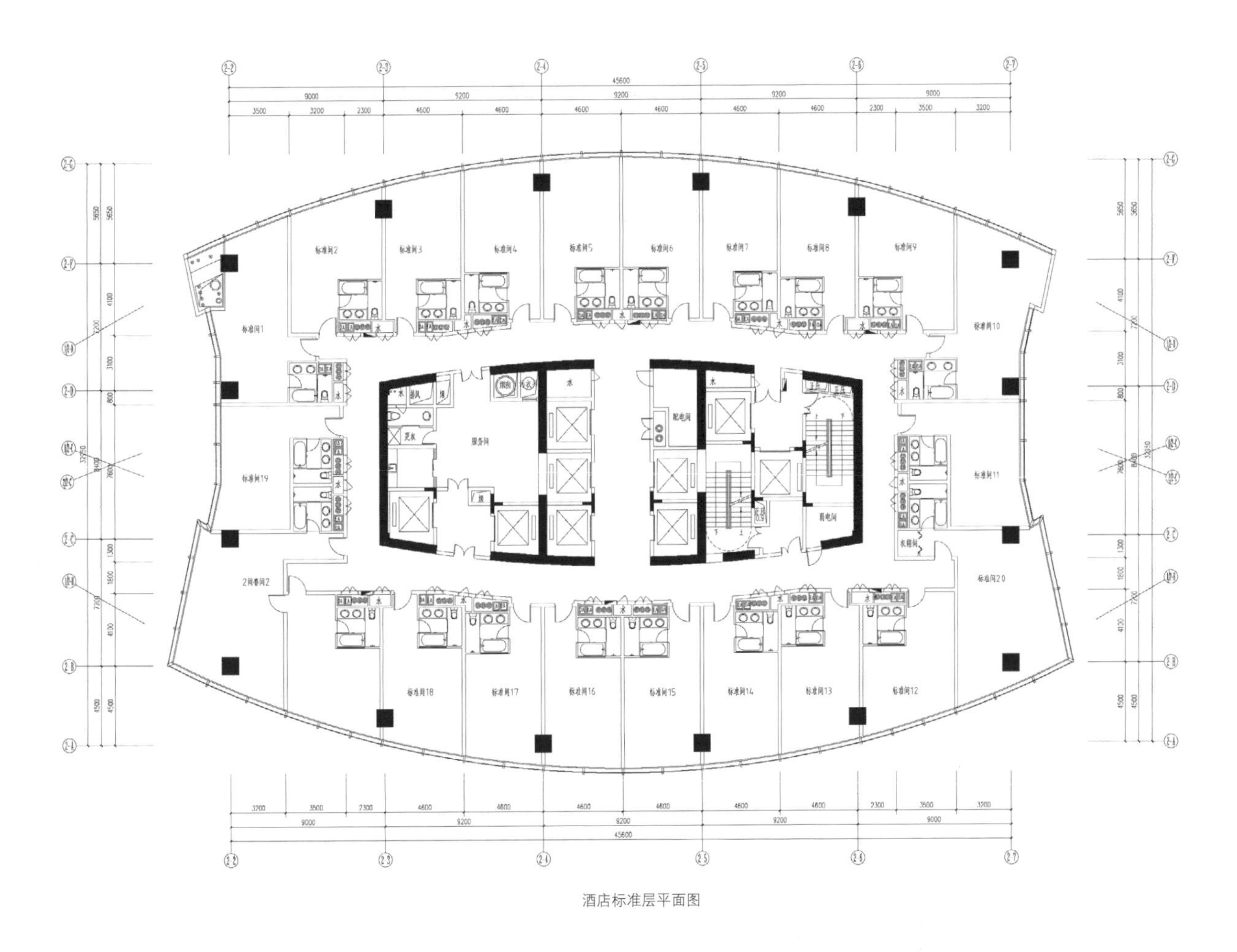

酒店标准层平面图

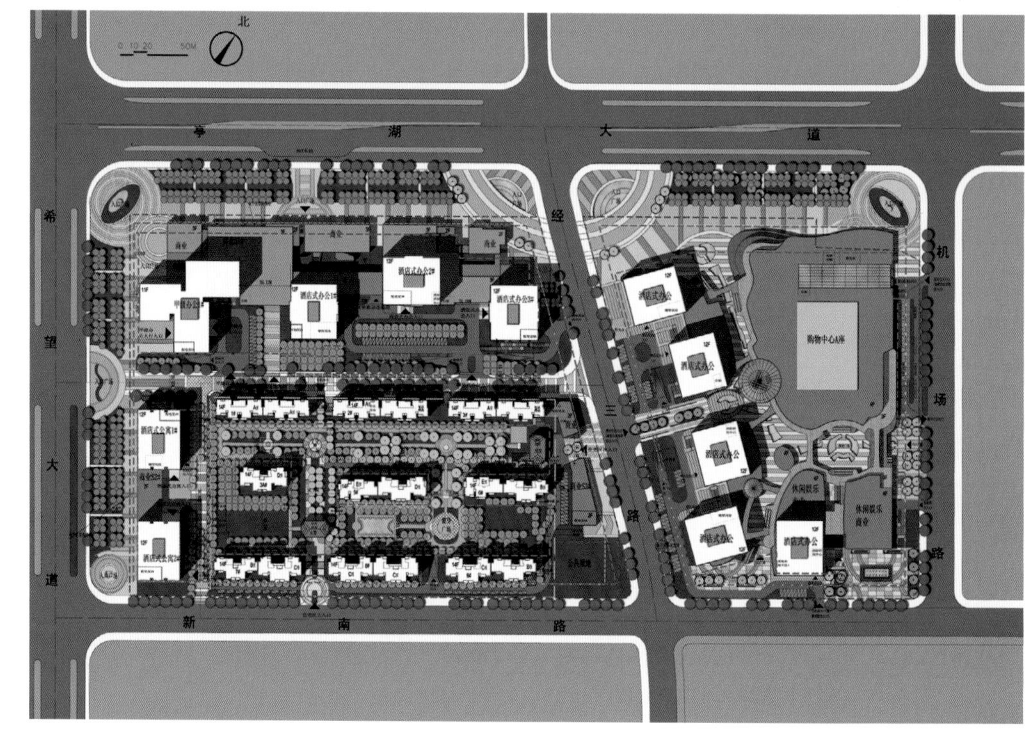

盐城亭湖新区1号地、2号地

项目地点：盐城
设计单位：英国UA建筑设计有限公司
1号地块
　用地面积：91 661 m²
　建筑面积：229 152 m²
　容 积 率：2.5
2号地块
　用地面积：55 661 m²
　建筑面积：153 420 m²
　容 积 率：2.8

1号地块是集商业、办公、住宅于一体的综合地块，位于用地的西北侧，沿亭湖大道展开，南到新南路，西到希望大道，东到经三南路。沿亭湖大道和希望大道为城市展示面，设置商业和办公，可以很好地打造商业场景，打造区域形象。住宅沿地块南侧布置，享受其最好的景观面。

2号地块位于盐城市东部交通的核心地段，北侧至亭湖大道，南到新南路，东到希望大道，西到机场路，是盐城市未来发展的门面地带、窗口地区。项目紧邻城市干道亭湖大道，是盐城市东推西进规划战略中的重要节点。

本案为打造出新的城市客厅，放眼于更高的城市创造层面。亭湖新区，作为盐城市东进工程主要开发区及河东片区的重要的大型综合商业区，拥有得天独厚的生态资本和深度发展潜力，新区整体交通畅达，包揽水陆空三方的便捷，使经济发展得到有力的推动，同时担负着引领周边、带动区域经济发展的任务，地位之重要不言而喻。

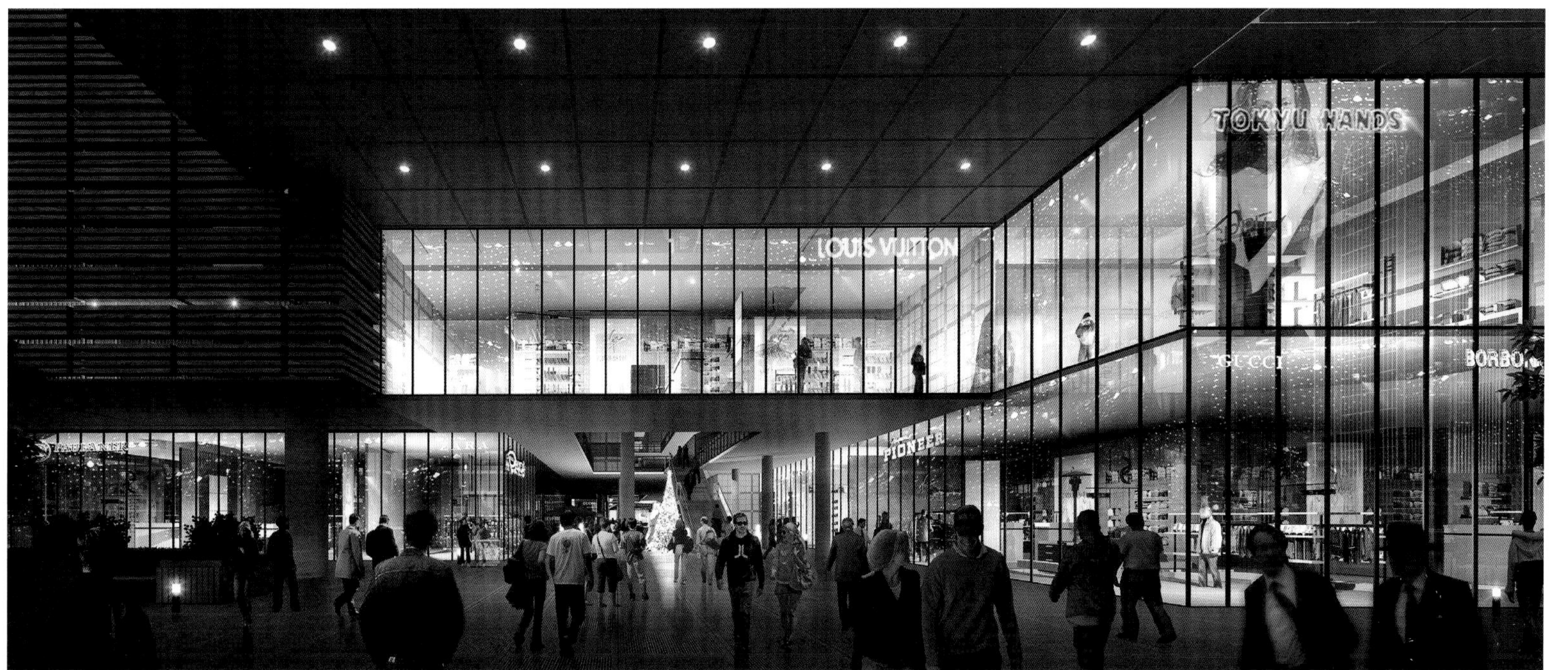

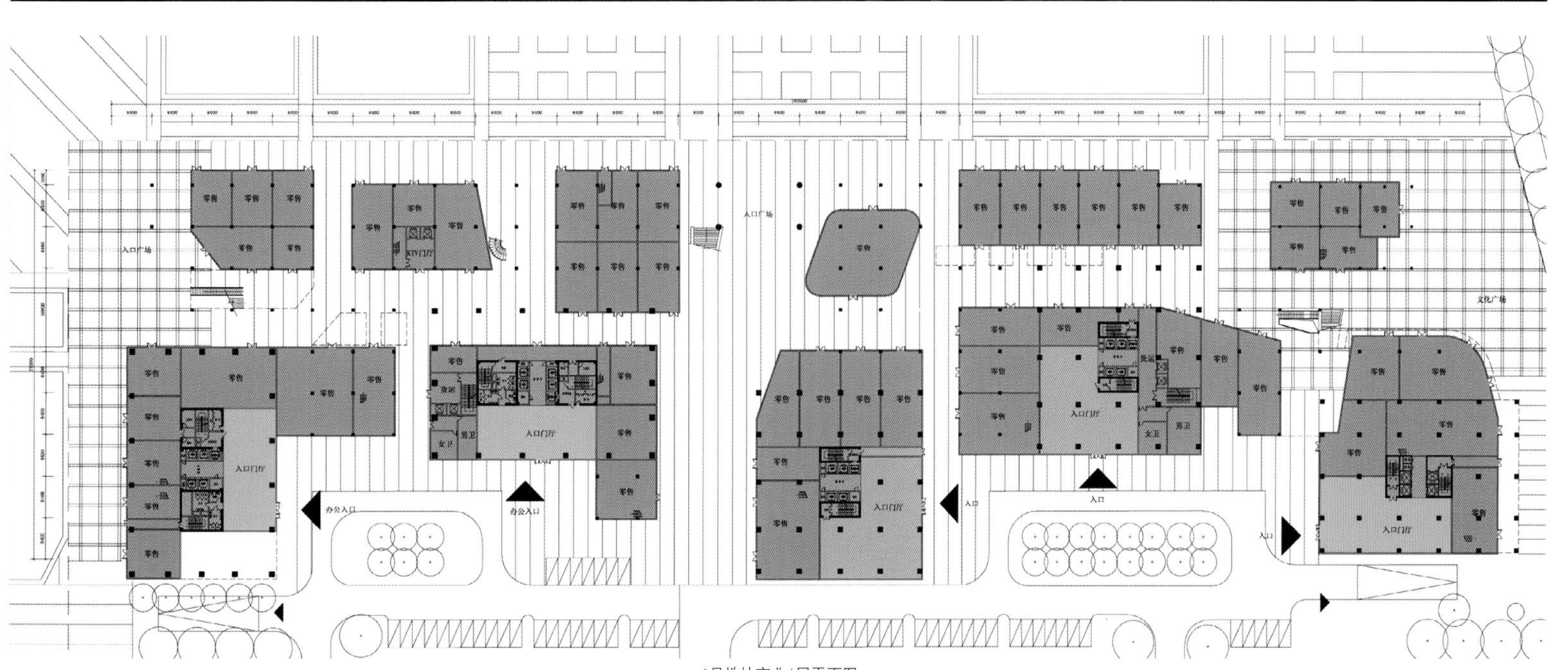

1号地块商业1层平面图

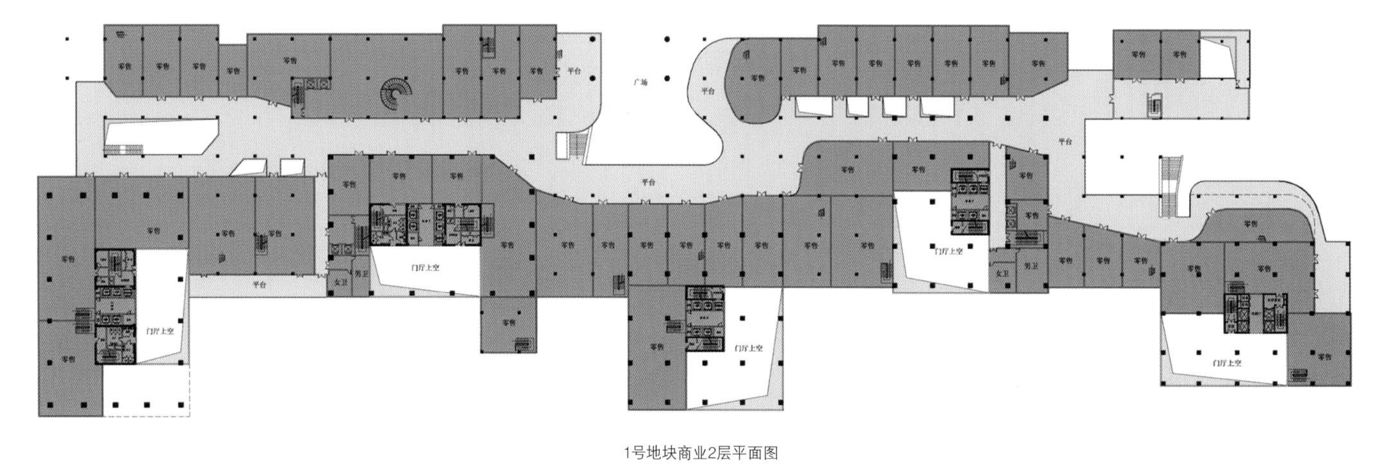

1号地块商业2层平面图

1号地块商业3层平面图

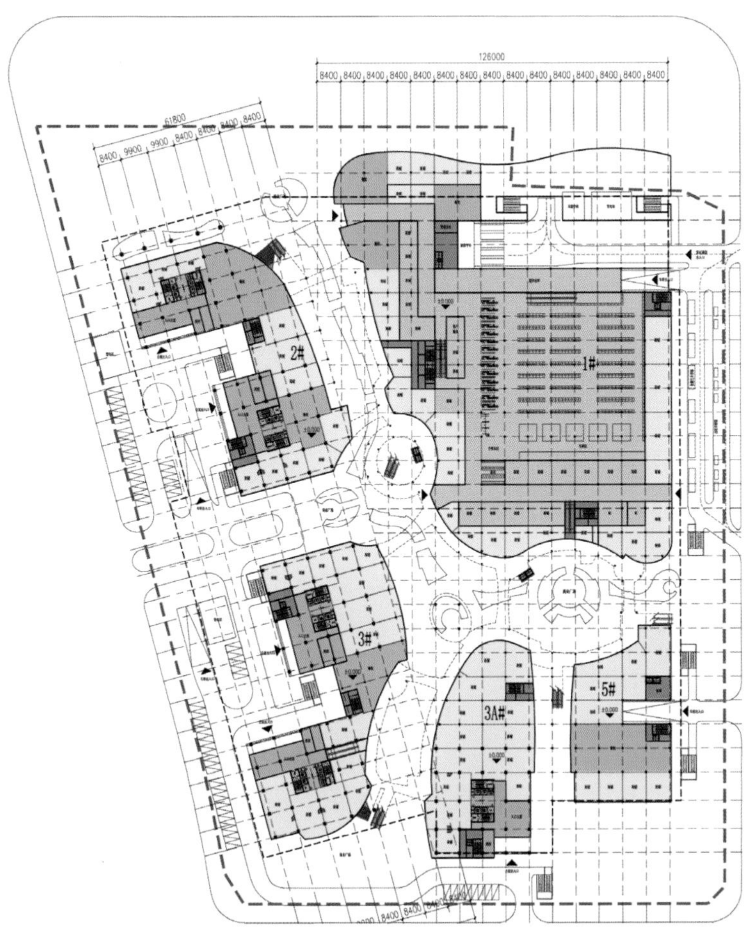

2号地块1层商业平面图

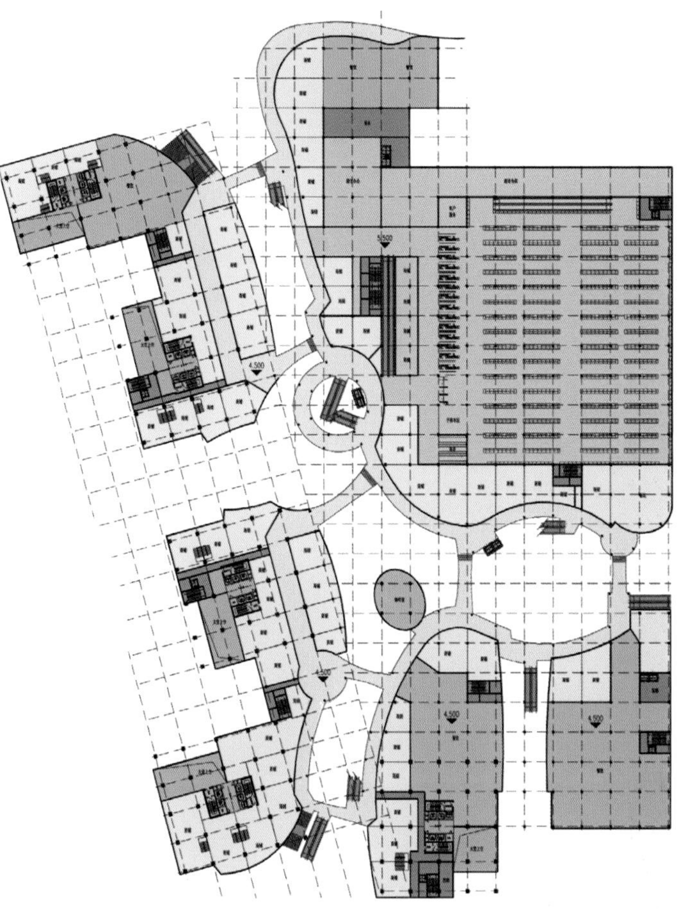

2号地块2层商业平面图

GIVENCHY
CAPRABO

GIVENCHY
CAPRABO
EDEN
CHANEL
Dior

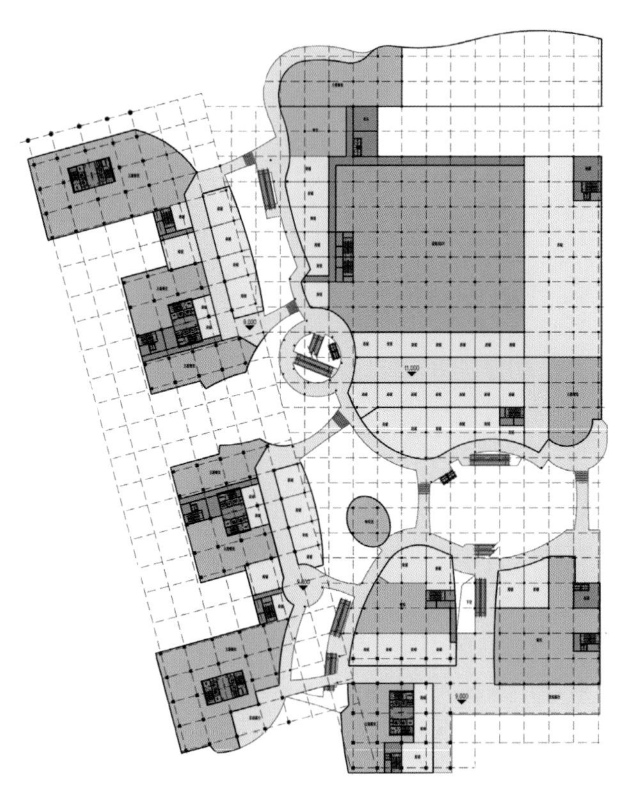
2号地块3层商业平面图

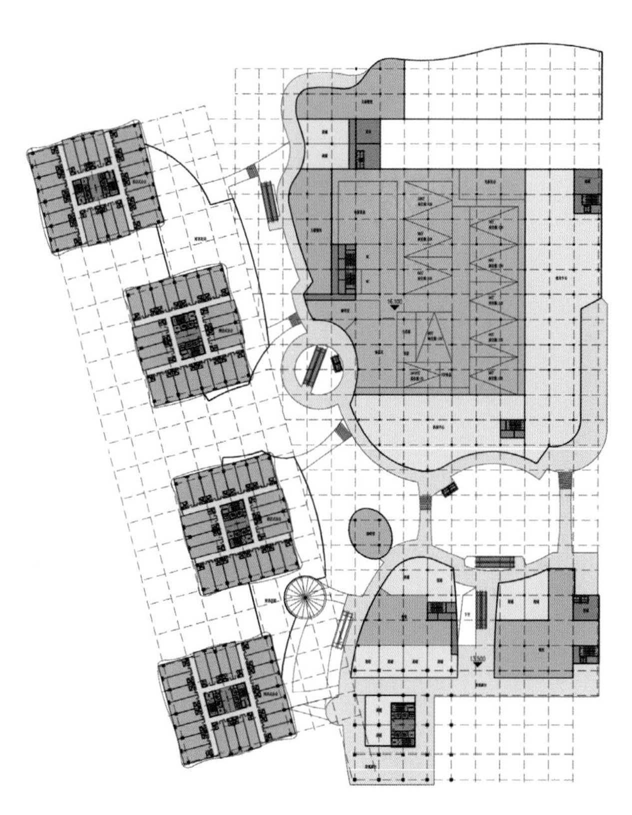
2号地块4层商业平面图

恩施福星城

项目地点：恩施
开发单位：湖北省恩施市小渡船区
设计单位：上海新外建工程设计与顾问有限公司
建筑面积：242 505 m²
设计时间：2010年
项目状态：在进行中

本项目位于湖北省恩施市小渡船区，项目三期东临清江，西至大桥路。地块道路通达，交通系统完善，北侧为小渡船大桥与市府路，南至施州大桥，东临清江，西至大桥路。清江，古称夷水。清江养育了一个特殊的民族——土家族，乃巴人祖先廪君繁衍并向外开拓的发祥地。“水色清明十丈，人见其清澄，故名清江。”因此我们把江水的形态运用到建筑设计之中，打造一个全新的设计理念，将商业与地方文化完美地结合起来，形成体验性、展示性、互动性相结合的商业形态。

在消防设计方面，商业部分在基地外围利用建筑退界设消防环道，并在基地内部设紧急消防通道。高层超高层塔楼均保证有一长边落地，作为消防扑救面，就近设消防登高场地。住宅部分在小区内设紧急消防环道，住宅塔楼保证一长边落地，作为消防扑救面，就近设消防登高场地。

商业景观以硬质铺装为主，结合景观座椅、灯具等小品设施，创造出舒适宜人的商业场所，烘托出现代的充满活力的商业氛围。结合商业建筑的排布及商业出入口，形成景观广场放大节点，丰富了景观空间，提供给购物者更丰富多样的游憩休闲活动体验。尺度不一、特色各异的景观节点广场通过商业街的连接，相互渗透和呼应，形成地块景观主轴，与居住小区以绿化为主的私密景观次轴相对应，贯穿于人们的商业活动始终。

大桥路沿街立面图

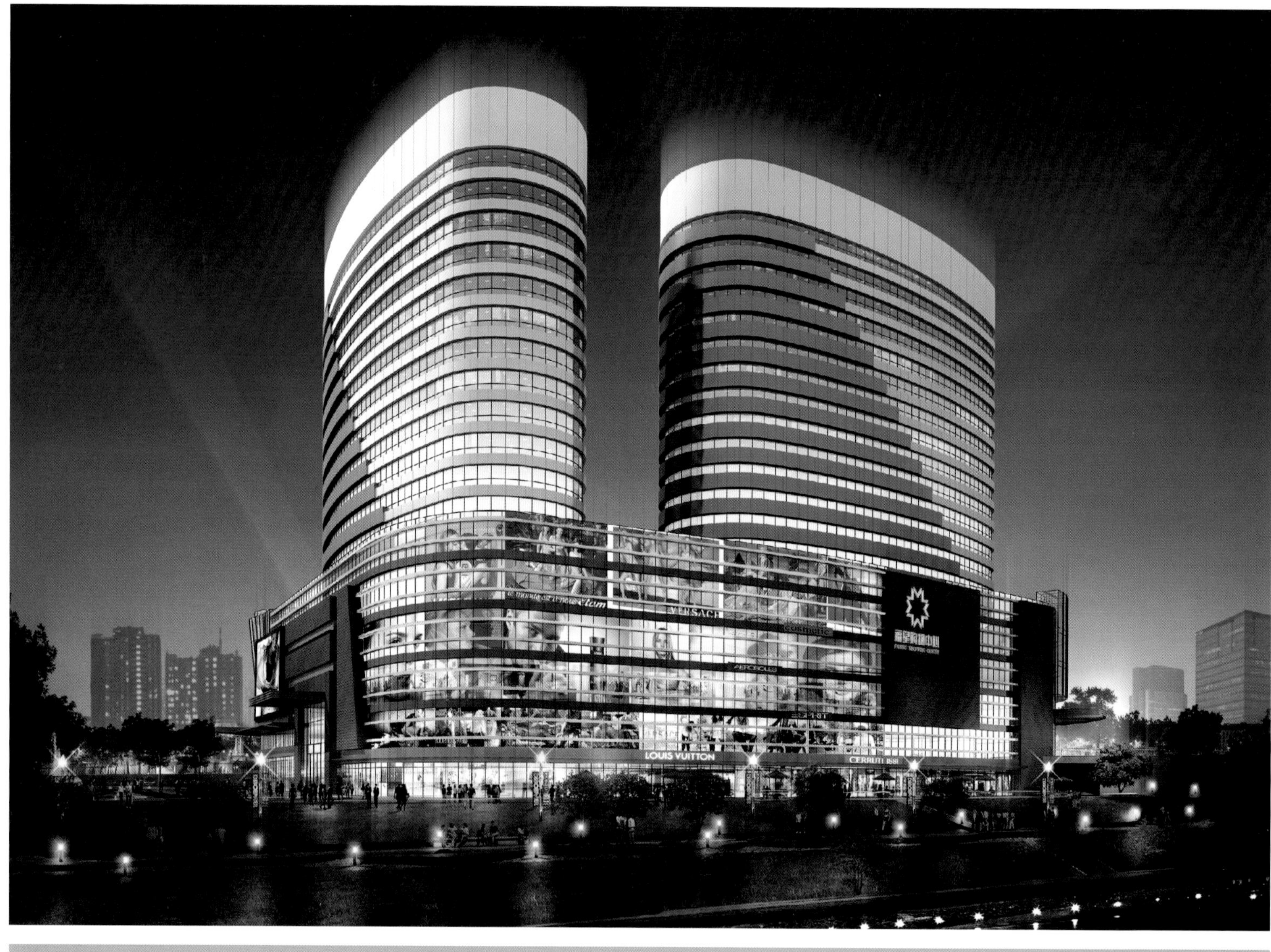

沿广场立面图

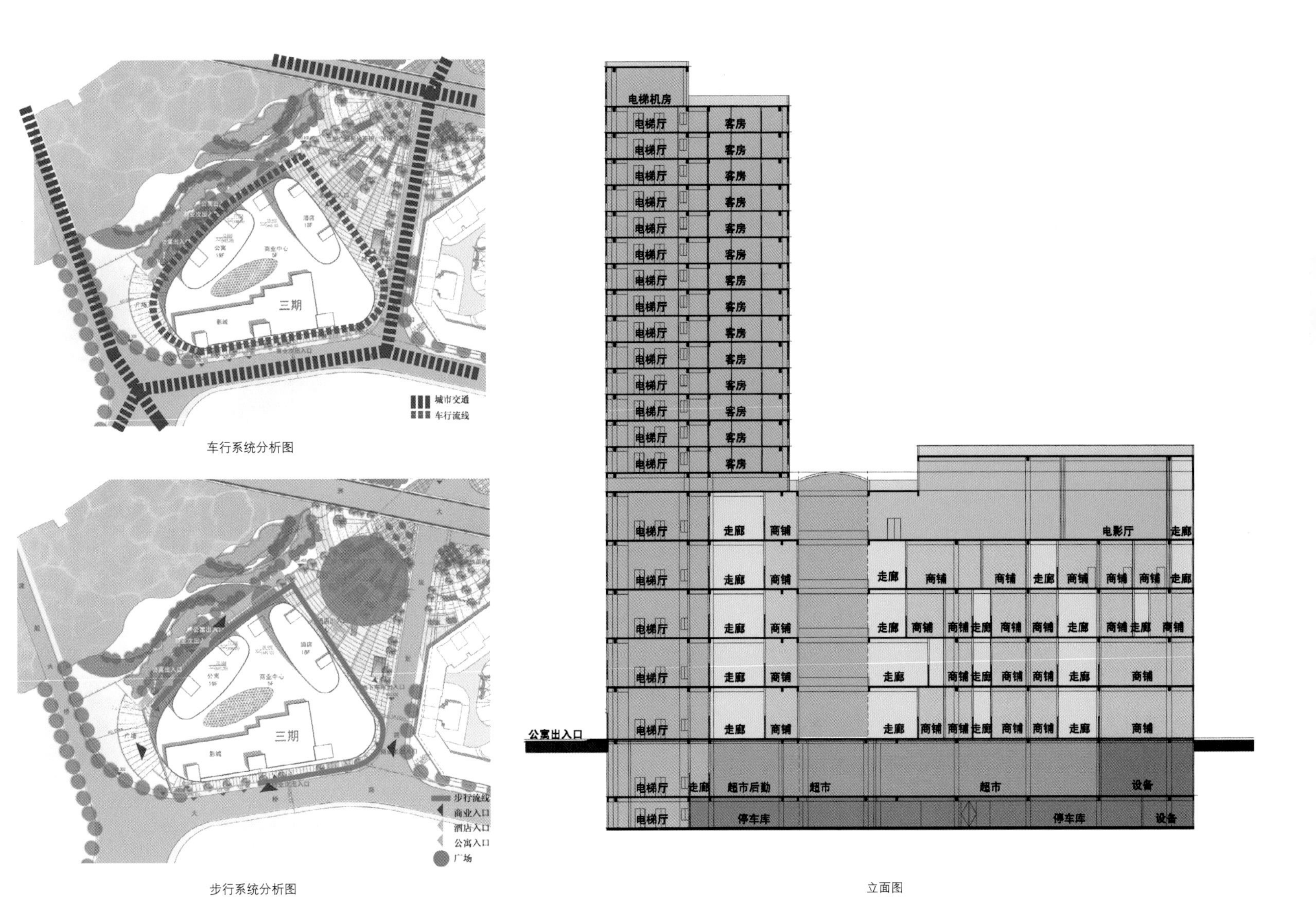

车行系统分析图

步行系统分析图

立面图

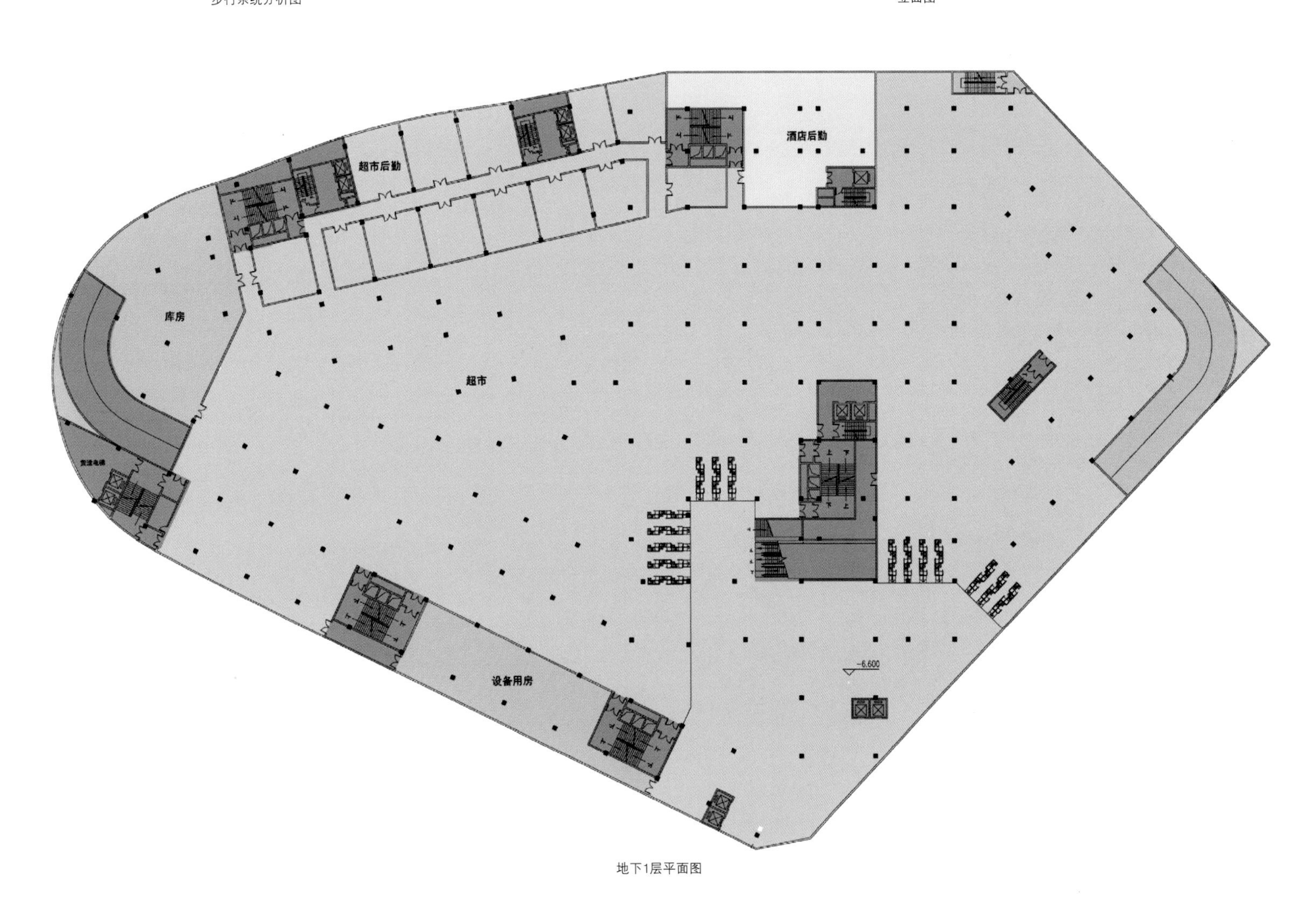

地下1层平面图

公寓出入口
商业次出入口
公寓出入口
地下车库出入口
商业出入口
餐饮
中庭
酒店大堂
商业主出入口
大
桥
路
0
10
20
40
60

1层平面图

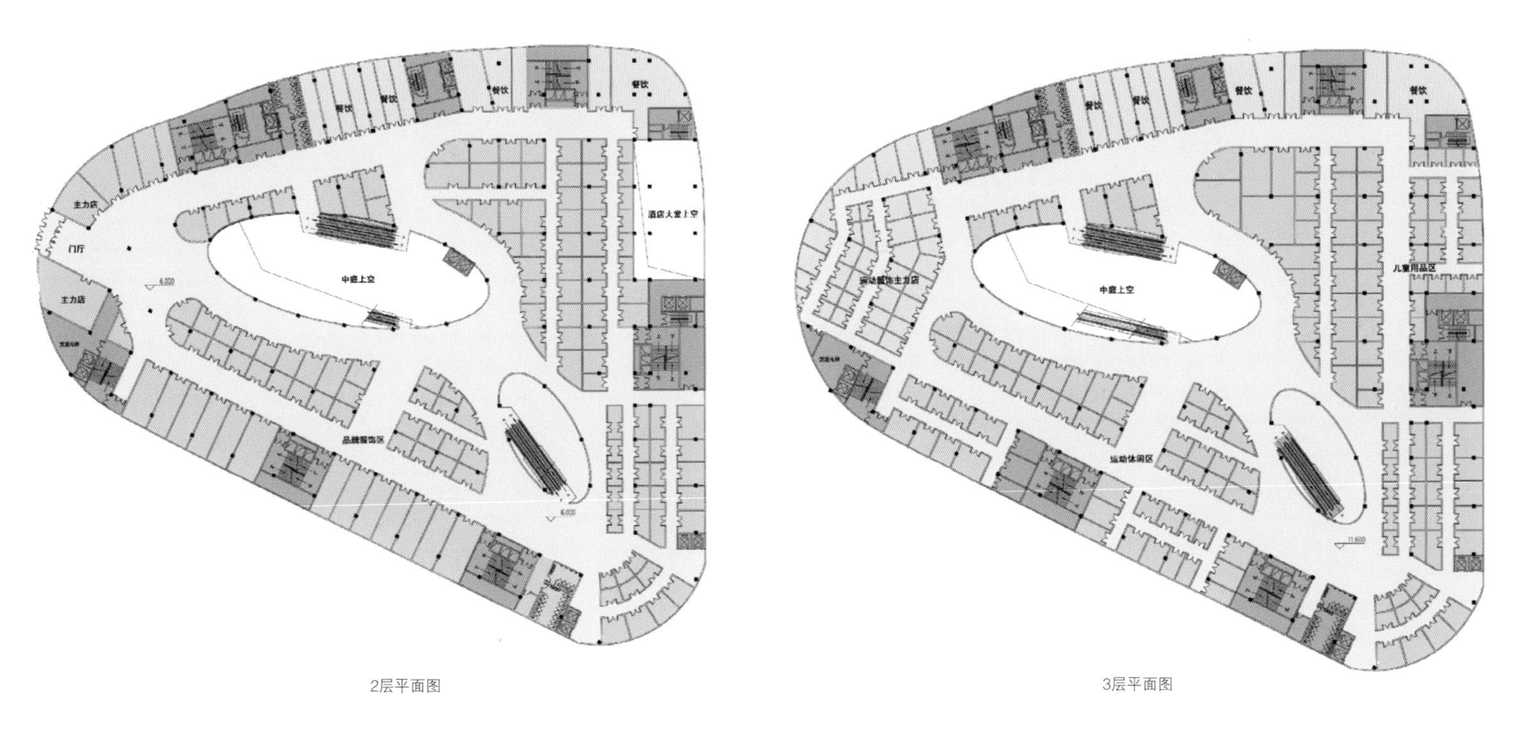
餐饮
主力店
门厅
中庭上空
品牌服饰区
运动休闲区
儿童用品区

2层平面图　　　　3层平面图

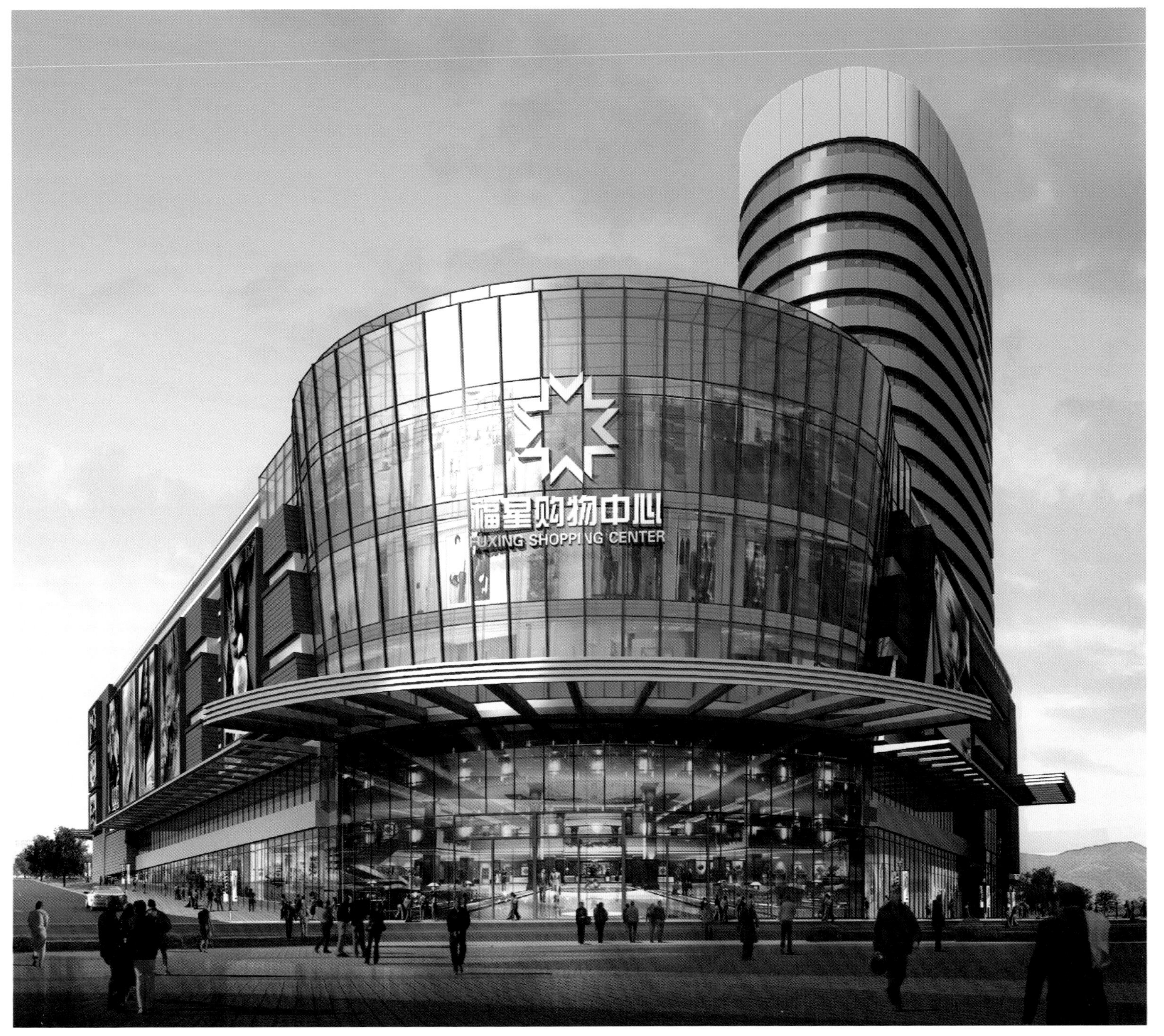
福星购物中心
FUXING SHOPPING CENTER

劝业场地块

项目地点：盐城

设计单位：加拿大FLA建筑及景观设计事务所

商业用地面积：52 170 m²

地上建筑面积：204 400 m²

地下建筑面积：54 500 m²

盐城劝业场项目以崭新的设计理念，旨在创造出一个新的城市商业中心区，从而增强城市活力及竞争力。全新的集设计思路为盐城市民创造出一个全新的集商业、娱乐、休闲、办公、居住为一体的综合性城市环境。

建筑形象不但符合盐城的精神与特色，亦丰富了城市空间的层次，为城市的多元化发展增添绚丽色彩。该项目的建成将成为盐城新的地标。

商业用地面积52 170平方米，地上建筑面积204 400平方米，地下建筑面积54 500平方米。

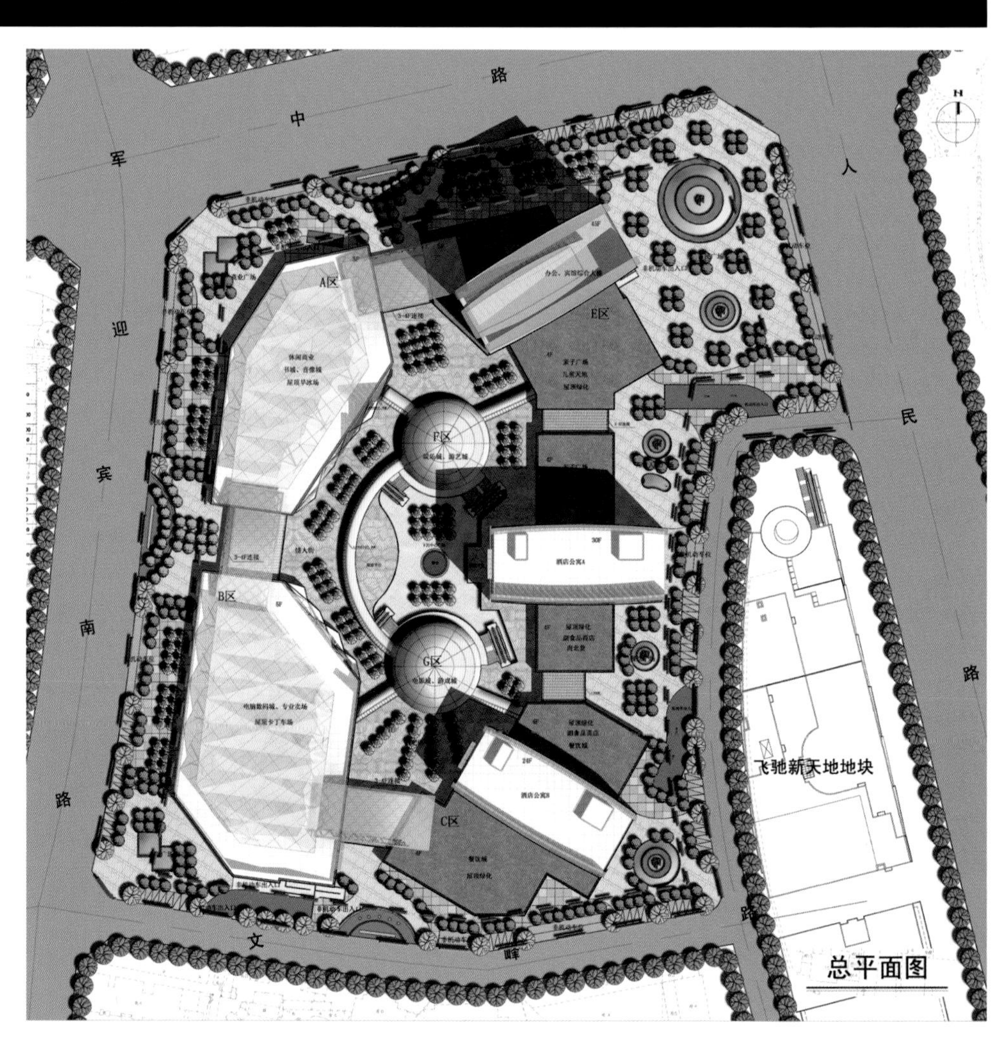

总平面图

brother
SHOP
GUCCI
ARMANI

TIFFANY&Co.
BOSS
LOUIS VUITTON
FOOD
LORD
BLUE
K.a.t
Carrefour

HANDBOOK
VAROVSKI

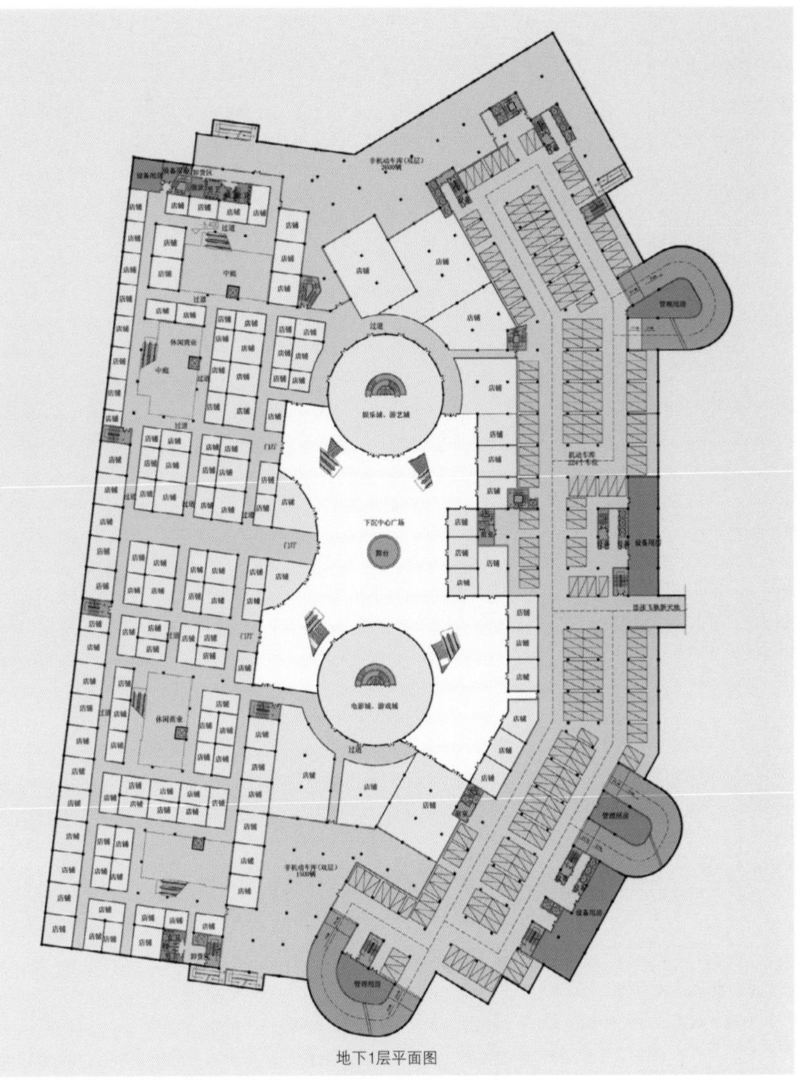

地下1层平面图

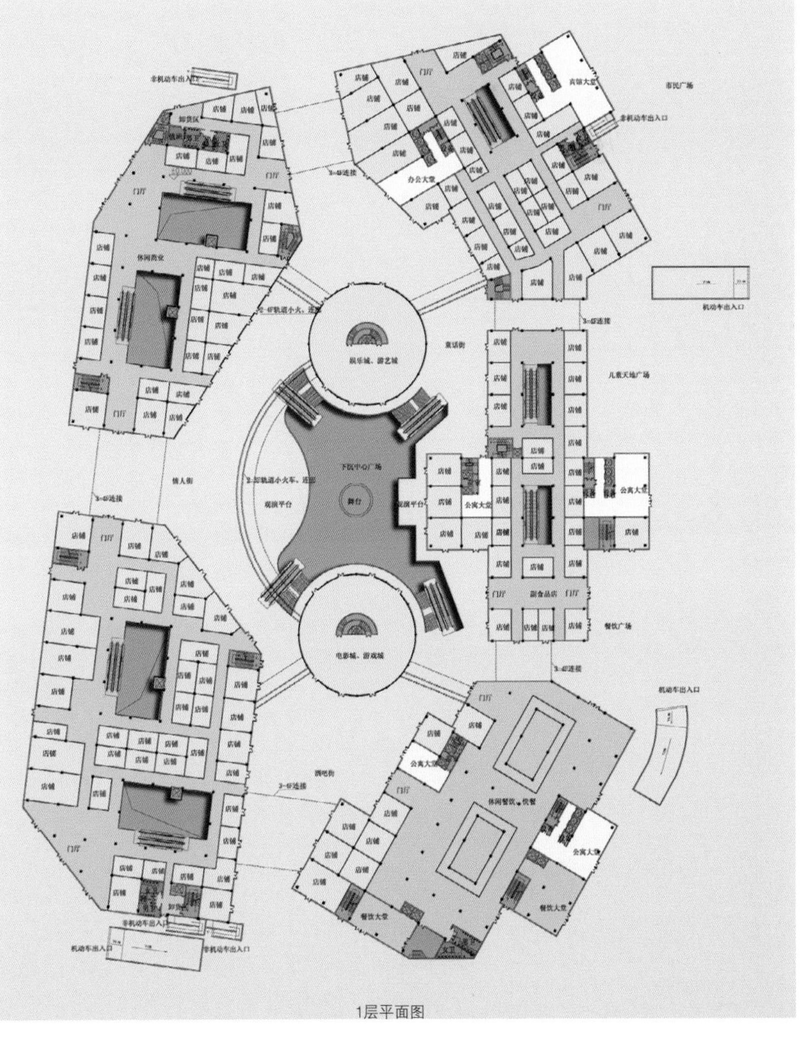

1层平面图

B&M
国际财富广场
BOSS
BALCO
国际财富广场

国际财富广场
Pizza Hut

Panasonic
brother

哈尔滨远大购物广场

项目地点：哈尔滨
设计单位：香港华城规划建筑设计研究院有限公司
建筑用地面积：70 284.7 m²
总建筑面积：319 530.76 m²
商业建筑面积：240 336.97 m²
容 积 率：3.3
建筑密度：39.5%

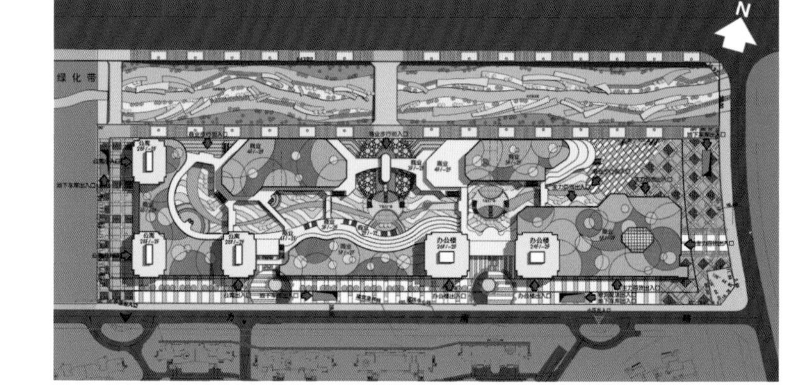

总体布置由“一心、两片、三横、五纵、十广场”形成规划的整体格局。

一大中心：中心广场，即项目的商业中心，通过超大尺度广场的展开聚集人气，辐射整个商业区。

两大片区：商业片区以流线型展开，增强商业导向性、趣味性，形成立体商业环绕系统，从而提高商业有效价值；商务片区通过5A高档写字楼与城市公寓组成，与商业区紧密结合且可分可合，打造屋顶景观环绕系统，增强商务片区的舒适性。

三横：贯穿整个建筑群的三条商业带，即沿街展示商业带、内街步行商业带、后街休闲商业带。

五纵：通过五个入口将人流从各个方向引入商业区，有机连接三条商业带。

十大广场。

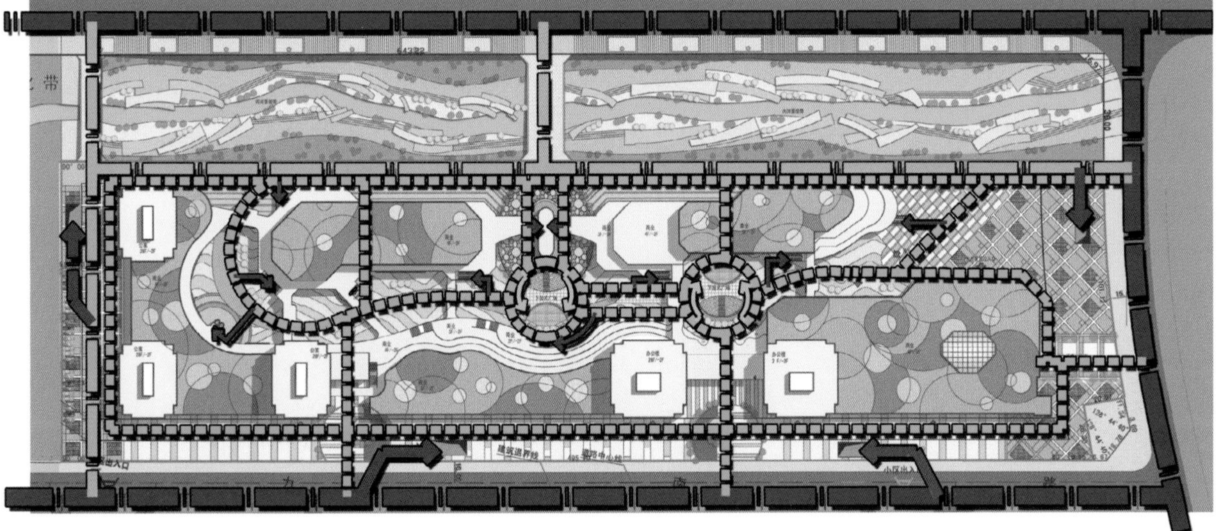

图例：

城市主干道

车行流线

人行流线

地下车库出入口

物流配送通道

垂直交通入口

交通分析图

OMOTESANDO HILLS
Steaks·Hamburgers·Salads
STARBUCKS COFFEE
STARBUCKS COFFEE
RESERVE
HOFIL

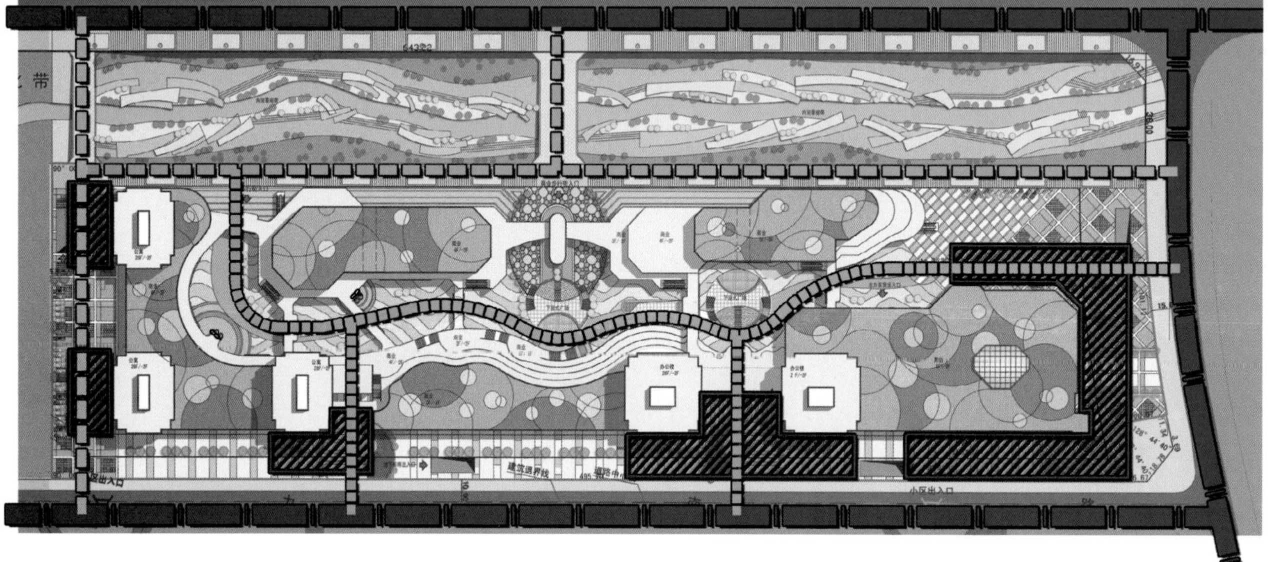
图例：
城市主干道
车行流线
隐形消防车道
消防扑救面

消防分析图

VASARI
Orvis
CHINA GRAND ENTERPRISES
中国远大
VASARI

Orvis
Kanebo
大食代foodrepublic
Budweiser
Watsons
CENTER
Coca-Cola
RESERVE
ferrovial
MaxMara
ALMAY

Dior
adidas
Rockport
Kanebo
BOSS

intel
双核 无限可能
Nikon
尼康相机旗舰店
CES
yeston 盈通
SONY
Beno
International

Orvis

江津遗爱池商圈

项目地点：重庆
设计单位：香港华城规划建筑设计研究院有限公司
规划用地：270 979 m²
建设用地：182 213 m²
总建筑面积：1 110 000 m²
建筑占地面积：92 928 m²
建筑密度：51%
容 积 率：4.25
绿 地 率：15%

“一石激起三层浪，圈层式商圈”，以3.8万平方米的滨江广场为聚合性、展示性、开放性的核心，依次形成时尚商业圈、文化商业圈、主题商业圈三个级差圈层，并形成江津区唯一的世界级滨江核心商圈。

规划结构——三横三纵、三圈层三核心。

1. 三横——本着完善城市规划、改善道路交通、扩大城市公共空间；

2. 三纵——本着追求时尚、承继历史、保护生态的原则，保留并完善江津中轴线（江津历史画卷），打造时尚商业轴线（延续金叉井路商业文化）、生态商业轴（延续遗爱池生态文化）。

3. 三圈层三核心。

遗爱池生态核心：以莲花台为核心，保留并完善遗爱池生态景观，取消季节依赖性过强的荷花（荷花春季蓝绿，夏秋冬则一片破败，影响商业气氛与生态感），参考学习美国拉斯维加斯的永利酒店的人工湖做法，遗爱池下不设置任何地下建筑，保留周边的二级保护树种黄桷树与香樟树，增设樱花树与四季花卉，形成原生态的湖岸环境；用常绿灌木与四季花卉将湖面与广场隔开，湖面保证视觉可达性的前提下，确保安全性；莲花台与湖面之间，用主题文化桥连接，并将“桥”文化按“江津廊桥”来打造；2#生态广场总面积约2万平方米，是迄今为止重庆城区中最大的原生态湖之一。

金叉井商务核心：以D区的“蜂巢”大厦为商务标志，将东门路、金叉井交叉口进行广场设计，左右退界最大处约150米，进深最大处约100米，形成入口型积聚广场。

CEPA

HOTEL
HOTEL

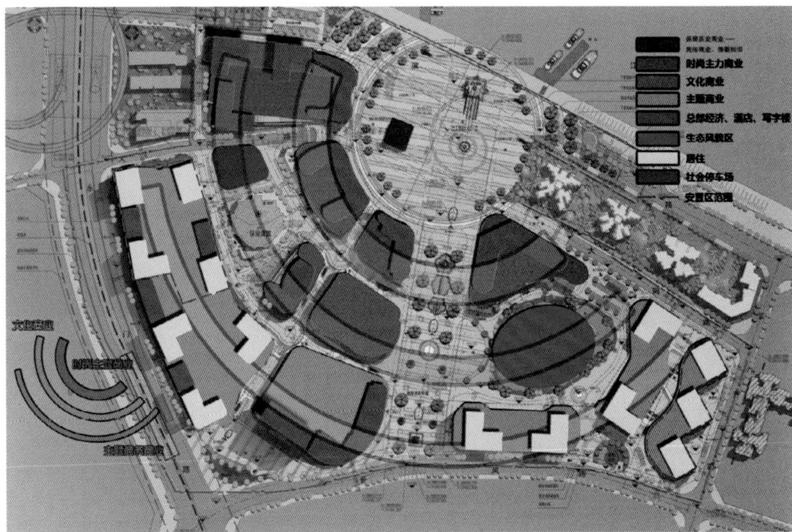
时尚主力商业
文化商业
主题商业
总部经济、酒店、写字楼
生态风貌区
居住
社会停车场
安置区范围

HUA REN PLAZA
Armani
HAYDEN
BOSS

圆融时代广场

项目地点：苏州
业　　主：苏州工业园区圆融发展集团有限公司
建筑设计单位：美国HOK国际（亚洲太平洋）有限公司
景观设计单位：美国SWA景观设计事务所
占地面积：210 000 m^2
总建筑面积：510 000 m^2

圆融时代广场位于苏州工业园区金鸡湖东岸，作为苏州市重点建设项目，圆融时代广场是苏州有史以来规模最大、业态最全的复合性商业地产项目，是集零售、餐饮、娱乐、商务、旅游、休闲、文化等元素为一体的全天候超大型消费区域，总建筑面积约51万平方米，分为五大功能区，包括办公商务区、时尚购物街区、生活休闲区、河滨步道—水滨餐饮娱乐区以及苏州首座10万m2的Shoppingmall。项目拥有6个地铁出口、4000余个泊车位，还创造了500米LED巨型天幕的世界之最。水上巴士、空中连廊、超大广场、九大主题景观、时尚夜景……建成后的圆融时代广场将成为苏州市域新CBD最繁华的商业中心及苏州市标志性商业项目，并打造成华东地区最具影响力和商业价值的品牌街区。时尚购物街，全权代言活色生香的游购情景体验500米步行街，通过景观把多个独立建筑有机串联，将休闲、娱乐与购物融合在一起，使得购物本身变为情景体验。滨河餐饮娱乐区，网罗无国界美味、尽享美食美景沿河的餐饮酒吧街，包罗各国美食及娱乐。当美食与美景融为一体，将会是一种别有情趣的生活享受。生活休闲区，汇集生活全主题包括家居、家电、数码及儿童天地等主题专业商场，倡导精致生活方式，充分满足家庭式消费。已引入来自美国的在全球30多个国家和地区拥有超过1400多家连锁店的世界第一儿童品牌——玩具反斗城（ToysRUs），以及旗舰店位于阿联酋迪拜的世界著名家居连锁品牌——HomeCentre。其中，玩具反斗城是继2006年上海浦东正大广场店之后，进入中国的第二家，而HomeCentre在生活休闲区的规模也达到1万m2。购物中心，10万平米ShoppingMall,满足不同人群的想象力已引入香港利福国际合作久光百货购物中心，包括时尚百货、精品超市、国际影院等主力店，建筑设计新颖独特。构建时尚的购物环境，让您全面体验购物乐趣。办公商务区，CBD地标级国际标准写字楼CBD原点地标级国际商务建筑群，紧邻60家世界500强企业，国际一流物业管理，为高端优质企业量身打造。时代广场其它四大区域为其配套，商务优势不显自露。

JDL Home furnishings
TIMES

FAMILY
KINGDOM
Euro Deliz

FAMILY
KINGDOM
Euro Deliz
JARDIN DE JADE

Pot Cuisine

Flora

久光

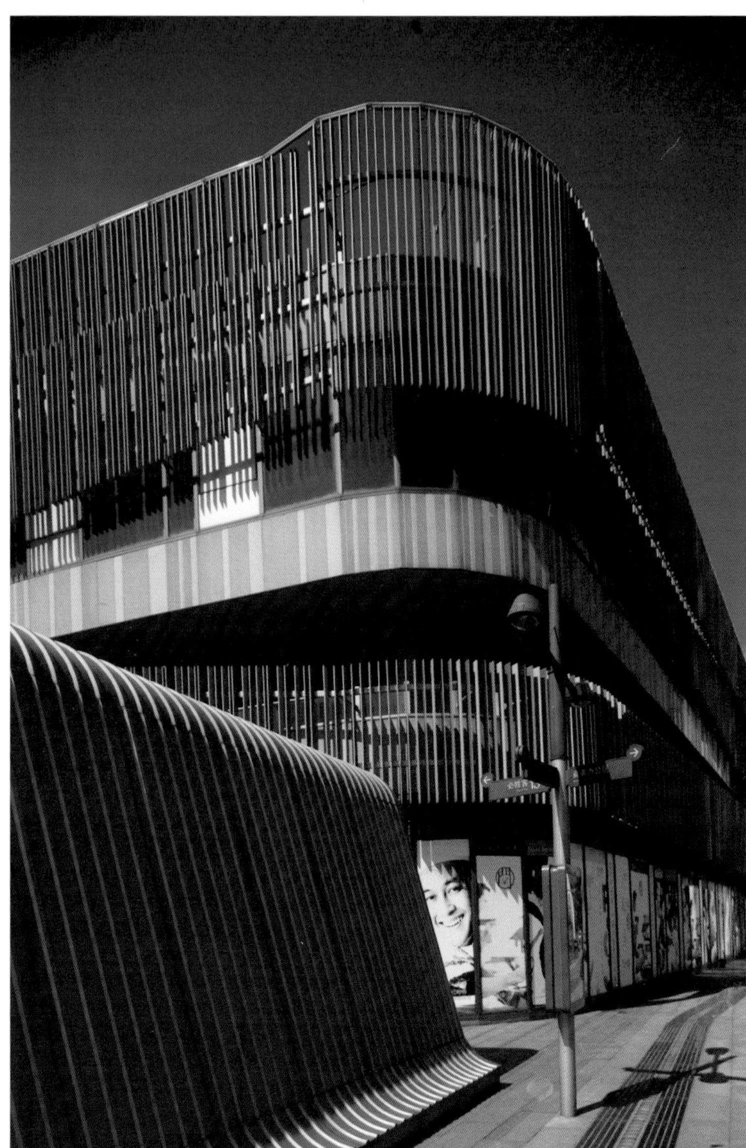

SELECTED
ONLY

一茶一坐
BURGER KING
汉堡王

SIFC
一茶一坐
一茶一坐 CHAMATE
STARBUCKS COFFEE

安全上网
欢乐餐厅

SIFC
川行天下
伦氏

汉堡王
BURGER KING

BURGER KING

ION Orchard

项目地点：新加坡
业　　主：凯德置地&新鸿基
设计单位：Benoy
建筑面积：125 420 m^2

ION Orchard 得名于她的地理位置——乌节路(Orchard Road)。曾经的果园，现在的新加坡商业中心，场地承载着她的历史，也昭示着她的未来。

位于新加坡最尊贵的乌节路，此开发地块也是寸土寸金的乌节路上最后一块可用作开发的场地。高达218米的ION Orchard将会是此路上高度最高，造型最独特的建筑。地块下方是早已投入使用的乌节路地铁站，交通便捷，为商场带来大量客流。

贝诺从她的历史背景中得到灵感，也是对场地的尊重，将ION Orchard描述成一枚掉落在果园的种子，在这里生根发芽。种子的核是高端商业中心，裙楼的曲面外墙以及外墙延伸出的天幕为包覆着的果皮，婷婷的芽是高高矗立的公寓塔楼，如生命的能量破土迸发。

这座56层的建筑，总面积达12.5万平方米，其中商业面积为6万多平方米，与地铁站紧密连接。裙楼是4层商业中心和4层停车库的组合。其停车场位于商场之上，为这座高档住宅塔楼提供私家车库，以及为前来购物的人们准备了充足的停车空间，更有效地增加了高区的客流。

在ION Orchard的顶部是一座双层的观光台，可以在这里观赏360度新加坡城市景观，为旅游观光、主题派对、国际路演等活动增加一个新的亮点。优雅的住宅塔楼是简洁、高效和绿色设计的代表。外立面上的双层镀膜玻璃和氟碳穿孔铝板，将它描绘成新生的还未张开的叶，唤起人们对场地的绿色记忆。裙楼巨大天幕笼罩着一个达3，000平方米的市民广场，游客和访客可以在这里聚会、交流或参与各种活动。该天幕是新加坡第一个纯单构造立面及天篷，也是目前亚洲最大的媒体墙。同时，与LED媒体技术的结合，为商业带来新的机遇，将建筑转化为一个可以与人交互的界面。在夜间，它也为这座城市带来无穷活力，成为展

示各种现代艺术或商业活动的最佳平台。

商场裙楼的多维立面，由玻璃和金属架组成，最大限度地增加沿街商业的曝光面，从而增加商业价值。具有复杂模块的波浪般起伏的天棚，来自自然图形和纹理的启发。支撑天棚的立柱如同抽象的树，把其上的天幕变成为乌节路上树冠的一部分，在视觉上延伸街道的感觉，将建筑融入城市。

滴落在市民广场的“露珠”是贝诺设计的地铁出入口，在商场结束营业之后或是开始营业之前，“露珠”将作为进出地铁交通的重要门户。

商场的室内简洁而优雅，延续了整体建筑的风格，与自然环境紧密相连。通过使用天然石材（如大理石、石灰石等）以及木材等传达出一种温和、亲切的商业氛围，同时确保商户拥有恰当的展示环境。在室内运用的LED设施，一方面作为对外立面的回应，另一方面也增加室内的趣味性。

ION Orchard的另一特色是绿色建筑的理念，她采用中水回收系统，以及利用流水为室内降温等措施，每年可以节约大量资源，因此被新加坡建设局授予Green Mark金质证书。在商场开业 4 个月后，她就获得了2009年亚洲国际房地产投资展览会（MIPIM）的“亚洲最佳购物中心”奖。

该项目采用Parabienta绿化墙系统，除保持建筑物的绿色环境，同时设有电子感应器测量户外光线，以调节室内灯光亮度。在裙楼天台上厚厚的植被，除提供优美的环境外，亦有效阻隔太阳热力散发至下层。雨水感应器通过节水型定时器控制滴灌系统，从而有效节约灌溉用水。透明的媒体墙上的LED灯的间隔，确保日光可以进入商场的室内，同时又达到视觉上的可视性。此外，在住宅的阳台上的可移动百叶窗幕以及广场上的天棚，通过动力冷却系统减少太阳辐射。

Cartier
ion
ORCHARD
Cartier
Cartier
Cartier
Cartier
Cartier

ONE SPRINKLE OF SAFFRON
MAKES AN INGREDIENT.
A BOUQUET OF INGREDIENTS
MAKES A PERFECT EVENING.
L'OCCITANE

Z Zegna

Z Zegna

LOUIS VUITTON

OPERA GALLERY
OPERA GALLERY

Dior
LOUIS VUITTON

SK II

ion
ORCHARD
LOUIS VUITTON
LOUIS VUITTON
LOUIS VUITTON

Cartier
Cartier
ion
ORCHARD
GIORGIO ARMANI

ion
ORCHARD

AFTER
DARK

永嘉庭

项目地点：上海
业　　主：上海翌成实业投资有限公司
设计单位：logon罗昂建筑
用地面积：3 744 m^2
建筑面积：7 442 m^2

全新的城市生活方式正上演于上海寸土寸金的市中心地段。越来越多的人们对每天居住的城市环境有了更新的认识，他们开始与城市互动，寻找能够代表城市的地方。每个周末人们会拿起相机，记录具有历史性或是别具一格的建筑、街道，甚至是一处破裂的围墙或者废弃的工厂，这个趋势越来越明显。另一方面来说，人们正在寻找能够与他们本身有内在关联的地方。我们在永嘉路750号完成的永嘉庭项目就是一个很好的案例，展示了如何通过设计将废弃的工业地区改造成全新的、具有鲜明个性的公共空间。

永嘉路工业地块占地约3 800平方米，建筑面积约7 500平方米。总共包括五栋建筑，但只有一栋建筑临街。其他四栋建筑在地块内部中心围合出一个庭院，闹中取静。正是这一处隐蔽的庭院成为了整个项目的亮点。摆在设计团队面前的主要任务是如何为这个庭院创造其独特性；另一个问题是，如何在现有建筑的基础上锦上添花，而不是对原建筑进行大量的改动。

位于场地西侧的建筑呈长方形，伸展到庭院。这个建筑高出其他建筑一层，因此也成为了整个项目的焦点。新的设计以建筑窗体为切入点，创造了不规则的外墙风格，但同时完全满足其内部的功能需求。独特的外墙为庭院塑造了鲜明的个性，创造出与其他建筑完全不同的氛围。另外三栋建筑面向庭院，设计强调优化其办公功能。

临街建筑的设计是整个项目的重中之重。这是整个项目的门面，设计必须要吸引眼球。根据临街外墙的原始结构，设计在其四层波浪状后退的外墙基础上进行改造。而靠近入口则以玻璃幕墙作为装饰，实现了内外部空间的沟通，也有利于人们视线的进入。水、石、竹、砖构成了园区的入口，吸引来往路人进来一探究竟。上海素来以夜生活丰富著称，永嘉庭也不例外，柔和的灯光照亮了建筑的外观，映衬出它静谧的外表，吸引了众多餐厅酒吧客。仅仅几个月时间，已有一些公司、商店、餐厅、酒吧和画廊入驻永嘉庭。

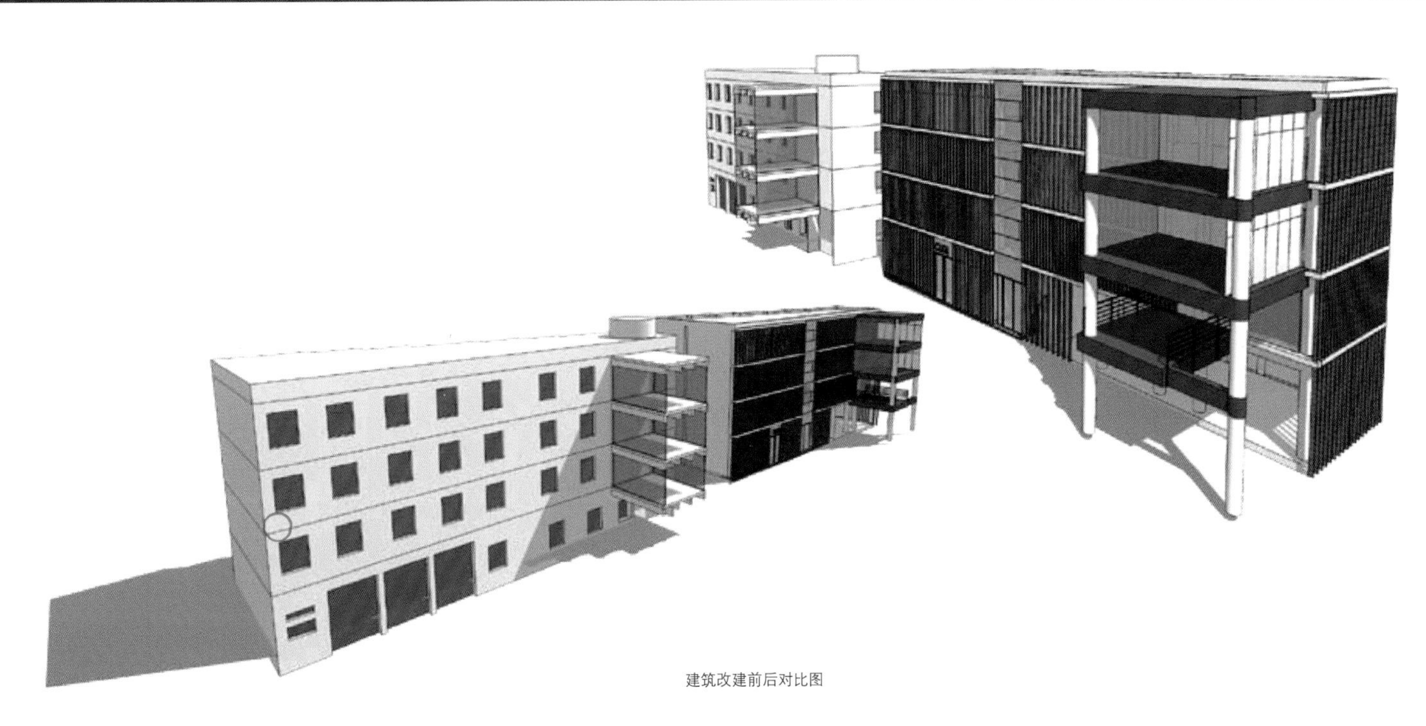

建筑改建前后对比图

3

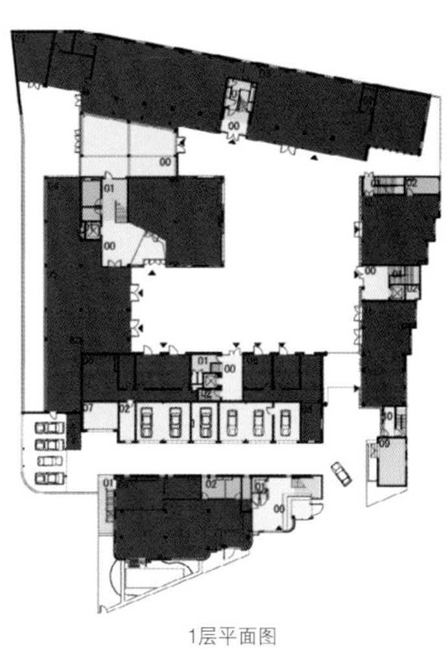

1层平面图

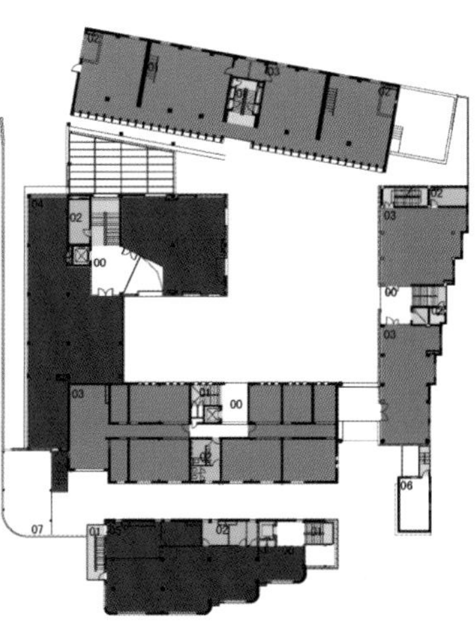

2层平面图

572

INDIAN
KITCHEN
& RESTAURANT
SPICE SHOP
1

1

安庆中央广场

项目地点：安庆
设计单位：英国UA建筑设计有限公司
用地面积：48 200 m²
建筑面积：165 000 m²
其中地下 25 117.7 m²，地上 140 492.9 m²
设计时间：2010年

本案位于安庆新城区内的绿地迎江世纪城20号地块B-1区南侧，西面为安庆老城中心，西临新区主干道——独秀大道。独秀大道北起安庆火车站，南至长江，是联系北侧火车站的主要纽带，为本案提供便利的交通条件；南侧皖江大道是通往城市中心的交通动脉；东北为新区政府。地块周边道路完善，交通便捷。

绿地迎江世纪城20号地块B-1区北至绿地西路，南至皖江大道，西至独秀大道，东侧是规划道路。整个地块东西方向长150米，南北长350米，呈长方形状，北高南低，地势较为平坦，基地面积约48 280平方米。本案位于地块南部，在独秀大道和皖江大道交叉口东北向。

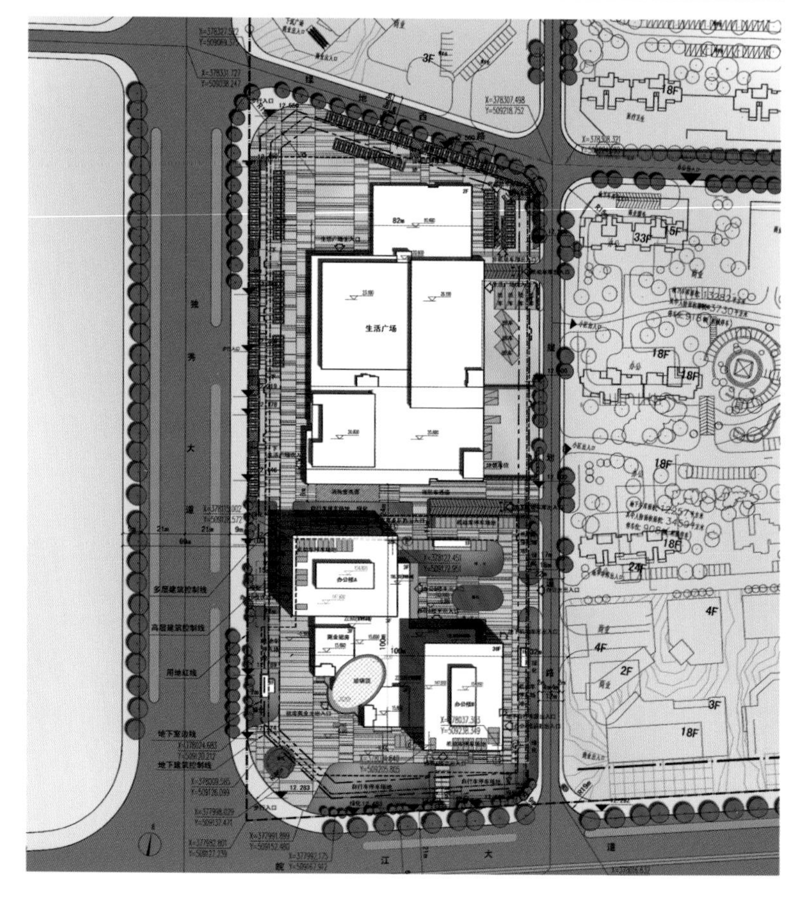

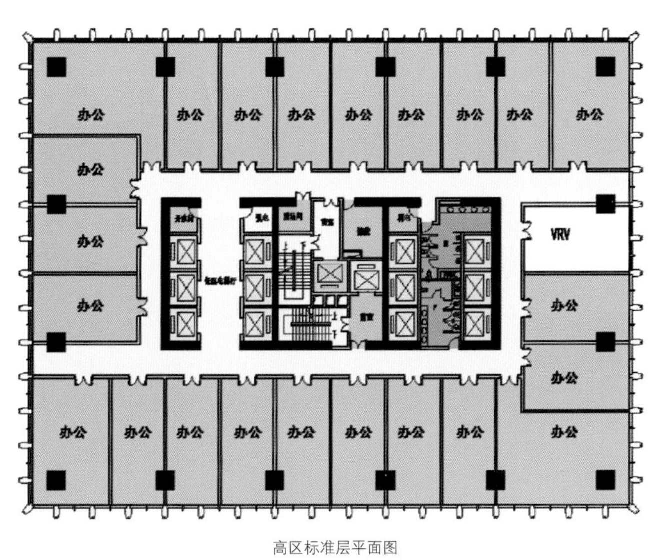

高区标准层平面图

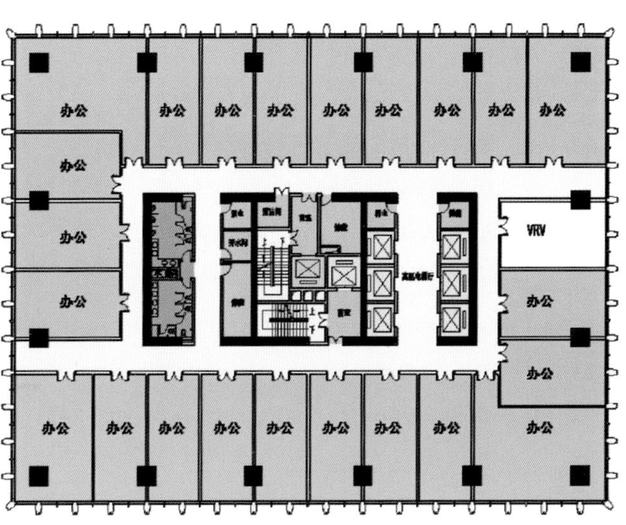

低区标准层平面图

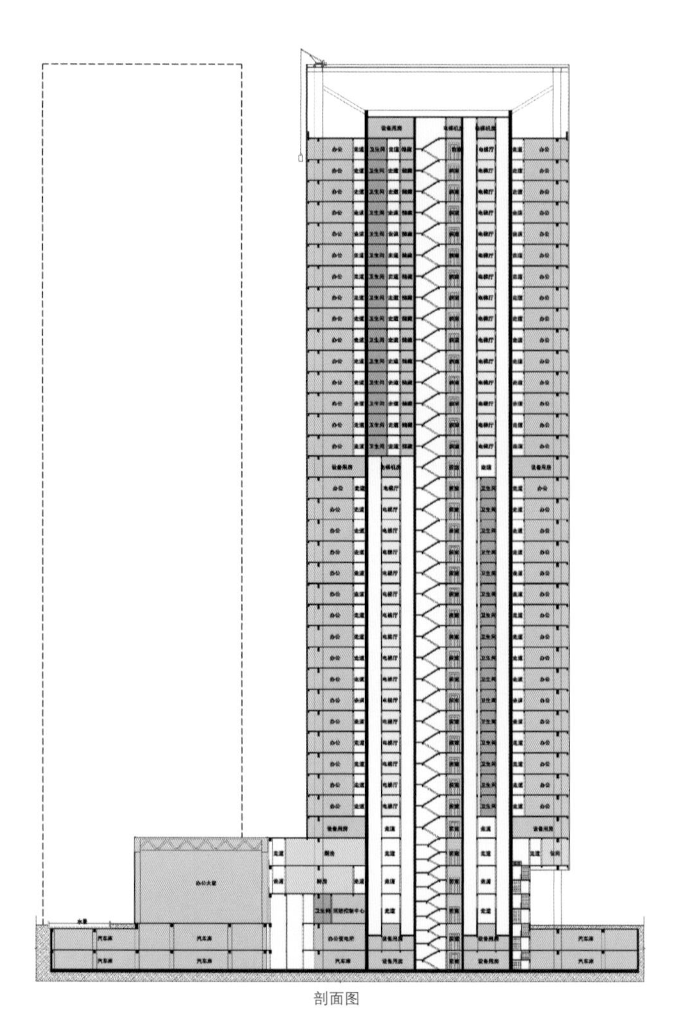

剖面图

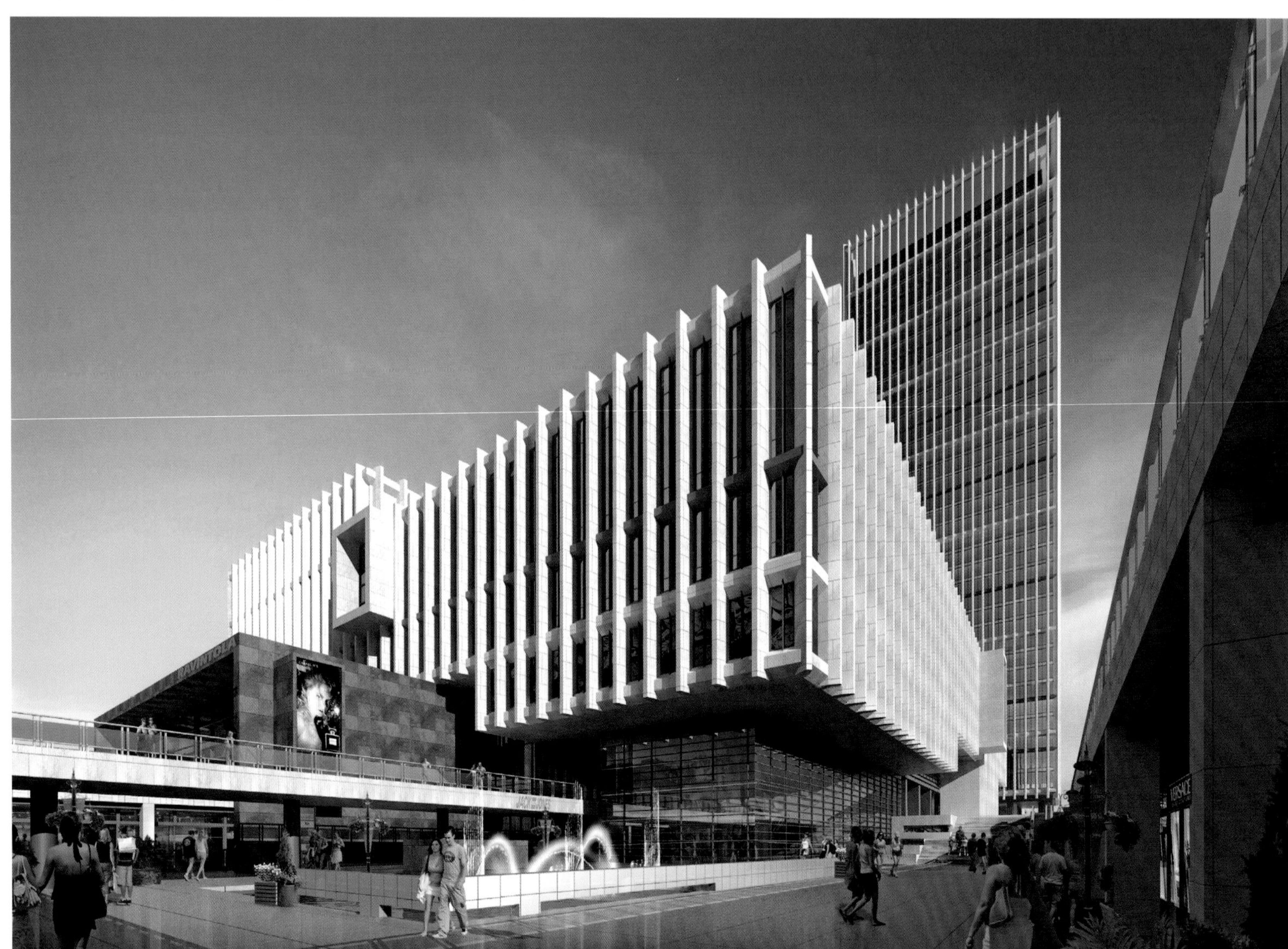

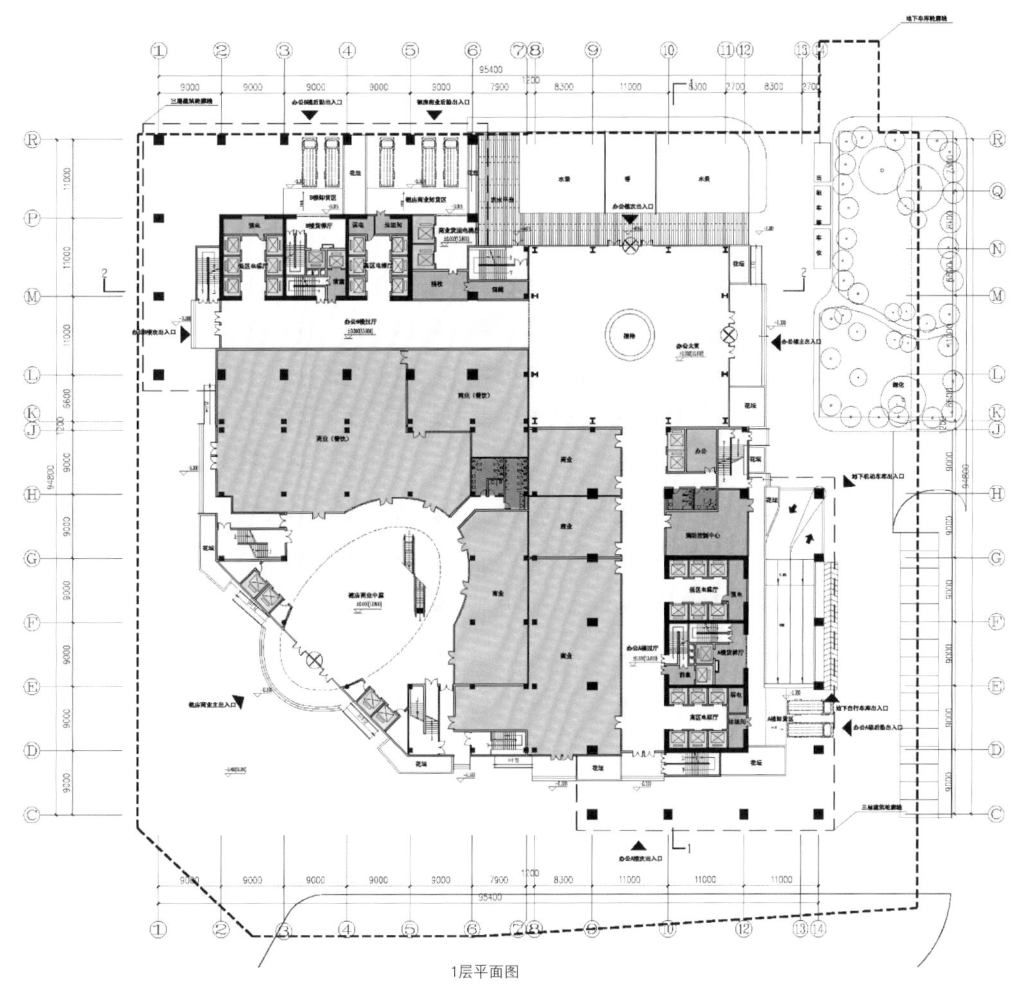

1层平面图

龙湖星悦荟

项目地点：北京
业　　主：北京龙湖置业有限公司
设计单位：北京雅思迈建筑咨询有限公司
主创建筑师：刘昌宏，陈世烈
地上建筑面积：13 400 m²
建筑层数：1~2

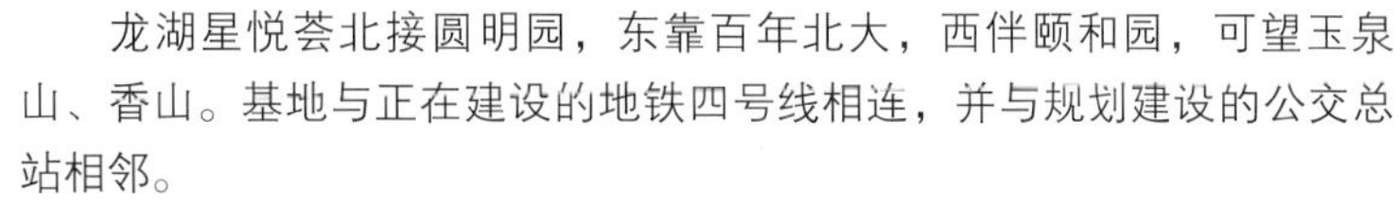

龙湖星悦荟北接圆明园，东靠百年北大，西伴颐和园，可望玉泉山、香山。基地与正在建设的地铁四号线相连，并与规划建设的公交总站相邻。

最终的建筑设计方案由三个元素主导。

1.“民”风韵味墙——聚会场所生成的催化剂。利用对景、借景等传统造园手法赋予空间存在感。空间中的这些趣味元素被置身者逐渐发觉的过程充满了乐趣和期待。

2. 异质庭院——聚拢人气的公共内核。四个庭院自然收放，融会贯通。

3. 变化节奏的步行街——小尺度变化营造趣味空间。即使是线性的行走也充满乐趣。

以上这些元素赋予了购物更多的含意，发掘、探索、思考、聆听——种种体验伴随着购物过程。这种附加值在体验经济时代是每个人内心所向往的。

景观、灯光、导视系统也作为建筑的有机成分进行了细致地考虑。以景观为例，其灵魂元素取自古代街巷中的“Lived”元素，并进行了现代诠释。在次级尺度上，景观由空间生成，每个庭院所要传达的更偏重于意象层面，留给置身者更多的想象空间。为了达到这一目标，我们尝试用一种全新的方式来组织设计过程，通过聆听每个人内心的感受（而非以往的理性思辨），最终决定了设计的成果。

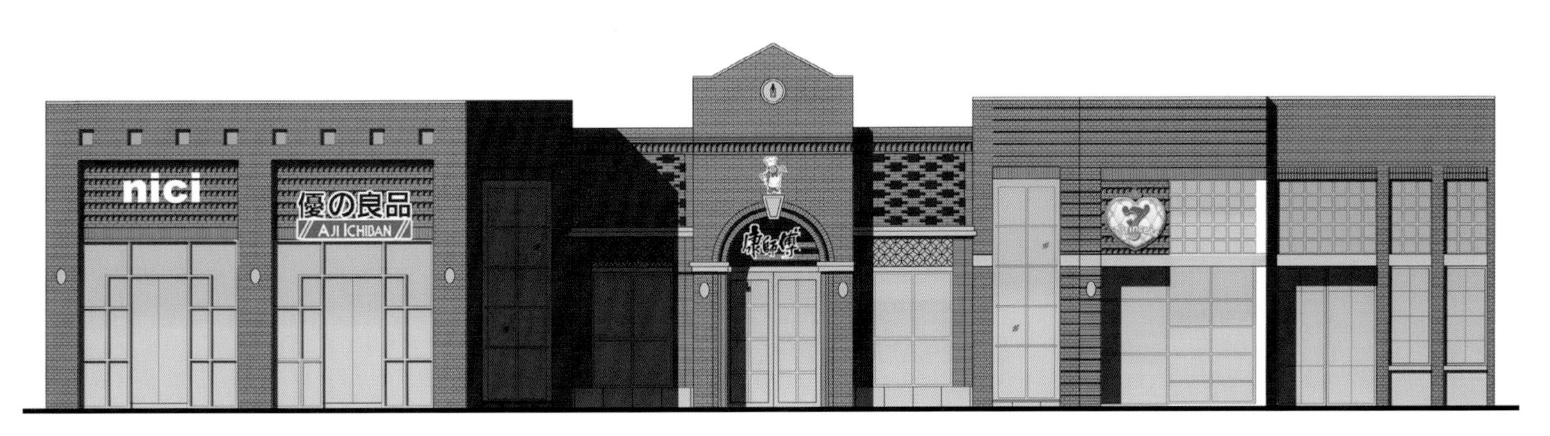

立面图

必胜客欢乐餐厅
即将开业

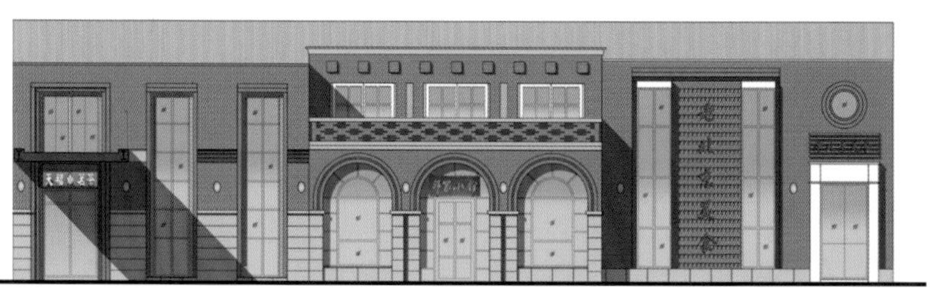

China unicom
中国联通

美克·美家
Markor Furnishings

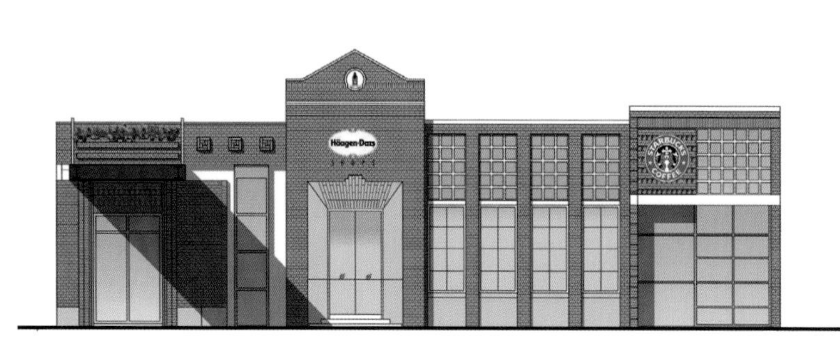

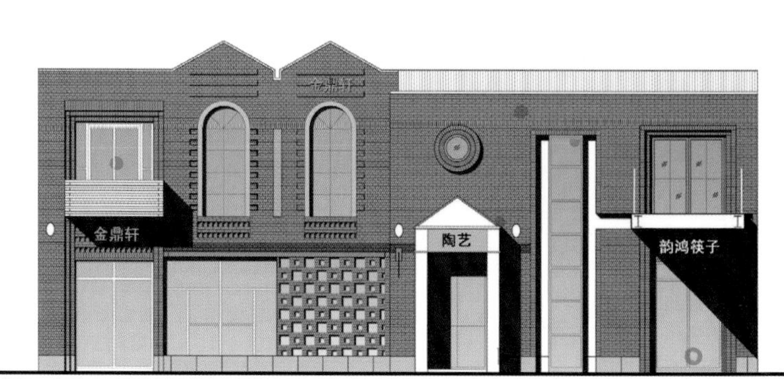
金鼎轩
陶艺
韵鸿筷子

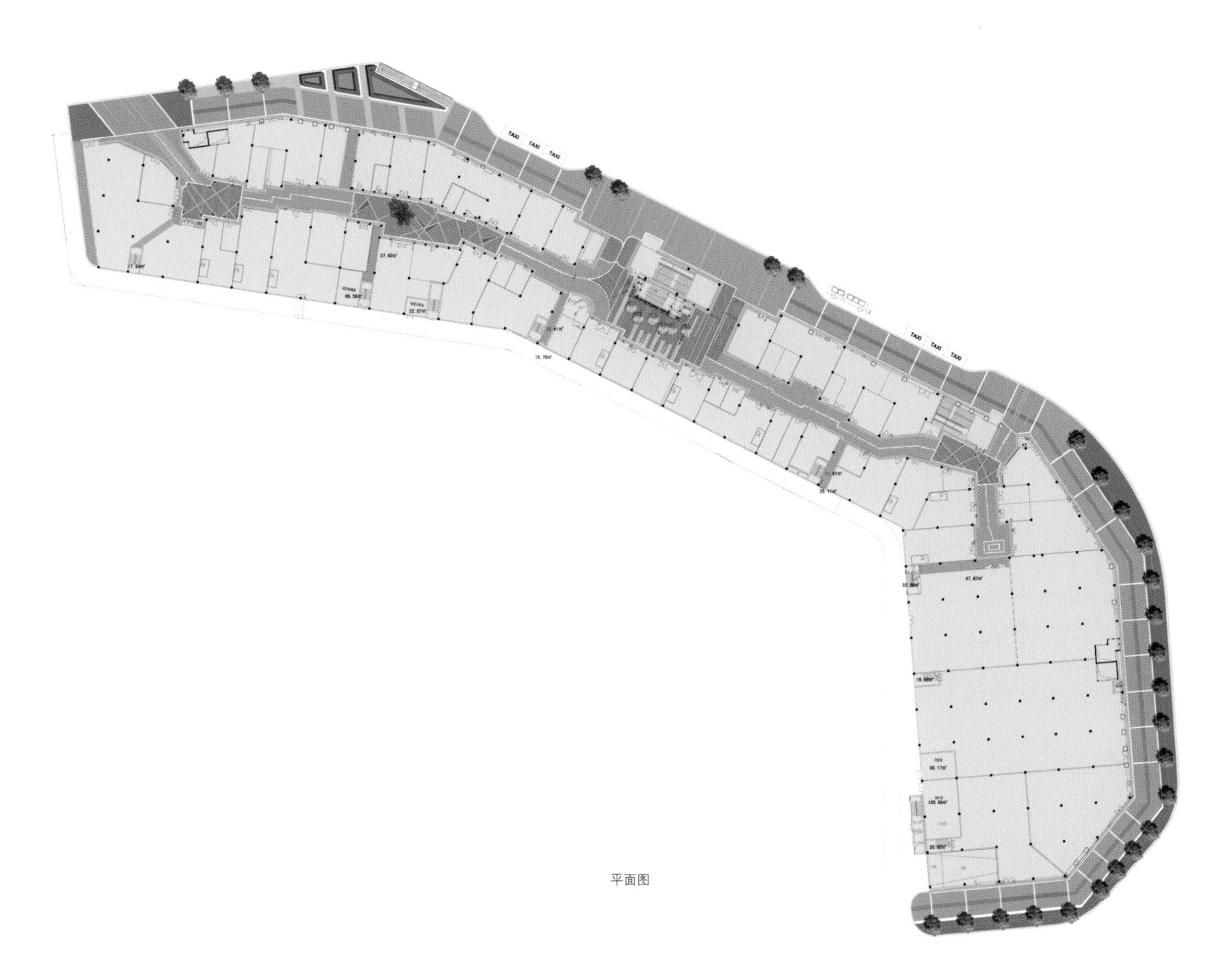

平面图

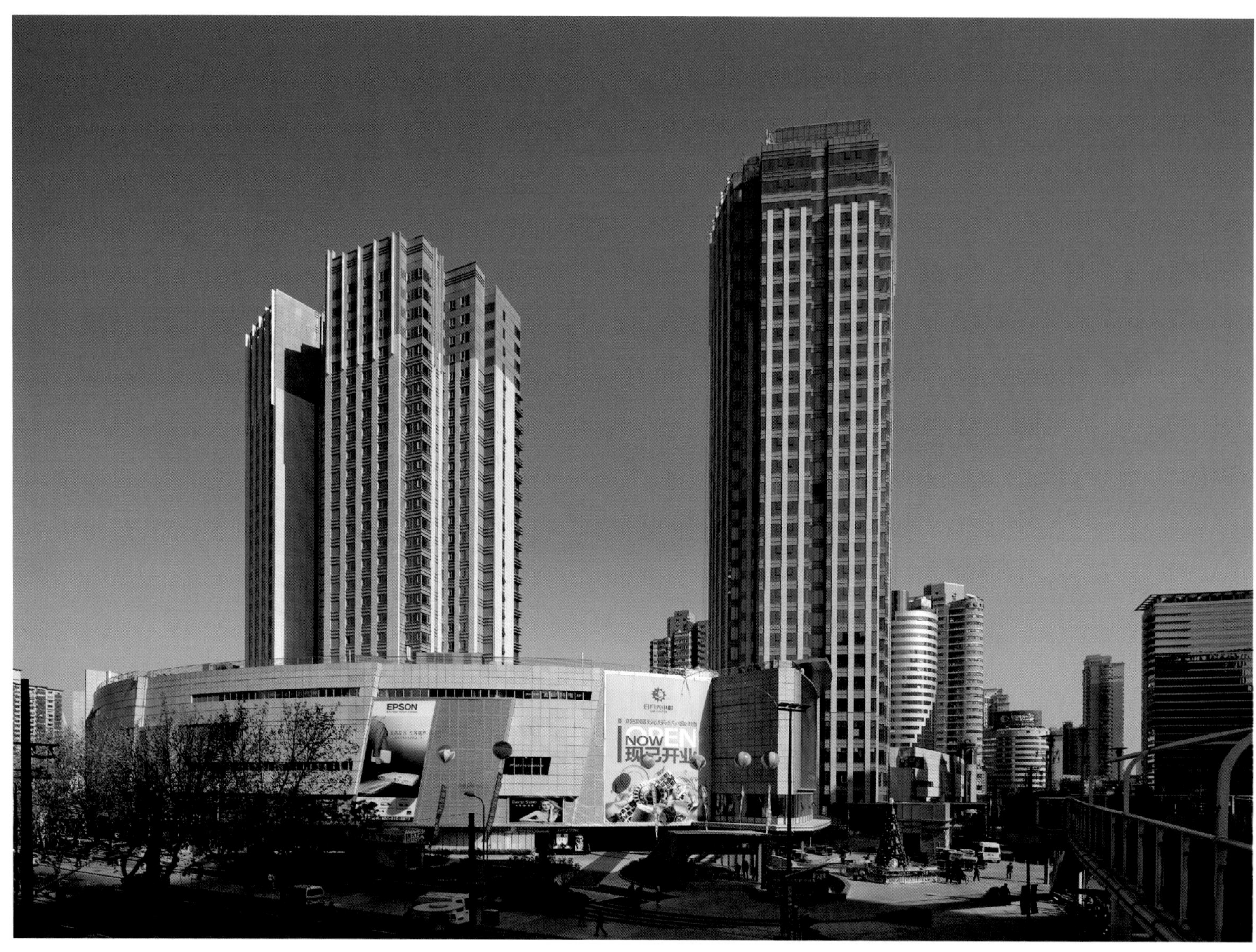

日月光

项目地点：上海
业　　主：上海鼎荣房地产开发有限公司
设计单位：上海中房建筑设计有限公司
用地面积：44 101 m^2
其中
地上建筑面积：180 051.44 m^2
地下建筑面积：126 601 m^2

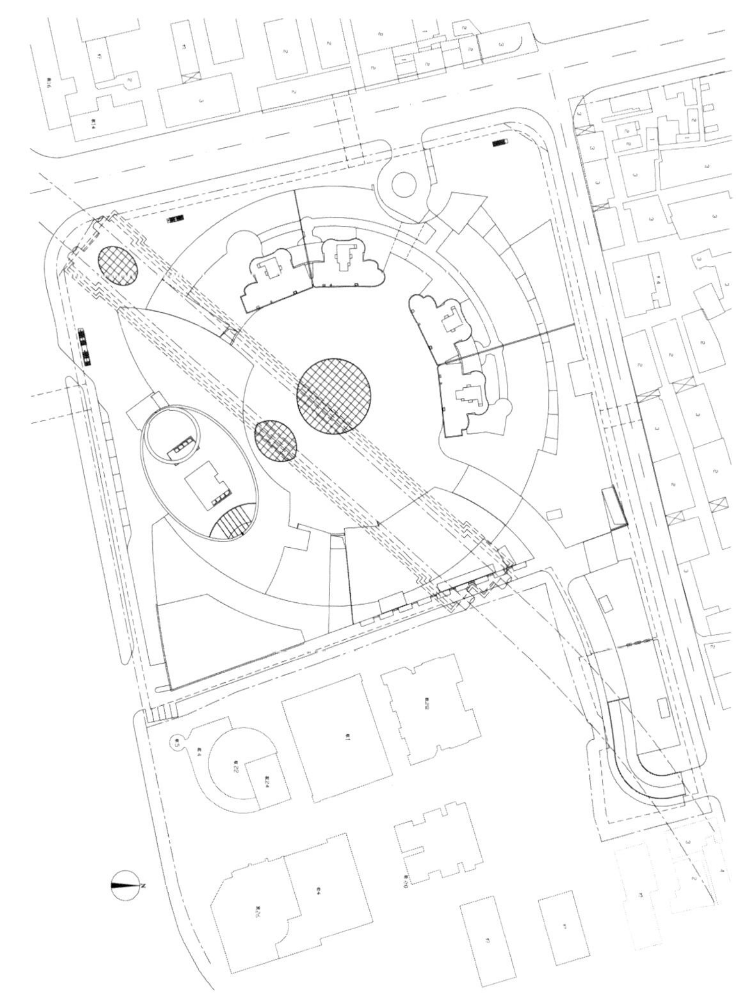

日月光中心位于上海市卢湾区打浦桥地区，是上海目前唯一建成的大型地铁上盖城市综合体。由一栋超高层办公、两栋百米高公寓式办公以及约9万平方米的大型综合商业组成。地下共4层，有地铁9号线斜穿整个基地。用地约4.4万平方米，总建筑面积约30万平方米，容积率4.0。

日月光中心的商业从地下2层至地面5层，共约9万平方米。设计中，位于地下2层的站厅及地铁疏散通道两侧，均与下沉式商业广场、商业内街之间在视线及空间上相互贯通、浑然一体，为商业带来了无限商机。下沉式广场不仅是人们购物休闲的场所，也是大面积商业中识别性很强的空间。均匀布置的自动扶梯和下沉式广场使地下与地面融为一体，形成了“商业无上下”的概念；圆形的布局，又缩小了各类商业区位的差异。这种设计方法，不仅为购物带来便利，也为铺位的租售创造了有利条件。

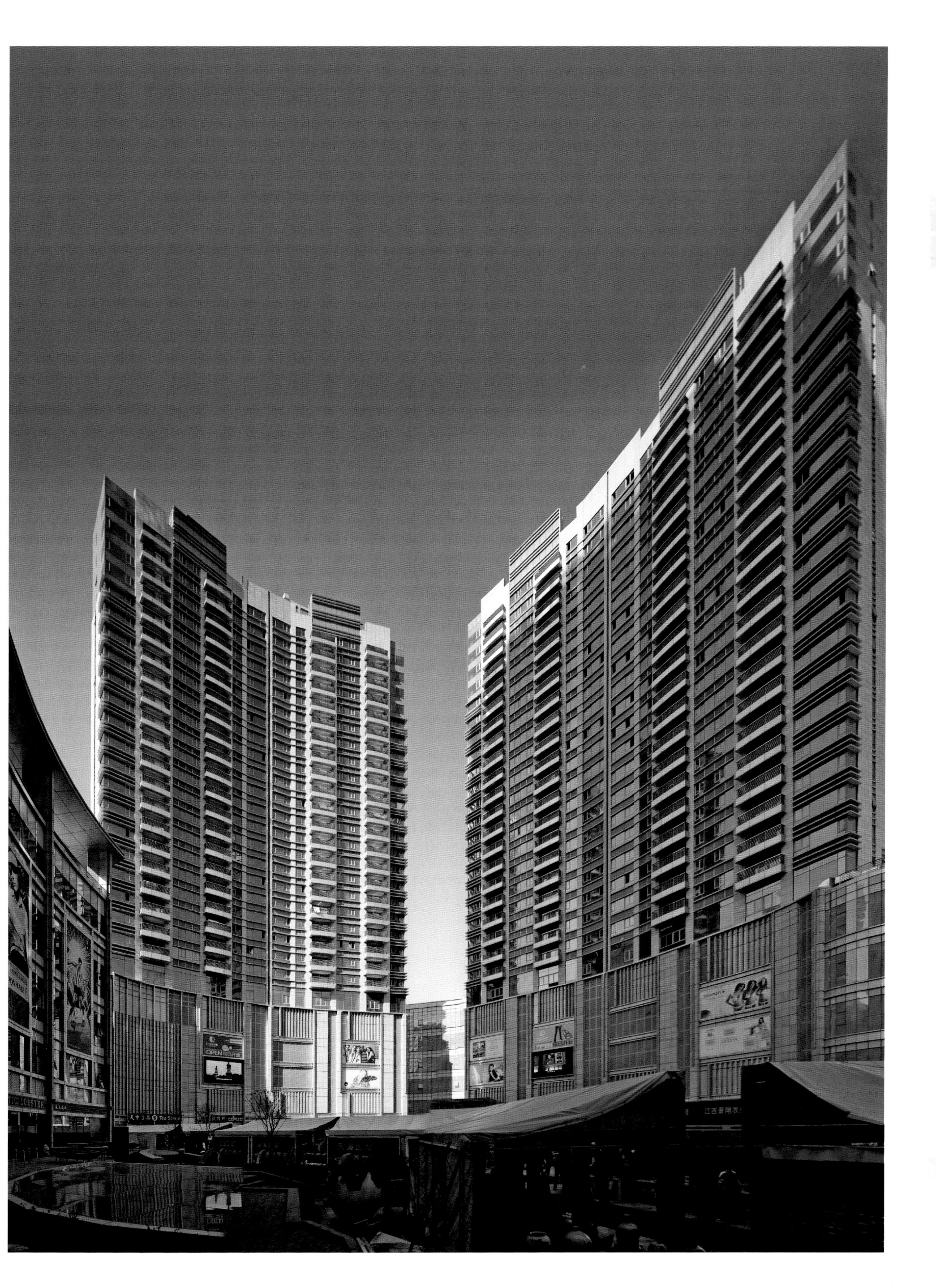
OPEN
LOBSTER
Tea

富士数码相机
FUJIFILM

上海花韵

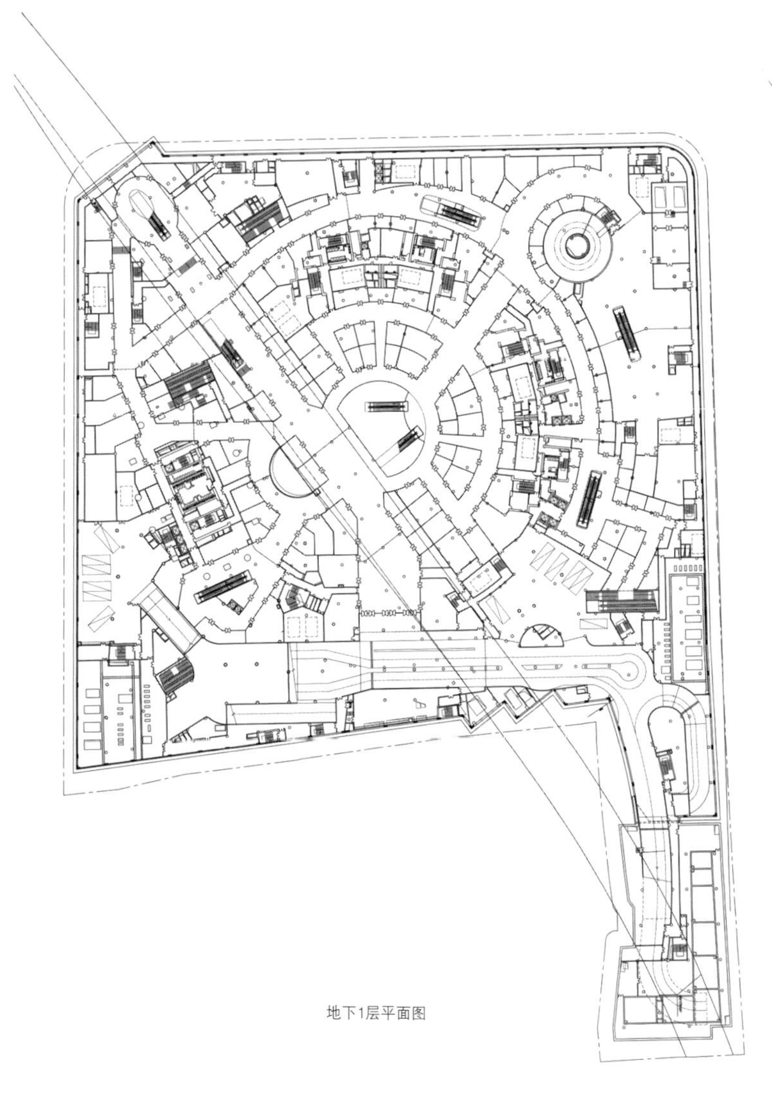
地下1层平面图

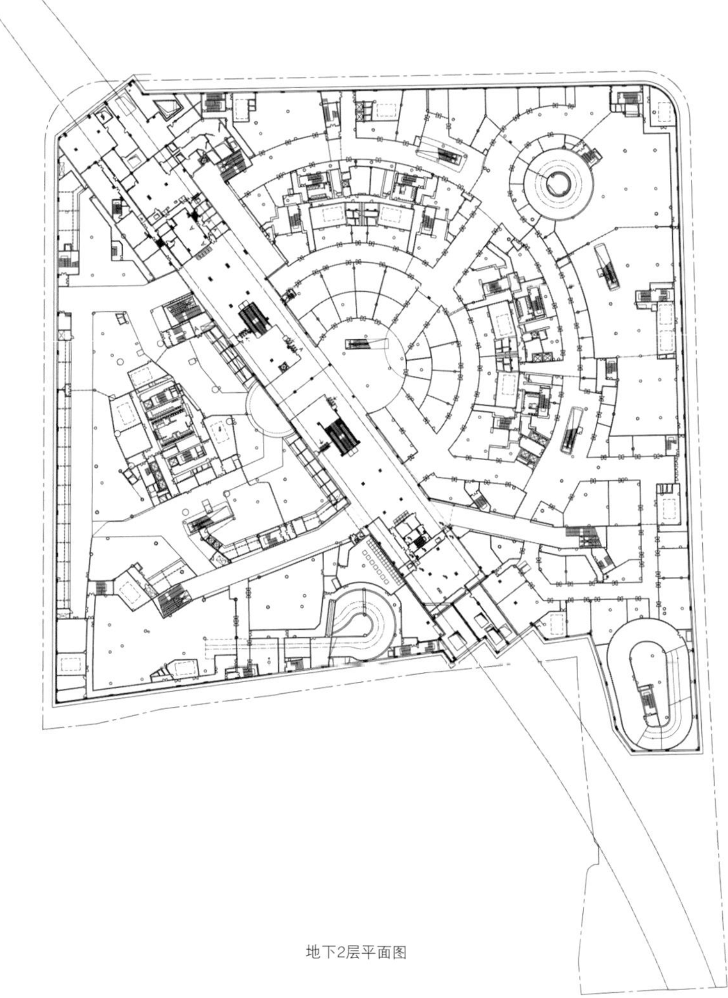
地下2层平面图

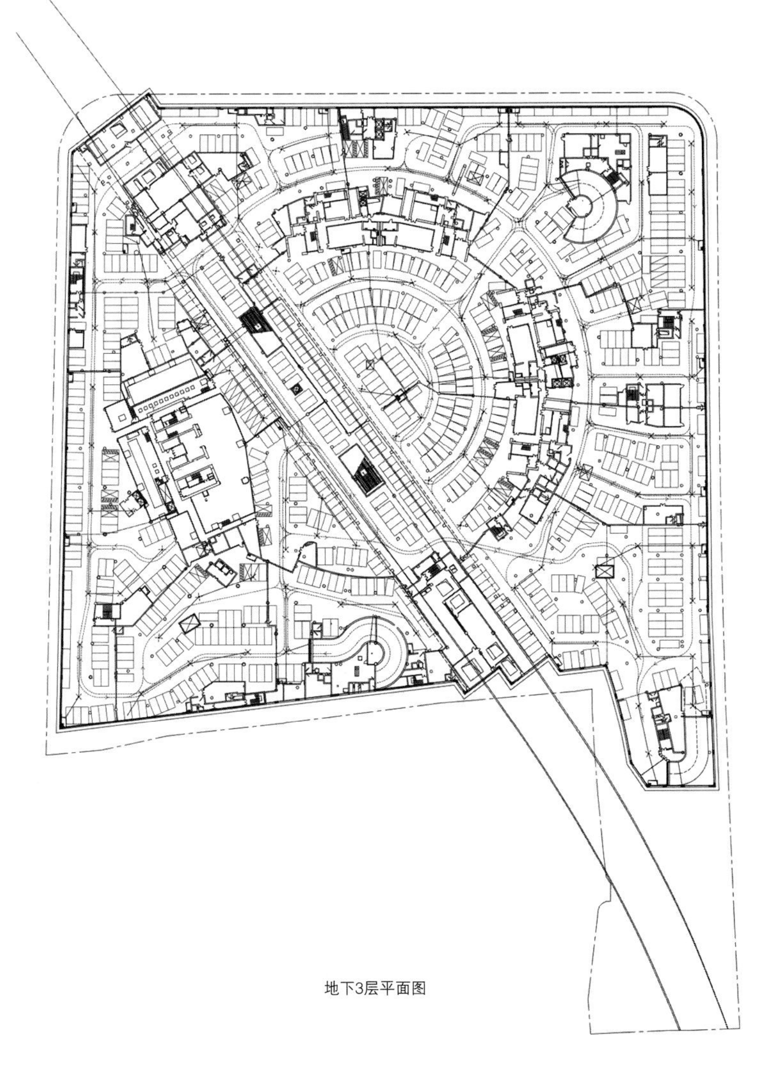

地下3层平面图

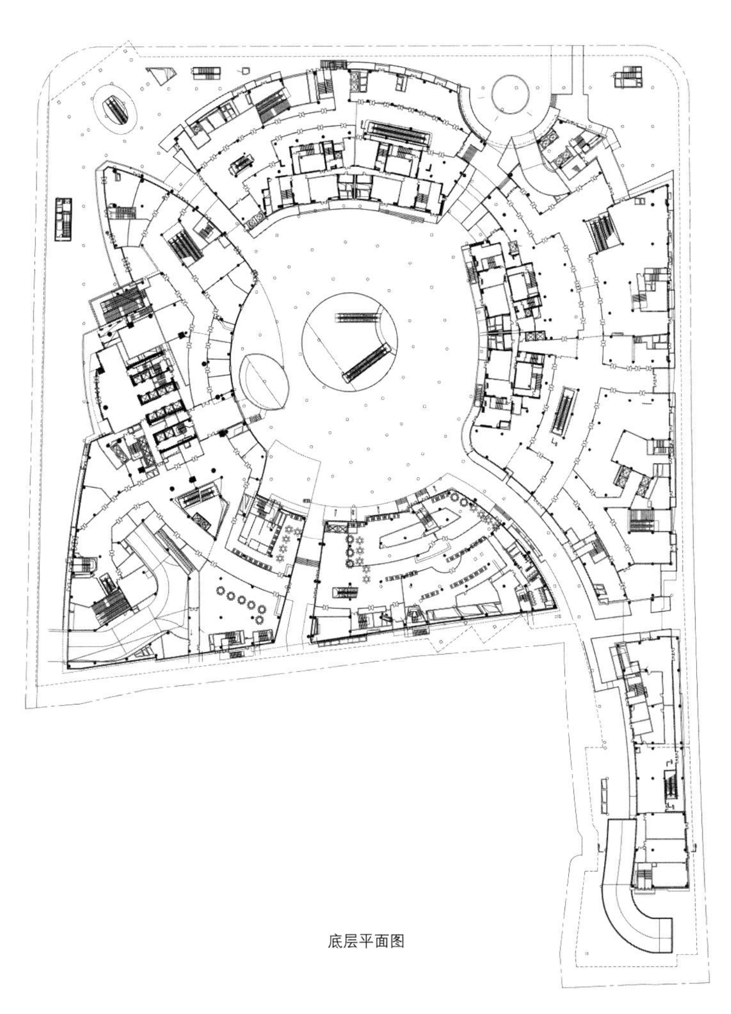

底层平面图

董記
杰酷 J.CO DONUTS & COFFEE
售票处
TICKETS
进站检票
ENTRANCE GATES

J.CO DONUTS & COFFEE

日月光中心
售票处
J.CO

DONUTS & COFFEE

莲花国际广场

项目地点：上海
业　　主：上海碧恒实业有限公司
设计单位：上海中房建筑设计有限公司
用地面积：23 164 m²
地上建筑面积：60 234.17 m²
地下建筑面积：34 861.4 m²

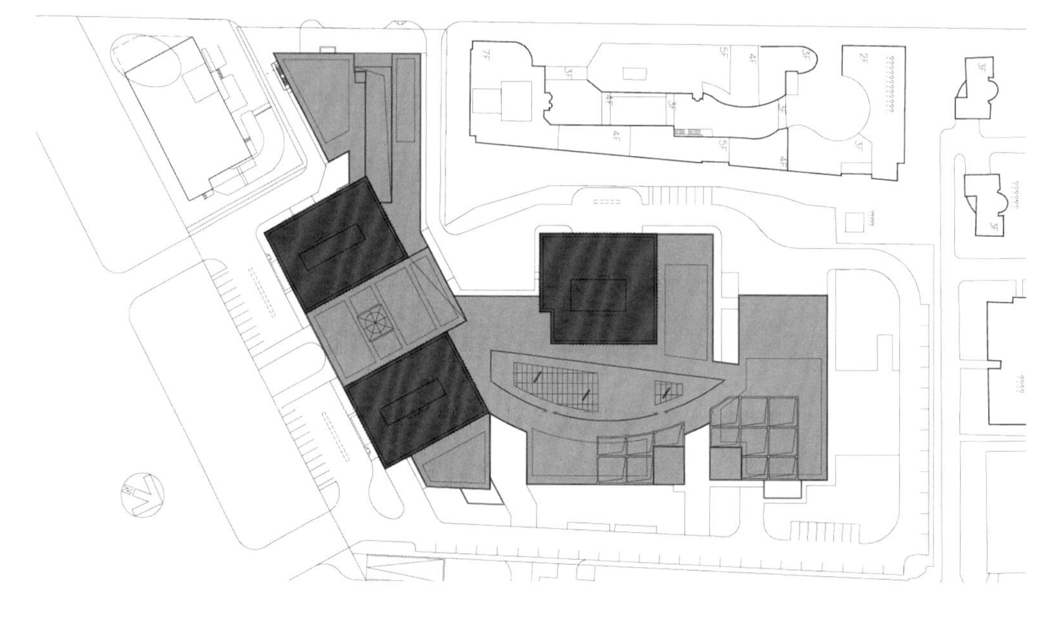

莲花国际广场地处上海闵行区沪闵高架北侧。用地约2.32万平方米，总建筑面积约9.59万平方米，地上面积约6.02万平方米，容积率2.6。由地下2层、地上3至4层商业裙房和三幢10~15层办公塔楼组成。竣工日期2010年10月。

城市空间的再造——尺度与构成。本项目存在着控高和腹地大、沿街面较局促的不利因素。为协调大面积商业和办公建筑间不同功能、流线的关系以及保证高层与城市界面的协调，规划中选择了三幢体量相同的高层办公塔楼群形式。通过平行或错列布局，使其既符合城市空间次序，又保证了不同功能的合理布局。裙房以3层为主，沿界面的凹凸变化形成合乎城市尺度的形体。整组建筑突出了各单元体块之间的穿插与构成，给人以“一个大基座上飘浮着三个玻璃盒子”的总体印象。

商业价值的提升——所控与所得。由于受控高60米限制三幢办公塔楼标准层面积较小。设计中尽可能使芯筒合理紧凑，除采用剪刀楼梯外，电梯、卫生间等公共部位的配置相对较低，精致的室内装修弥补了上述不足。在3号楼中采用了5.5米层高设计为办公空间创造了附加值。

现代风格的诠释——模数与精度。三幢塔楼采用玻璃幕墙，竖向金属肋及横向窗间墙的金属带相互穿插，赋予了建筑精致统一的风格特征。裙房沿街面为金属幕墙，通过与案名相呼应的“LOTUS”金属字模数化设计，使建筑外观新颖别致。夜间灯光又为建筑增添了光彩夺目的动感。这种以“LOTUS”为母题反复运用，形成了时尚、纯净的建筑肌理和统一的设计语汇。非沿街裙房采用石幕墙。设计中，注重石材划分以及拼缝等细节处理与金属幕墙相互映衬，相得益彰。另外，石幕墙在建筑形体有突变的地方采用金属材料，成为一个个特别的金属盒子，活泼而又生动。

LOTUS
南方休闲广场
蜀府
Shufu Restaurant
3F
火尚烧
Café & Grill
motivi

LOTUS
TISSOT

LOTUS

地下车库
地面道路

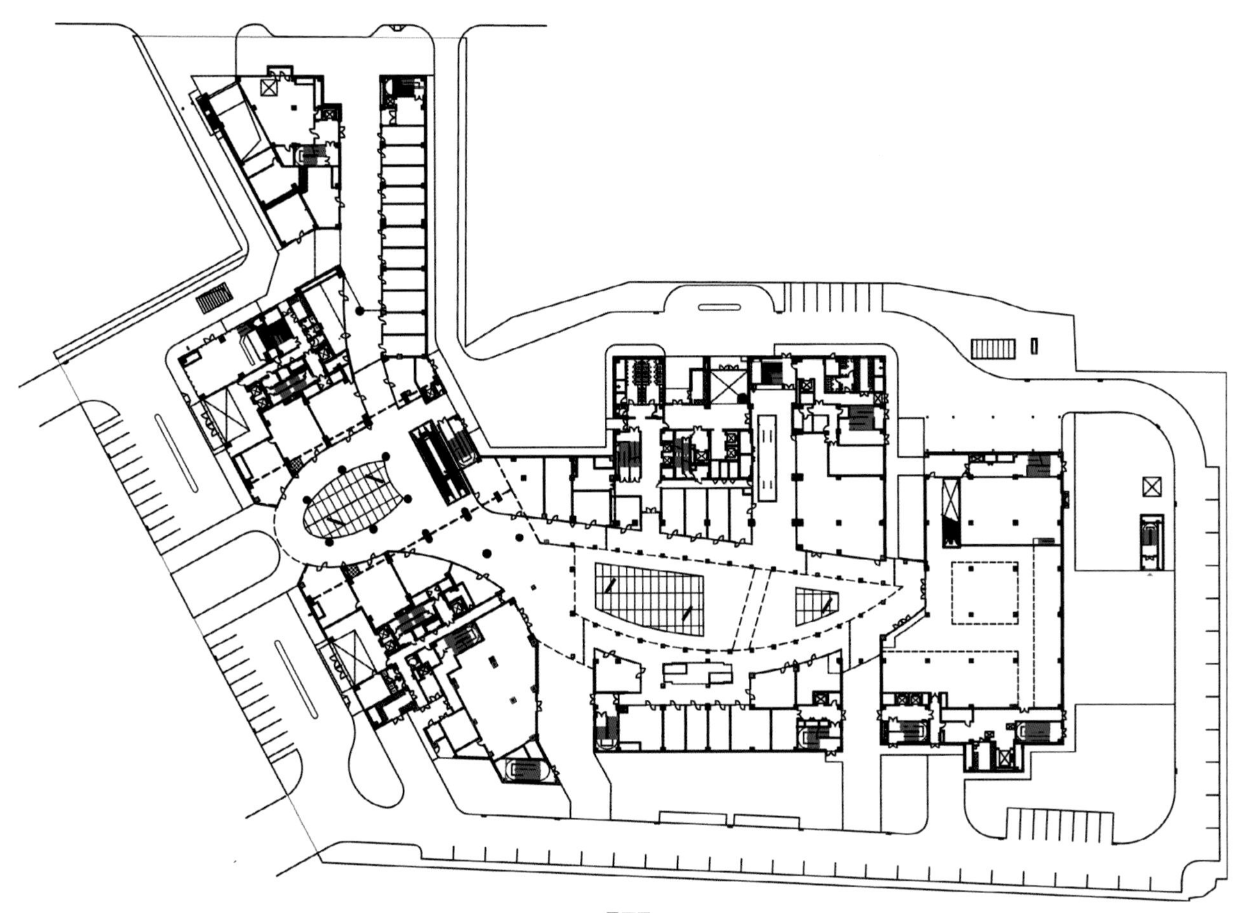

平面图

Galleria Centercity

项目地点：Cheonan Korea
业　　主：Hanwha Galleria
设计单位：UN Studio
建筑面积：66 700 m^2
建筑体量
　　地上建筑面积：395 600 m^2
　　地下建筑面积：297 200 m^2
建筑用地：11 235 m^2
摄 影 师：Christian Richters，Kim Yong-kwan
功　　能：百货公司，多功能设施
时　　间：2008年3月—2010年12月
状　　态：已建成

韩国天安市Galleria Centercity的空间分配是基于螺旋桨的原则。四个功能区重叠在一起，每个功能都拥有3层和公共高原，通过中间的挑空把功能连起来。设计概念主要是透过螺旋桨把人流上游，同时螺旋桨翼把人流带到不同的层中的平原。建筑内部空间逐渐演变成外墙，设计突出内部的空间组织。其外立面是双层的，玻璃外墙与内外墙的垂直竖框创建了一个线性的模式。在白天建筑拥有单色的反光立面，而在夜间建筑立面呈现色彩柔和的光波。

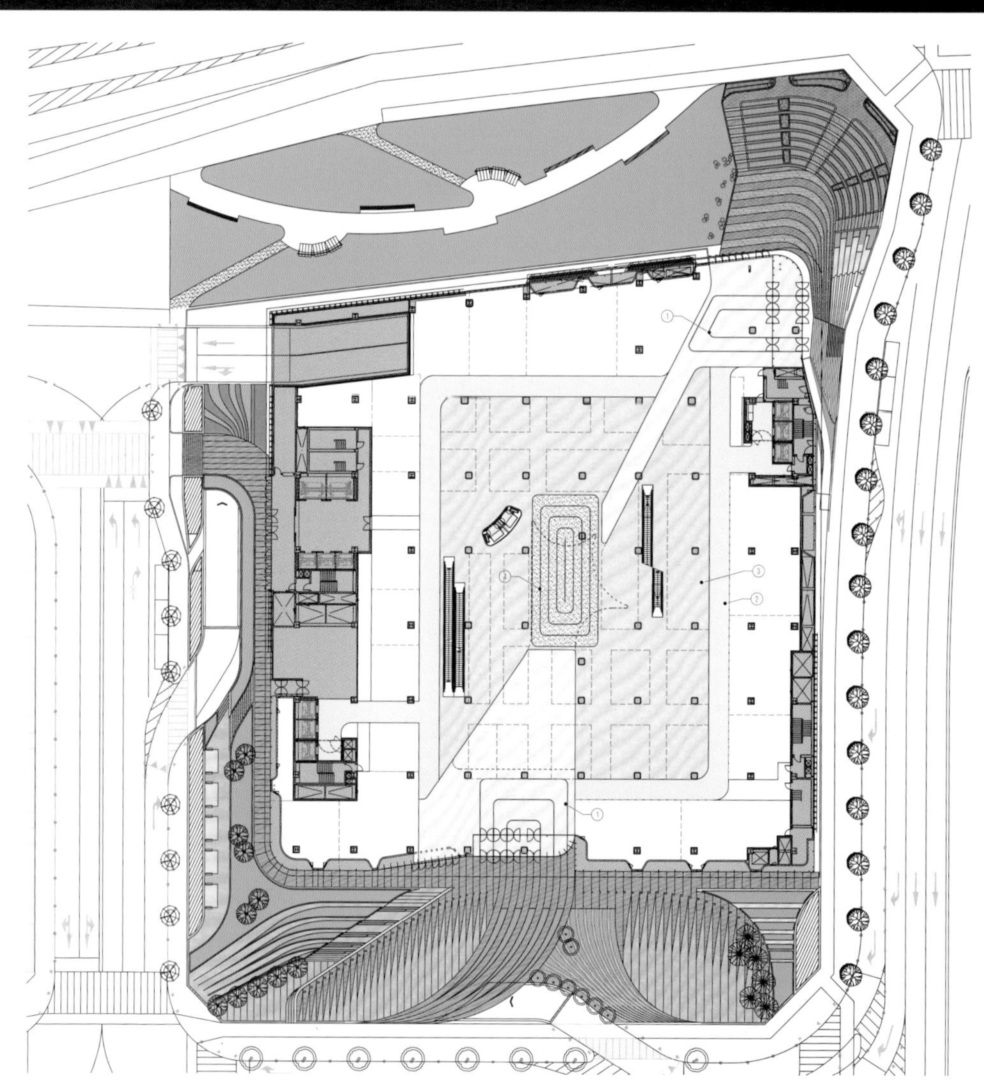

사은大축제

100
사은大축제
Dior
ONE ESSENTIAL
sisley
ESTEE LAUDER
CHANEL

the Galleria
LANCOME
LANCOME

the Galleria
사은 大축제

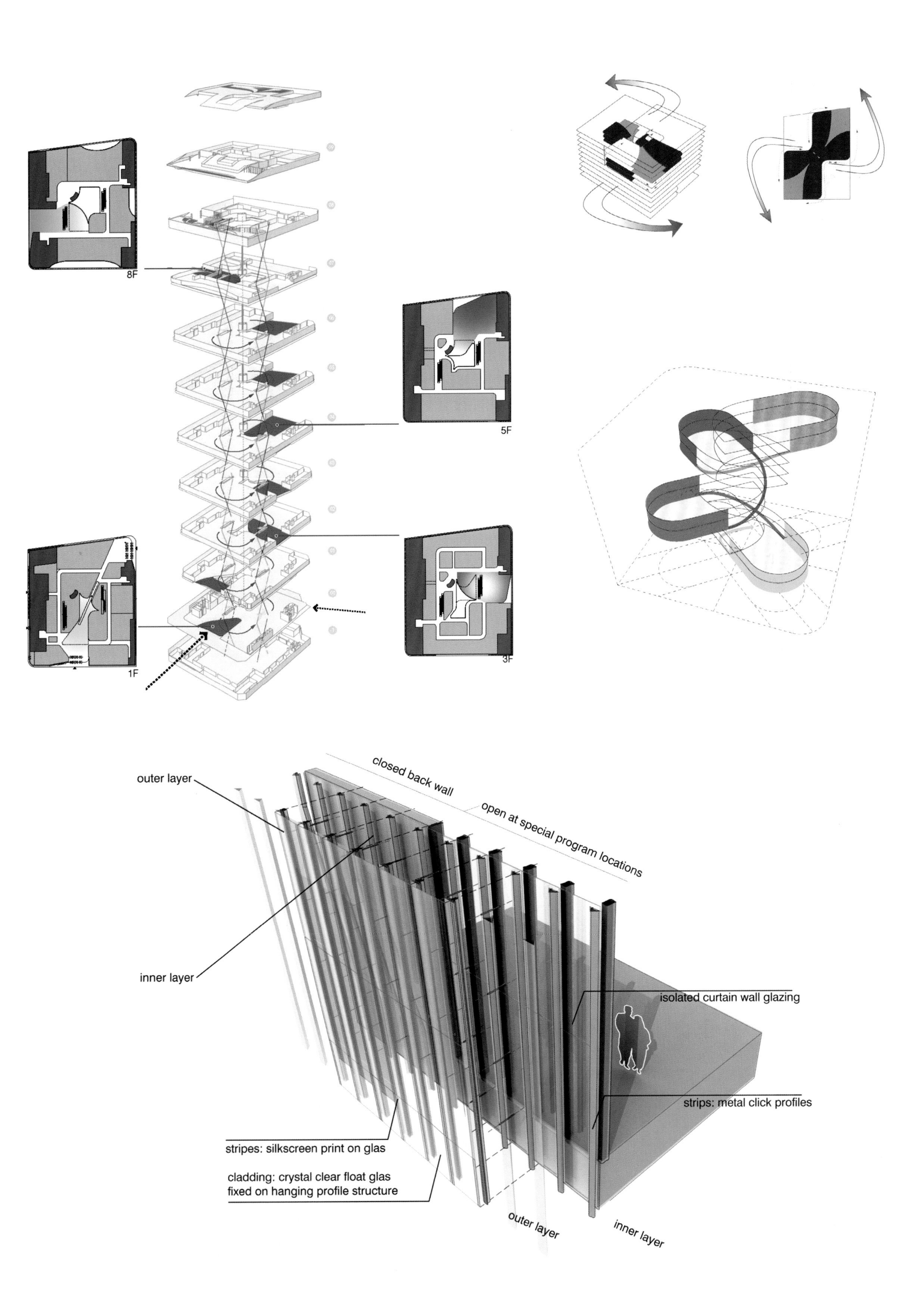

8F
5F
3F
1F
outer layer
closed back wall
open at special program locations
inner layer
isolated curtain wall glazing
strips: metal click profiles
stripes: silkscreen print on glas
cladding: crystal clear float glas
fixed on hanging profile structure
outer layer
inner layer

사은大축제

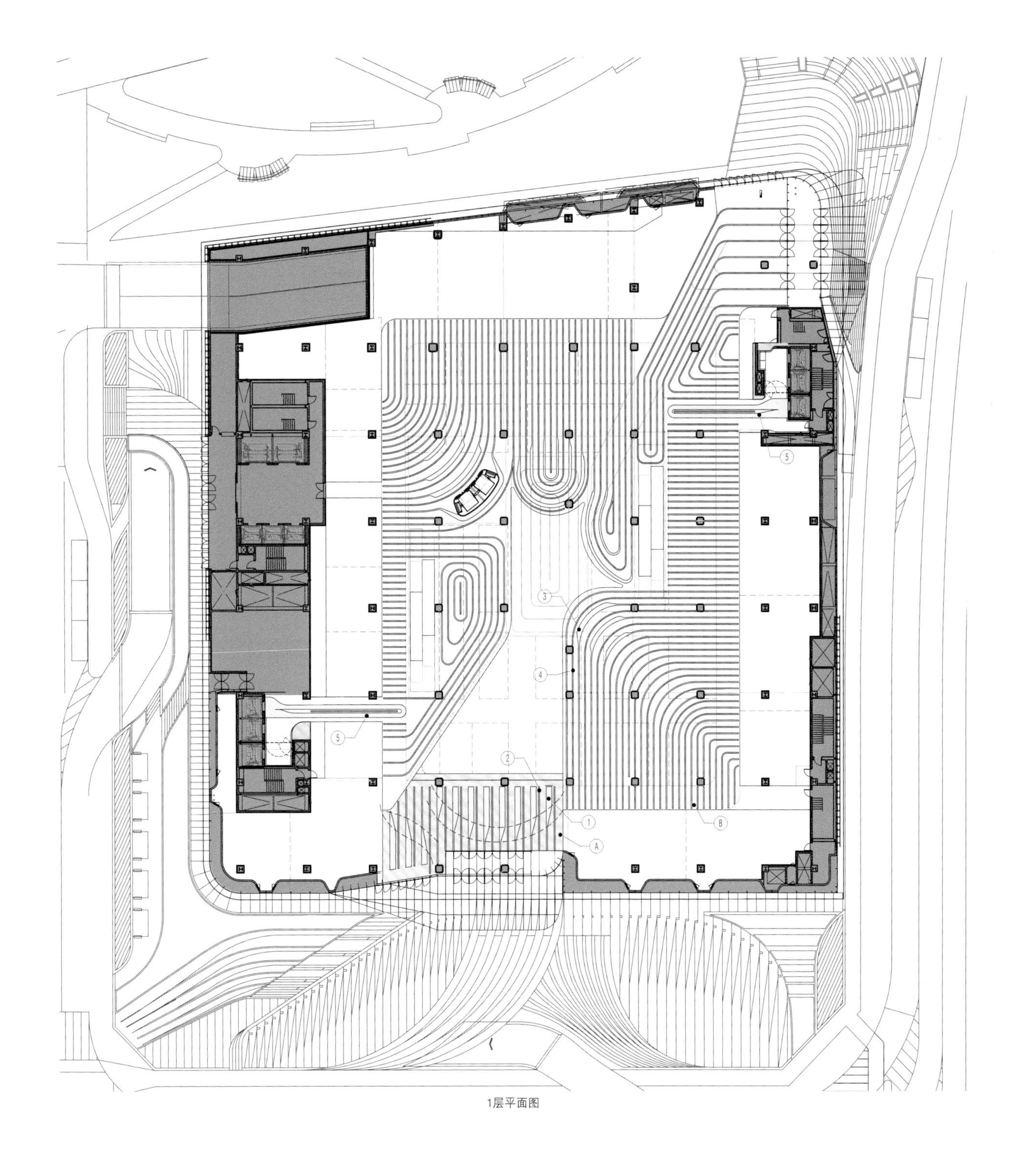

1层平面图

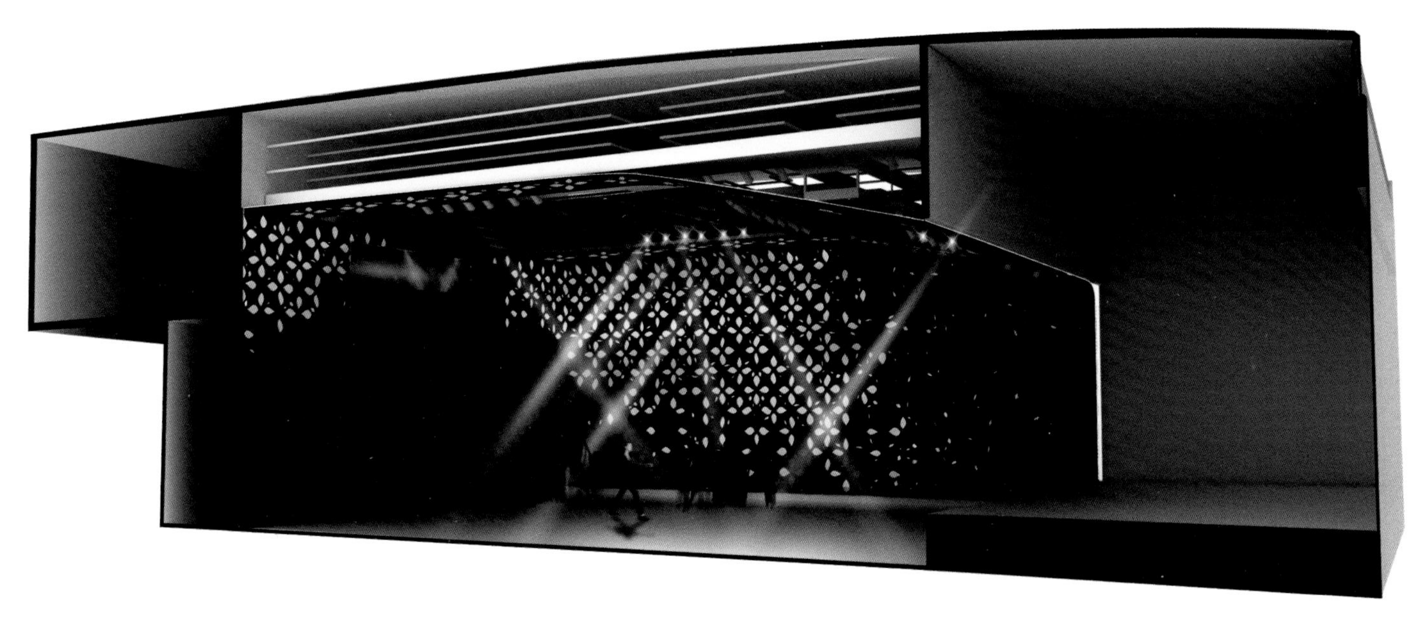

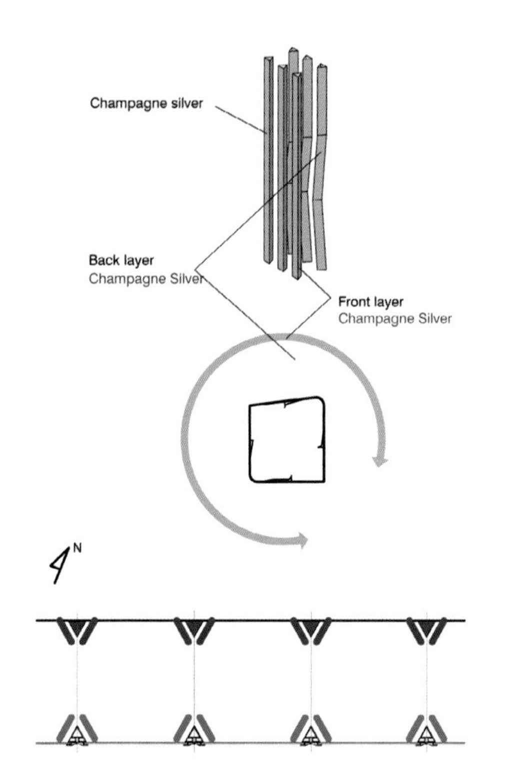
Champagne silver
Back layer
Champagne Silver
Front layer
Champagne Silver
N

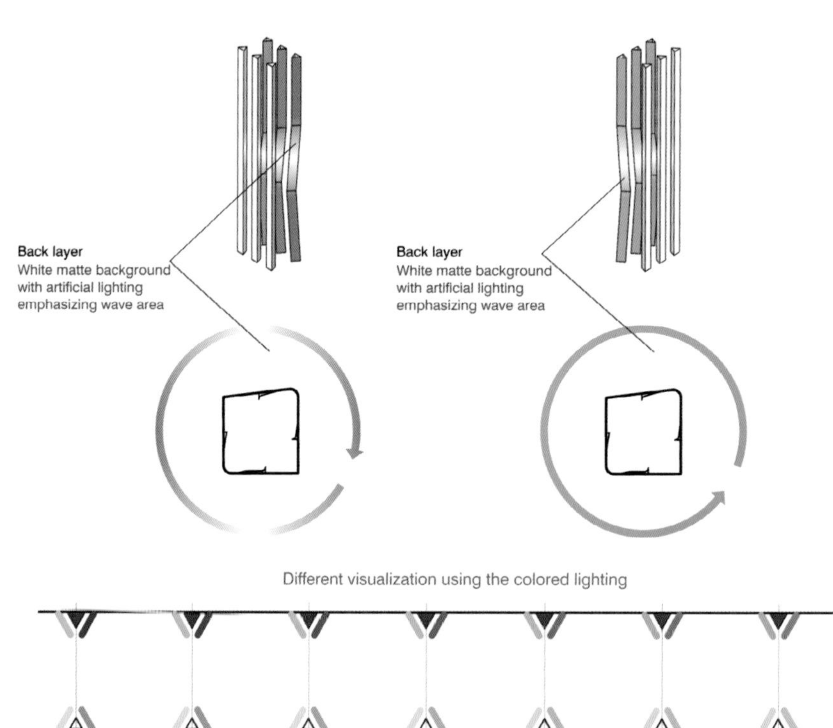
Back layer
White matte background
with artificial lighting
emphasizing wave area
Back layer
White matte background
with artificial lighting
emphasizing wave area
Different visualization using the colored lighting

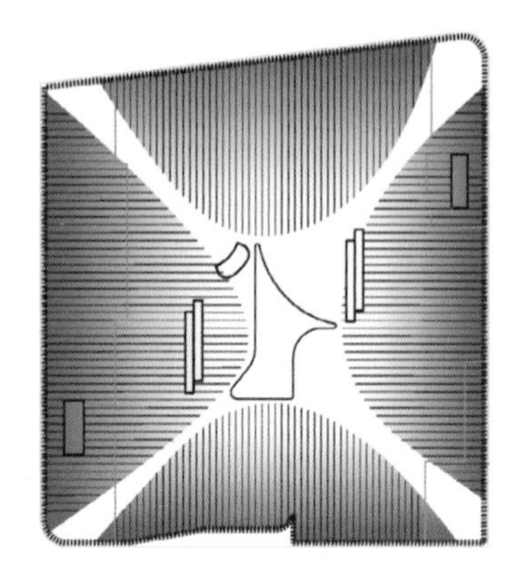

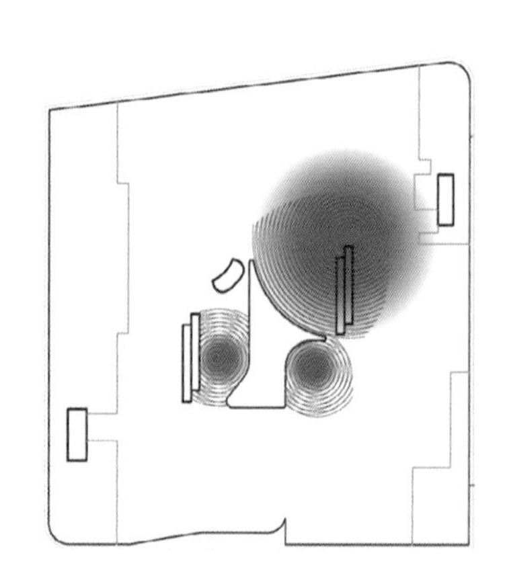

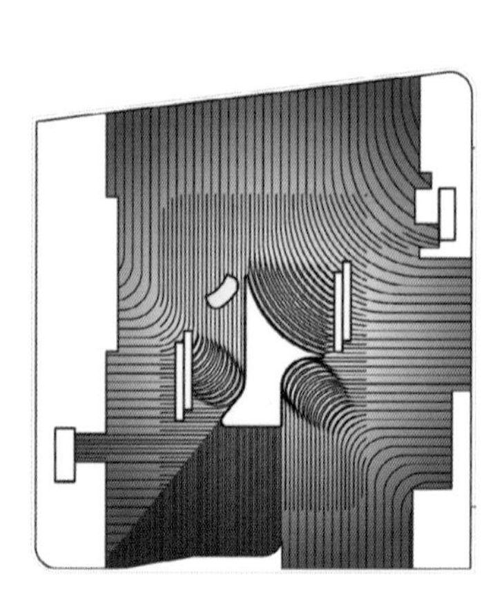

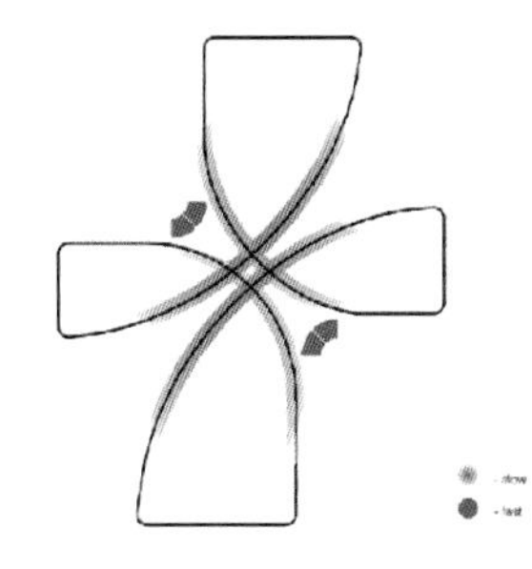

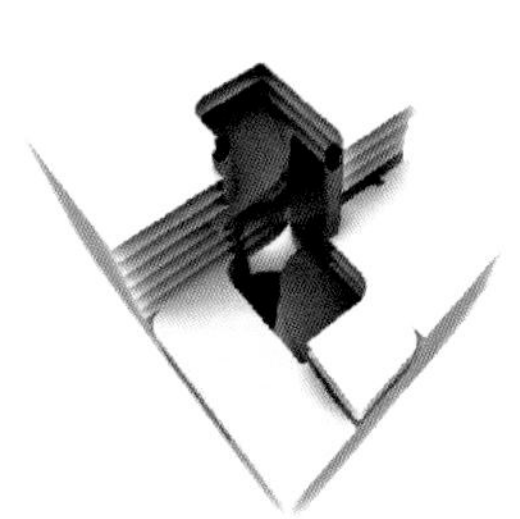

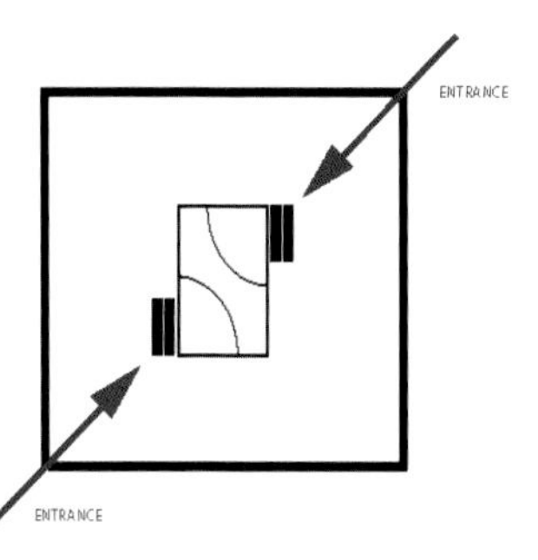

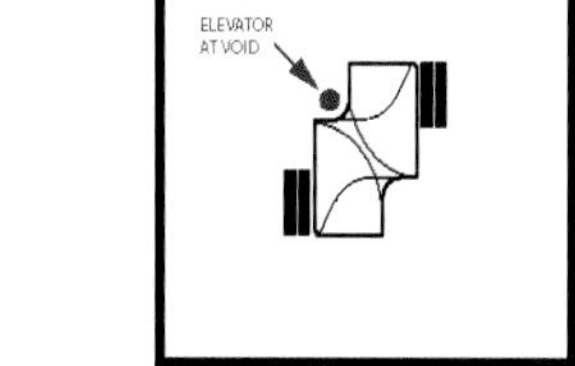

TYPICAL MALL
with balconies in central void

TYPICAL MALL CONCEPT
applied to sete with access on two opposite corners
(direct access to vertical circulation)

TYPICAL MALL CONCEPT
with stacked escalators,integrated elevators and plateaus on different positions
(3F,5F,7F,9F,)

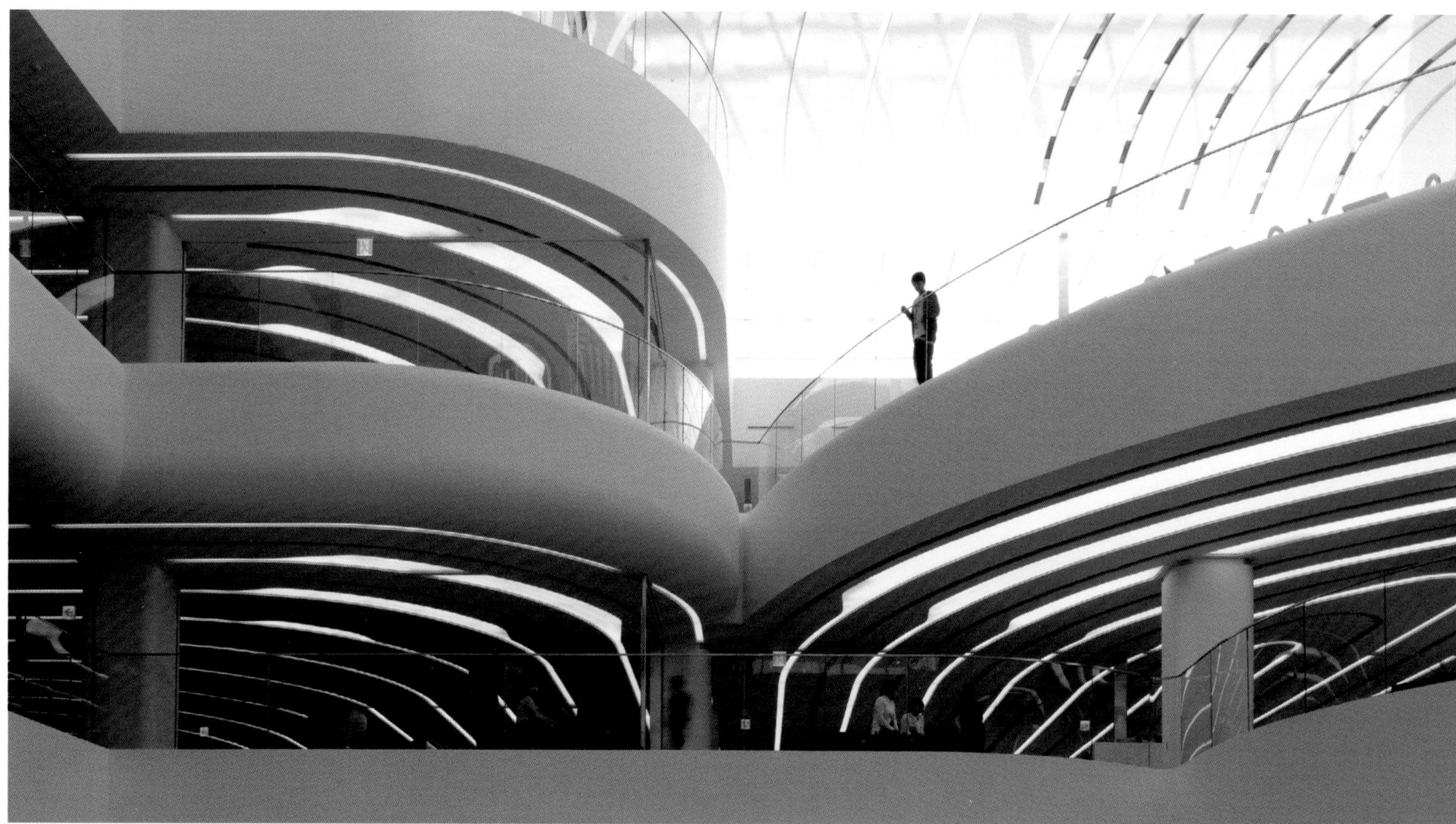

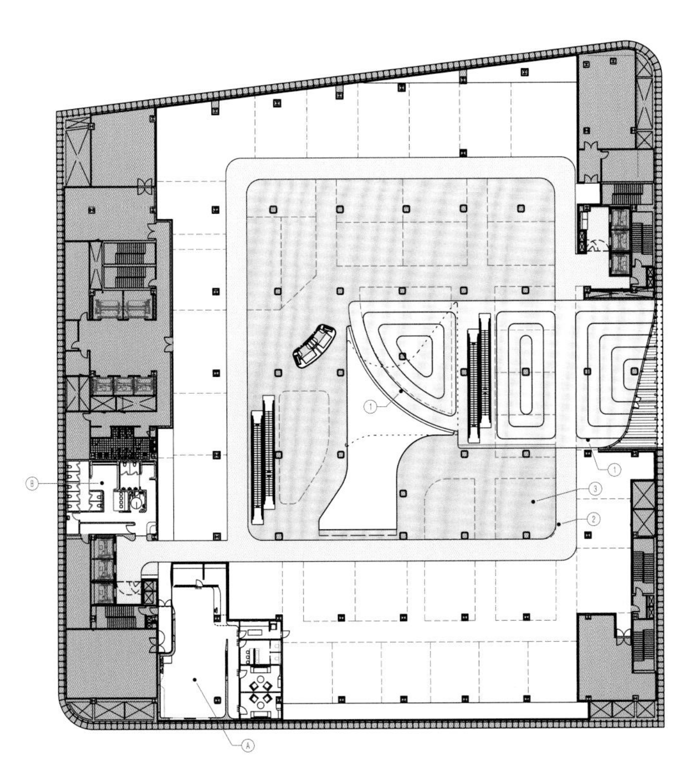

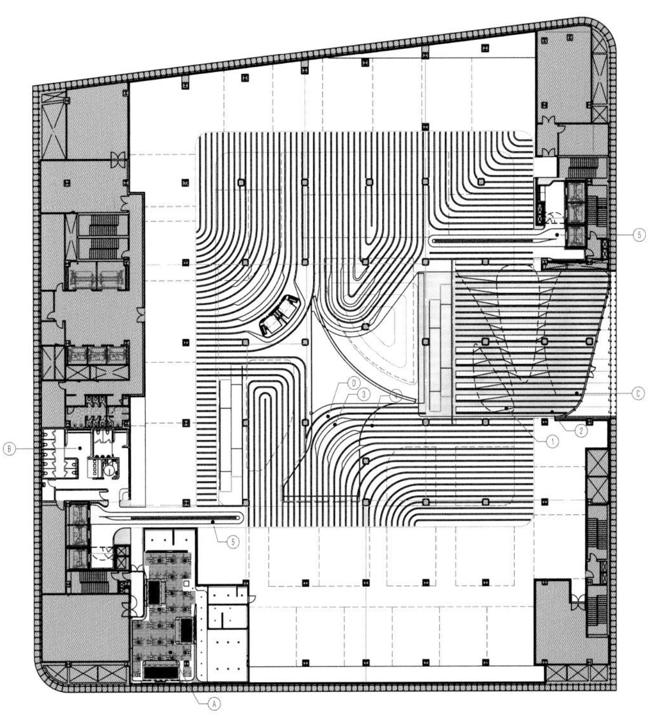

STAR
IN
MY
HEART